水利工程建设与施工技术

丁 亮 谢琳琳 卢 超 主编

吉林科学技术出版社

图书在版编目（CIP）数据

水利工程建设与施工技术 / 丁亮，谢琳琳，卢超主编. -- 长春 : 吉林科学技术出版社，2022.8

ISBN 978-7-5578-9410-8

Ⅰ. ①水… Ⅱ. ①丁… ②谢… ③卢… Ⅲ. ①水利工程一施工管理 Ⅳ. ①TV512

中国版本图书馆 CIP 数据核字（2022）第 113590 号

水利工程建设与施工技术

主　　编　丁　亮　谢琳琳　卢　超
出 版 人　宛　霞
责任编辑　金方建
封面设计　树人教育
制　　版　树人教育
幅面尺寸　185mm×260mm
开　　本　16
字　　数　350 千字
印　　张　15.75
印　　数　1-1500 册
版　　次　2022年8月第1版
印　　次　2022年8月第1次印刷

出　　版　吉林科学技术出版社
发　　行　吉林科学技术出版社
地　　址　长春市南关区福祉大路5788号出版大厦A座
邮　　编　130118
发行部电话/传真　0431-81629529　81629530　81629531
81629532　81629533　81629534
储运部电话　0431-86059116
编辑部电话　0431-81629510
印　　刷　廊坊市印艺阁数字科技有限公司

书　　号　ISBN 978-7-5578-9410-8
定　　价　65.00 元

前　言

水利工程属于利国利民的项目，需要充分关注施工技术要点，结合时代发展步伐创新施工技术，提升施工质量，保证人民的生命财产安全。本书围绕施工导流、混凝土工程等方面分析水利工程建筑施工技术要点，为现代化水利工程建筑施工提供指导，提升水利工程经济效益和社会效益，保障工程的有序、顺利进行。

水利工程施工是按照设计提出的工程结构，数量、质量、进度及造价等要求修建水利工程的工作。水利工程的运用、操作、维修和保护工作，是水利工程管理的重要组成部分，水利工程建成后，必须通过有效的管理，才能实现预期的效果和验证原来规划、设计的正确性；工程管理的基本任务是保持工程建筑物和设备的完整、安全，使其处于良好的技术状况；正确运用水利工程设备，以控制、调节、分配、使用水资源，充分发挥其防洪、灌溉、供水、排水、发电、航运、环境保护等效益。做好水利工程的施工与管理是发挥工程功能的鸟之两翼、车之双轮。

目 录

第一章　水闸和渠系建筑物施工技术

第一节　水闸施工技术

一、水闸的组成及布置

水闸是一种低水头的水工建筑物，具有挡水和泄水的双重作用，用以调节水位、控制流量。

（一）水闸的类型

水闸有不同的分类方法，其既可按其承担的任务分类，也可按其结构形式、规模等分类。

1. 按水闸承担的任务分类

水闸按其所承担的任务，可分为六种。

（1）拦河闸。建于河道或干流上，拦截河流。拦河闸控制河道下泄流量，又称为节制闸。枯水期拦截河道，抬高水位，以满足取水或航运的需要，洪水期则提闸泄洪，控制下泄流量。

（2）进水闸。建在河道、水库或湖泊的岸边，用来控制引水流量。这种水闸有开敞式及涵洞式两种，常建在渠首。进水闸又称取水闸或渠首闸。

（3）分洪闸。常建于河道的一侧，用以分泄天然河道不能容纳的多余洪水进入湖泊、洼地，以削减洪峰，确保下游安全。分洪闸的特点是泄水能力很大，而经常没有水的作用。

（4）排水闸。常建于江河沿岸，防江河洪水倒灌，河水退落时又可开闸排洪。排水闸双向均可能泄水，所以前后都可能承受水压力。

（5）挡潮闸。建在入海河口附近，涨潮时关闸防止海水倒灌，退潮时开闸泄水，具有双向挡水的特点。

（6）冲沙闸。建在多泥沙河流上，用于排除进水闸、节制闸前或渠系中沉积的泥沙，减少引水水流的含沙量，防止渠道和闸前河道淤积。

2. 按闸室结构形式分类

水闸按闸室结构形式可分为开敞式、胸墙式及涵洞式等。

（1）开敞式。过闸水流表面不受阻挡，泄流能力大。

（2）胸墙式。闸门上方设有胸墙，可以减少挡水时闸门上的力，增加挡水变幅。

（3）涵洞式。闸门后为有压或无压洞身，洞顶有填土覆盖，多用于小型水闸及穿堤取水情况。

3. 按水闸规模分类

（1）大型水闸。泄流量大于 100m^3/s。

（2）中型水闸。泄流量为 100~1 000m^3/s。

（3）小型水闸。泄流量小于 100m^3/s。

（二）水闸的组成

水闸一般由闸室段、上游连接段和下游连接段三部分组成。

1. 闸室段

闸室是水闸的主体部分，其作用是：控制水位和流量，兼有防渗防冲作用。闸室段结构包括闸门、闸墩、底板、胸墙、工作桥、交通桥、启闭机等。

闸门用来挡水和控制过闸流量。闸墩用来分隔闸孔和支承闸门、胸墙、工作桥、交通桥等。闸墩将闸门、胸墙以及闸墩本身挡水所承受的水压力传递给底板。胸墙设于工作闸门上部，帮助闸门挡水。

底板是闸室段的基础，它将闸室上部结构的重量及荷载传至地基。建在软基上的闸室主要由底板与地基间的摩擦力来维持稳定。底板还有防渗和防冲的作用。工作桥和交通桥用来安装启闭设备、操作闸口和联系两岸交通。

2. 上游连接段

上游连接段处于水流行进区，其主要作用是引导水流从河道平稳地进入闸室，保护两岸及河床免遭冲刷，同时有防冲、防渗的作用。它一般包括上游翼墙、铺盖、上游防冲槽和两岸护坡等。上游翼墙的作用是导引水流，使之平顺地流入闸孔，抵御两岸填土压力，保护闸前河岸不受冲刷，并有侧向防渗的作用。

铺盖主要起防渗作用，其表面还应进行保护，以满足防冲要求。

上游两岸要适当进行护坡，其目的是保护河床两岸不受冲刷。

3. 下游连接段

下游连接段的作用是消除过闸水流的剩余能量，引导出闸水流均匀扩散，调整流速分布和减缓流速，防止水流出闸后对下游的冲刷。

下游连接段包括护坦（消力池）、海漫、下游防冲槽、下游翼墙、两岸护坡等。下游翼墙和护坡的基本结构和作用同上游。

（三）水闸的防渗

水闸建成后，由于上、下游水位差，在闸基及边墩和翼墙的背水一侧产生渗流。渗流对建筑物的不利影响，主要表现为：降低闸室的抗滑稳定性及两岸翼墙和边墩的侧向稳定性；可能引起地基的渗透变形，严重的渗透变形会使地基受到破坏，甚至失事；损失水量；

使地基内的可溶物质加速溶解。

1. 地下轮廓线布置

地下轮廓线是指水闸上游铺盖和闸底板等不透水部分和地基的接触线。地下轮廓线的布置原则是“上防下排”，即在闸基靠近上游侧以防渗为主，采取水平防渗或垂直防渗措施，阻截渗水，消耗水头。在下游侧以排水为主，尽快排除渗水、降低渗压。

地下轮廓布置与地基土质有密切关系，分述如下。

（1）黏性土地基地下轮廓布置

黏性土壤具有凝聚力，不易产生管涌，但摩擦系数较小。因此，布置地下轮廓线，主要考虑降低渗透压力，以提高闸室的稳定性。闸室上游宜设置水平钢筋混凝土或黏土铺盖，或土工膜防渗铺盖，闸室下游护坦底部应设滤层，下游排水可延伸到闸底板下。

（2）沙性土地基地下轮廓布置

沙性土地基正好与黏性土地基相反，底板与地基之间摩擦系数较大，有利于闸室的稳定，但土壤颗粒之间无黏着力或黏着力很小，易产生管涌，故地下轮廓线布置的控制因素是如何防止渗透变形。

当地基砂层很厚时，一般采用铺盖加板桩的形式来延长渗径，以降低渗透坡降和渗透流速。板桩多设在底板上游一侧的齿墙下端。如设置一道板桩不能满足渗径要求时，可在铺盖前端增设一道短板桩，以加长渗径。

当砂层较薄，其下部又有相对不透水层时，可用板桩切入不透水层，切入深度一般不应小于 1.0m。

2. 防渗排水设施

防渗设施是指构成地下轮廓的铺盖、板桩及齿墙，而排水设施指铺设在护坦、浆砌石海漫底部或闸底板下游段起导渗作用的沙砾石层。排水常与反滤结合使用。

水闸的防渗有水平防渗和垂直防渗两种。水平防渗措施为铺盖，垂直防渗措施有板桩、灌浆帷幕、齿墙和混凝土防渗墙等。

（1）铺盖

铺盖有黏土和黏壤土铺盖、沥青混凝土铺盖、钢筋混凝土铺盖等。

①黏土和黏壤土铺盖。铺盖与底板连接处为一薄弱部位，通常是在该处将铺盖加厚；将底板前端做成倾斜面，使黏土能借自重及其上的荷载与底板紧贴；在连接处铺设油毛毡等止水材料，一端用螺栓固定在斜面上，另一端埋入黏土中，为了防止铺盖在施工期遭受破坏和运行期间被水流冲刷，应在其表面铺砂层，然后在砂层上再铺设单层或双层块石护面。

②沥青混凝土铺盖。沥青混凝土铺盖的厚度一般为 5~10cm，在与闸室底板连接处应适当加厚，接缝多为搭接形式。为提高铺盖与底板间的黏结力，可在底板混凝土面先涂一层稀释的沥青乳胶，再涂一层较厚的纯沥青。沥青混凝土铺盖可以不分缝，但要分层浇筑和压实，各层的浇筑缝要错开。

③钢筋混凝土铺盖。钢筋混凝土铺盖的厚度不宜小于 0.4m，在与底板连接处应加厚至 0.8~1.0m，并用沉降缝分开，缝中设止水。在顺水流和垂直水流流向均应设沉降缝，间距不宜超过 15~20m，在接缝处局部加厚，并设止水。用作阻滑板的钢筋混凝土铺盖，在垂直水流流向仅有施工缝，不设沉降缝。

（2）板桩

板桩长度视地基透水层的厚度而定。当透水层较薄时，可用板桩截断，并插入不透水层至少 1.0m；若不透水层埋藏很深，则板桩的深度一般采用 0.6~1.0 倍水头。用作板桩的材料有木材、钢筋混凝土及钢材三种。

板桩与闸室底板的连接形式有两种：一种是把板桩紧靠底板前缘，顶部嵌入黏土铺盖一定深度；另一种是把板桩顶部嵌入底板底面特设的凹槽内，桩顶填塞可塑性较大的不透水材料。前者适用于闸室沉降量较大，而板桩尖已插入坚实土层的情况；后者则适用于闸室沉降量小，而板桩桩尖未达到坚实土层的情况。

（3）齿墙

闸底板的上、下游端一般均设有浅齿墙，用来增强闸室的抗滑稳定，并可延长渗径。齿墙深一般在 1.0 m 左右。

（4）其他防渗设施

垂直防渗设施在我国有较大进展，就地浇筑混凝土防渗墙、灌注式水泥砂浆帷幕以及用高压旋喷法构筑防渗墙等方法已成功地用于水闸建设。

（5）排水及反滤层

排水一般采用粒径 1~2cm 的卵石、砾石或碎石平铺在护坦和浆砌石海漫的底部，或伸入底板下游齿墙稍前方，厚约 0.2~0.3m。在排水与地基接触处（渗流出口附近）容易发生渗透变形，应做好反滤层。

（四）水闸的消能防冲设施与布置

水闸泄水时，部分势能转为动能，流速增大，而土质河床抗冲能力低，所以，闸下冲刷是一个普遍的现象。为了防止下泄水流对河床的有害冲刷，除了加强运行管理外，还必须采取必要的消能、防冲等工程措施。水闸的消能防冲设施有下列主要形式。

1. 底流消能工

平原地区的水闸，由于水头低，下游水位变幅大，一般采用底流式消能。消力池是水闸的主要消能区域。

底流消能工的作用是通过在闸下产生一定淹没度的水跃来保护水跃范围内的河床免遭冲刷。

当尾水深度不能满足要求时，可采取降低护坦高程、在护坦末端设消力坎、既降低护坦高程又建消力坎等措施形成消力池，有时还可在护坦上设消力墩等辅助消能工。

消力池布置在闸室之后，池底与闸室底板之间，用 1 ∶ 3~1 ∶ 4 的斜坡连接。为防止产生波状水跃，可在闸室之后留一水平段，并在其末端设置一道小槛；为防止产生折冲水流，还可在消力池前端设置散流墩。如果消力池深度不大（1.0m 左右），常把闸门后的闸室底板用 1 ： 3 的坡度降至消力池底的高程，作为消力池的一部分。

消力池末端一般布置尾槛，用以调整流速分布，减小出池水流的底部流速，且可在槛后产生小横轴旋滚，防止在尾槛后发生冲刷，并有利于平面护散和消减下游边侧回流。

在消力池中除尾坎外，有时还设有消力墩等辅助消能工，用以使水流受阻，给水流以反力，在墩后形成涡流，加强水跃中的紊流扩散，从而达到稳定水跃，减小和缩短消力池深度和长度的作用。

消力墩可设在消力池的前部或后部，但消能作用不同。消力墩可做成矩形或梯形，设两排或三排交错排列，墩顶应有足够的淹没水深，墩高为跃后水深的 1/5~1/3。在出闸水流流速较高的情况下，宜采用设在后部的消力墩。

2. 海漫

护坦后设置海漫等防冲加固设施，以使水流均匀扩散，并将流速分布逐步调整到接近天然河道的水流形态。

一般在海漫起始段做 5~10m 长的水平段，其顶面高程可与护坦齐平或在消力池尾坎顶以下 0.5m 左右，水平段后做成不陡于 1 ： 10 的斜坡，以使水流均匀扩散，调整流速分布，保护河床不受冲刷。

对海漫的要求：表面有一定的粗糙度，以利于进一步消除余能；具有一定的透水性，以便使渗水自由排出，降低扬压力；具有一定的柔性，以适应下游河床可能的冲刷变形。常用的海漫结构有以下几种：干砌石海漫、浆砌石海漫、混凝土板海漫、钢丝石笼海漫及其他形式的海漫。

3. 防冲槽及末端加固

为保证安全和节省工程量，常在海漫末端设置防冲槽、防冲墙或采用其他加固设施。

（1）防冲槽。在海漫末端预留足够的粒径大于 30cm 的石块，当水流冲刷河床，冲刷坑向预计的深度逐渐发展时，预留在海漫末端的石块将沿冲刷坑的斜坡陆续滚下，散铺在冲坑的上游斜坡上，自动形成护面，使冲刷不再向上扩展。

（2）防冲墙。防冲墙有齿墙、板桩、沉井等形式。齿墙的深度一般为 1~2m，适用于冲坑深度较小的工程。如果冲深较大，河床为粉、细砂时，则采用板桩、井柱或沉井。

4. 翼墙与护坡

在与翼墙连接的一段河岸，由于水流流速较大和回流漩涡，需加做护坡。护坡在靠近翼墙处常做成浆砌石的，然后接以干砌石的，保护范围稍长于海漫，包括预计冲刷坑的侧坡。干砌石护坡每隔 6~10m 设置混凝土埂或浆砌石梗一道，其断面尺寸约为 30cm × 60cm。在护坡的坡脚以及护坡与河岸土坡交接处应做一深 0.5m 的齿墙，以防回流淘刷和保护坡顶。护坡下面需要铺设厚度各为 10cm 的卵石及粗砂垫层。

（五）闸室的布置和构造

闸室由底板、闸墩、闸门、胸墙、交通桥及工作桥等组成，其布置应考虑分缝及止水。

1. 底板

常用的闸室底板有水平底板和反拱底板两种类型。

对多孔水闸，为适应地基不均匀沉降和减小底板内的温度应力，需要沿水流方向用横缝（温度沉降缝）将闸室分成若干段，每个闸段可为单孔、两孔或三孔。

横缝设在闸墩中间，闸墩与底板连在一起的，称为整体式底板。整体式底板闸孔两侧闸墩之间不会出现过大的不均匀沉降，对闸门启闭有利，用得较多。整体式底板常用实心结构；当地基承载力较差，如只有30~40kPa时，则需考虑采用刚度大、重量轻的箱式底板。

在坚硬、紧密或中等坚硬、紧密的地基上，单孔底板上设双缝，将底板与闸墩分开的，称为分离式底板。分离式底板闸室上部结构的重量将直接由闸墩或连同部分底板传给地基。底板可用混凝土或浆砌块石建造，当采用浆砌块石时，应在块石表面再浇一层厚约15cm、强度等级为C15的混凝土或加筋混凝土，以使底板表面平整并具有良好的防冲性能。

在地基较好，相邻闸墩之间不致出现不均匀沉降的情况下，还可将横缝设在闸孔底板中间。

2. 闸墩

如闸墩采用浆砌块石，为保证墩头的外形轮廓，并加快施工进度，可采用预制构件。大、中型水闸因沉降缝常设在闸墩中间，故墩头多采用半圆形，有时也采用流线型闸墩。有些地区采用框架式闸墩，这种形式既可节约钢材，又可降低造价。

3. 闸门

闸门在闸室中的位置与闸室稳定、闸墩和地基应力以及上部结构的布置有关。平面闸门一般设在靠上游侧，有时为了充分利用水重，也可移向下游侧。弧形闸门为不使闸墩过长，需要靠上游侧布置。

平面闸门的门槽深度决定于闸门的支承形式，检修门槽与工作门槽之间应留有1.0~3.0m净距，以便检修。

4. 胸墙

胸墙一般做成板式或梁板式。板式胸墙适用于跨度小于5.0m的水闸。墙板可做成上薄下厚的楔形板。跨度大于5.0m的水闸可采用梁板式，由墙板、顶梁和底梁组成。当胸墙高度大于5.0m，且跨度较大时，可增设中梁及竖梁构成肋形结构。

胸墙的支承形式分为简支式和固结式两种。简支胸墙与闸墩分开浇筑，缝间涂沥青；也可将预制墙体插入闸墩预留槽内，做成活动胸墙。固结式胸墙与闸墩同期浇筑，胸墙钢筋伸入闸墩内，形成刚性连接，截面尺寸较小，可以增强闸室的整体性，但受温度变化和闸墩变位影响，容易在胸墙支点附近的迎水面产生裂缝。整体式底板可用固结式，分离式底板多用简支式。

5. 交通桥及工作桥

交通桥一般设在水闸下游一侧，可采用板式、梁板式或拱形结构。为了安装闸门启闭机和便于操作管理，需要在闸墩上设置工作桥。小型水闸的工作桥一般采用板式结构；大、中型水闸多采用装配式梁板结构。

6. 分缝方式及止水设备

（1）分缝方式与布置

为了防止和减少由于地基不均匀沉降、温度变化和混凝土干缩引起底板断裂和裂缝，对于多孔水闸需要沿轴线每隔一定距离设置永久缝。缝距不宜过大或过小。

整体式底板的温度沉降缝设在闸墩中间，一孔、二孔或三孔成为一个独立单元。靠近岸边，为了减轻墙后填土对闸室的不利影响，特别是当地质条件较差时，最好采用单孔，再接二孔或三孔的闸室。若地基条件较好，也可将缝设在底板中间或在单孔底板上设双缝。

为避免相邻结构由于荷重相差悬殊产生不均匀沉降，也要设缝分开，如铺盖与底板、消力池与底板以及铺盖、消力池与翼墙等连接处都要分别设缝。此外，混凝土铺盖及消力池本身也需设缝分段、分块。

（2）止水设备

止水分铅直止水及水平止水两种。前者设在闸墩中间，边墩与翼墙间以及上游翼墙本身；后者设在铺盖、消力池与底板和翼墙、底板与闸墩间以及混凝土铺盖及消力池本身的温度沉降缝内。

（六）水闸与两岸连接建筑物的形式和布置

水闸与两岸的连接建筑物主要包括边墩（或边墩和岸墙），上、下游翼墙和防渗刺墙，其布置应考虑防渗、排水设施。

1. 边墩和岸墙

建在较为坚实地基上、高度不大的水闸，可用边墩直接与两岸或土坝连接。边墩与闸底板的连接，可以是整体式或分离式的，应视地基条件而定。边墩可做成重力式、悬臂式或扶壁式等形式。

在闸身较高且地基软弱的条件下，如仍用边墩直接挡土，则由于边墩与闸身地基所受的荷载相差悬殊，可能产生较大的不均匀沉降，影响闸门启闭，在底板内引起较大的应力，甚至产生裂缝。此时，可在边墩背面设置岸墙。边墩与岸墙之间用缝分开，边墩只起支承闸门及上部结构的作用，而土压力则全部由岸墙承担。岸墙可做成悬臂式、扶壁式、空箱式或连拱式等形式。

2. 翼墙

上游翼墙的平面布置要与上游进水条件和防渗设施相协调，上端插入岸坡，墙顶要超出最高水位至少 0.5m。当泄洪过闸落差很小，流速不大时，为减小翼墙工程量，墙顶也可淹没在水下。如铺盖前端设有板桩，还应将板桩顺翼墙底延伸到翼墙的上游端。

根据地基条件，翼墙可做成重力式、悬臂式、扶臂式或空箱式等形式。在松软地基上，为减小边荷载对闸室底板的影响，在靠近边墩的一段，宜用空箱式。

常用的翼墙布置有曲线式、扭曲面式、斜降式等几种形式。

对边墩不挡土的水闸，也可不设翼墙，采用引桥与两岸连接，在岸坡与引桥桥墩间设固定的挡水墙。在靠近闸室附近的上、下游两侧岸坡采用钢筋混凝土、混凝土或浆砌块石护坡，再向上、下游延伸接以块石护坡。

3. 刺墙

当侧向防渗长度难以满足要求时，可在边墩后设置插入岸坡的防渗刺墙。有时为防止在填土与边墩、翼墙接触面间产生集中渗流，也可做一些短的刺墙。

4. 防渗、排水设施

两岸防渗布置必须与闸底地下轮廓线的布置相协调。要求上游翼墙与铺盖以及翼墙插入岸坡部分的防渗布置，在空间上连成一体。若铺盖长于翼墙，在岸坡上也应设铺盖，或在伸出翼墙范围的铺盖侧部加设垂直防渗设施。

在下游翼墙的墙身上设置排水设施，形式有排水孔、连续排水垫层。

二、水闸主体结构的施工技术

水闸主体结构施工主要包括闸身上部结构预制构件的安装以及闸底板、闸墩、止水设施和门槽等方面的施工内容。

为了尽量减少不同部位混凝土浇筑时的相互干扰，在安排混凝土浇筑施工次序时，可从以下几个方面考虑：

1. 先深后浅。先浇深基础，后浇浅基础，以避免浅基础混凝土产生裂缝。

2. 先重后轻。荷重较大的部位优先浇筑，待其完成部分沉陷后，再浇相邻荷重较小的部位，以减小两者之间的不均匀沉陷。

3. 先主后次。优先浇筑上部结构复杂、工种多、工序时间长、对工程整体影响大的部位或浇筑块。

4. 穿插进行。在优先安排主要关键项目、部位的前提下，见缝插针，穿插安排一些次要、零星的浇筑项目或部位。

（一）底板施工

水闸底板有平底板与反拱底板两种，平底板为常用底板。这两种闸底板虽都是混凝土浇筑，但施工方法并不一样，下面分别予以介绍。平底板的施工总是先于墩墙，而反拱底板的施工，一般是先浇墩墙，预留联结钢筋，待沉陷稳定后再浇反拱底板。

1. 平底板的施工

（1）浇注块划分

混凝土水闸常由沉降缝和温度缝分为许多结构块，施工时应尽量利用结构缝分块。当永久缝间距很大，所划分的浇筑块面积太大，以致混凝土拌和运输能力或浇筑能力满足不了需要时，则可设置一些施工缝，将浇筑块面积划小些。浇注块的大小，可根据施工条件，在体积、面积及高度三个方面进行控制。

（2）混凝土浇筑

闸室地基处理后，软基上多先铺筑素混凝土垫层 8~10cm，以保护地基，找平基面。浇筑前先进行扎筋、立模、搭设仓面脚手架和清仓等工作。

浇筑底板时，运送混凝土入仓的方法很多。可以用载重汽车装载立罐通过履带式起重机吊运入仓，也可以用自卸汽车通过卧罐、履带式起重机入仓。采用上述两种方法时，都不需要在仓面搭设脚手架。

一般中小型水闸采用手推车或机动翻斗车等运输工具运送混凝土入仓，且需在仓面设脚手架。

水闸平底板的混凝土浇筑，一般采用平层浇筑法。但当底板厚度不大，拌和站的生产能力受到限制时，亦可采用斜层浇筑法。

底板混凝土的浇筑，一般先浇上、下游齿墙，然后再从一端向另一端浇筑。当底板混凝土方量较大，且底板顺水流长度在 12m 以内时，可安排两个作业组分层浇筑。首先两组同时浇筑下游齿墙，待齿墙浇平后，将第二组调至上游齿墙，另一组自下游向上游开浇第一坯底板。上游齿墙组浇完，立即调到下游开浇第二坯，而第一坯组浇完又调头浇第三坯。这样交替连环浇注可缩短每坯间隔时间，加快进度，避免产生冷缝。

钢筋混凝土底板，往往有上下两层钢筋。在进料口处，上层钢筋易被砸变形。故开始浇筑混凝土时，该处上层钢筋可暂不绑扎，待混凝土浇筑面将要到达上层钢筋位置时，再进行绑扎，以免因校正钢筋变形延误浇筑时间。

2. 反拱底板的施工

（1）施工程序

由于反拱底板对地基的不均匀沉陷反应敏感，因此必须注意施工程序。目前采用的有下述两种方法。

①先浇筑闸墩及岸墙，后浇反拱底板。为减少水闸各部分在自重作用下产生不均匀沉陷，造成底板开裂破坏，应尽量将自重较大的闸墩、岸墙先浇筑到顶（以基底不产生塑性为限）。接缝钢筋应预埋在墩墙底板中，以备今后浇入反拱底板内。岸墙应及早夯填到顶，使闸墩岸墙地基预压沉实。此法目前采用较多，对于黏性土或砂性土均可采用。

②反拱底板与闸墩岸墙底板同时浇筑。此法适用于地基较好的水闸，虽然对反拱底板的受力状态较为不利，但其保证了建筑的整体性，同时减少了施工工序，便于施工安排。对于缺少有效排水措施的砂性土地基，采用此法较为有利。

（2）施工要点

①由于反拱底板采用土模，因此必须做好基坑排水工作。尤其是沙土地基，不做好排水工作，拱模控制将很困难。

②挖模前将基土夯实，再按设计要求放样开挖，土模挖好后，在其上先铺一层约10cm厚的砂浆，具有一定强度后加盖保护，以待浇筑混凝土。

③采用第一种施工程序，在浇筑岸、墩墙底板时，应将接缝钢筋一头埋在岸、墩墙底板之内，另一头插入土模中，以备下一阶段浇入反拱底板。岸、墩墙浇筑完毕后，应尽量推迟底板的浇筑，以便岸、墩墙基础有更多的时间沉实。反拱底板尽量在低温季节浇筑，以减小温度应力，闸墩底板与反拱底板的接缝按施工缝处理，以保证其整体性。

④当采用第二种施工程序时，为了减少不均匀沉降对整体浇筑的反拱底板的不利影响，可在拱脚处预留缝，缝底设临时铁皮止水，缝顶设“假铰”，待大部分上部结构荷载施加以后，便在低温期用二期混凝土封堵。

⑤为了保证反拱底板的受力性能，在拱腔内浇筑的门槛、消力坎等构件，需在底板混凝土凝固后浇筑二期混凝土，且不应使两者成为一个整体。

（二）闸墩施工

由于闸墩高度大、厚度小，门槽处钢筋较密，闸墩的相对位置要求严格，所以闸墩的立模与混凝土浇筑是施工中的主要难点。

1. 闸墩模板安装

为使闸墩混凝土一次浇筑达到设计高程，闸墩模板不仅要有足够的强度，而且要有足够的刚度。所以闸墩模板安装以往采用“铁板螺栓、对拉撑木”的立模支撑方法。此法虽需耗用大量木材（对于木模板而言）和钢材，工序繁多，但对中小型水闸施工仍较为方便。有条件的施工单位，在闸墩混凝土浇筑中逐渐采用翻模施工方法。

（1）“铁板螺栓、对拉撑木”的模板安装

立模前，应准备好固定模板的对销螺栓及空心钢管等。常用的对销螺栓有两种形式：一种是两端都有螺纹的圆钢；另一种是一端带螺纹、另一端焊接上一块5mm×40mm×400mm的扁铁的螺栓，扁铁上钻两个圆孔，以便将其固定在对拉撑木上。空心圆管可用长度等于闸墩厚度的毛竹或混凝土空心撑头。

闸墩立模时，其两侧模板要同时相对进行。先立平直模板，后立墩头模板。在闸底板上架立第一层模板时，必须保持模板上口水平。在闸墩两侧模板上，每隔1m左右钻与螺栓直径相应的圆孔，并于模板内侧对准圆孔撑以毛竹或混凝土撑头，然后将螺栓穿入，且两头穿出横向围圈和竖向围圈，然后用螺帽固定在竖向围圈上。铁板螺栓带扁铁的一端与水平拉撑木相接，与两端均有螺丝的螺栓相间布置。

（2）翻模施工

翻模施工法立模时一次至少立三层，当第二层模板内混凝土浇至腰箍下缘时，第一层模板内腰箍以下部分的混凝土须达到脱模强度，这样便可拆掉第一层，去架立第四层模板，并绑扎钢筋。依此类推，保持混凝土浇筑的连续性，以免产生冷缝。

2. 混凝土浇筑

闸墩模板立好后，随即进行清仓工作。清仓用高压水冲洗模板内侧和闸墩底面，污水则由底层模板的预留孔排出，清仓完毕堵塞小孔后，即可进行混凝土浇筑。闸墩混凝土的浇筑，主要是解决两个问题，一是每块底板上闸墩混凝土的均衡上升，二是流态混凝土的入仓方式及仓内混凝土的铺筑方法。

当落差大于 2m 时，为防止流态混凝土下落产生离析，应在仓内设置溜管，可每隔 2~3m 设置一组。仓内可把浇筑面分划成几个区段，分段进行浇筑。每坯混凝土厚度可控制在 30cm 左右。

（三）止水设施的施工

为了适应地基的不均匀沉降和伸缩变形，在水闸设计中均设置温度缝与沉陷缝，并常用沉陷缝代温度缝作用。缝有铅直和水平的两种，缝宽一般为 1.0~2.5cm。缝中填料及止水设施，在施工中应按设计要求确保质量。

1. 沉陷缝填料的施工

沉陷缝的填充材料，常用的有沥青油毛毡、沥青杉木板及泡沫板等多种。填料的安装有两种方法。

一种是先将填料用铁钉固定在模板内侧后，再浇混凝土，拆模后填料即粘在混凝土面上，然后再浇另一侧混凝土，填料即牢固地嵌入沉降缝内。如果沉陷缝两侧的结构需要同时浇灌，则沉陷缝的填充材料在安装时要竖立平直，浇筑时沉陷缝两侧流态混凝土的上升高度要一致。

另一种是先在缝的一侧立模浇混凝土，并在模板内侧预先钉好安装填充材料的长铁钉数排，并使铁钉的 1/3 留在混凝土外面，然后安装填料、敲弯铁尖，使填料固定在混凝土面上，再立另一侧模板和浇混凝土。

2. 止水的施工

凡是位于防渗范围内的缝，都有止水设施，止水包括水平止水和垂直止水，常用的有止水片和止水带。

（1）水平止水

水平止水大都采用塑料止水带，其安装方法与沉陷缝的一样，如图 1-1 所示。

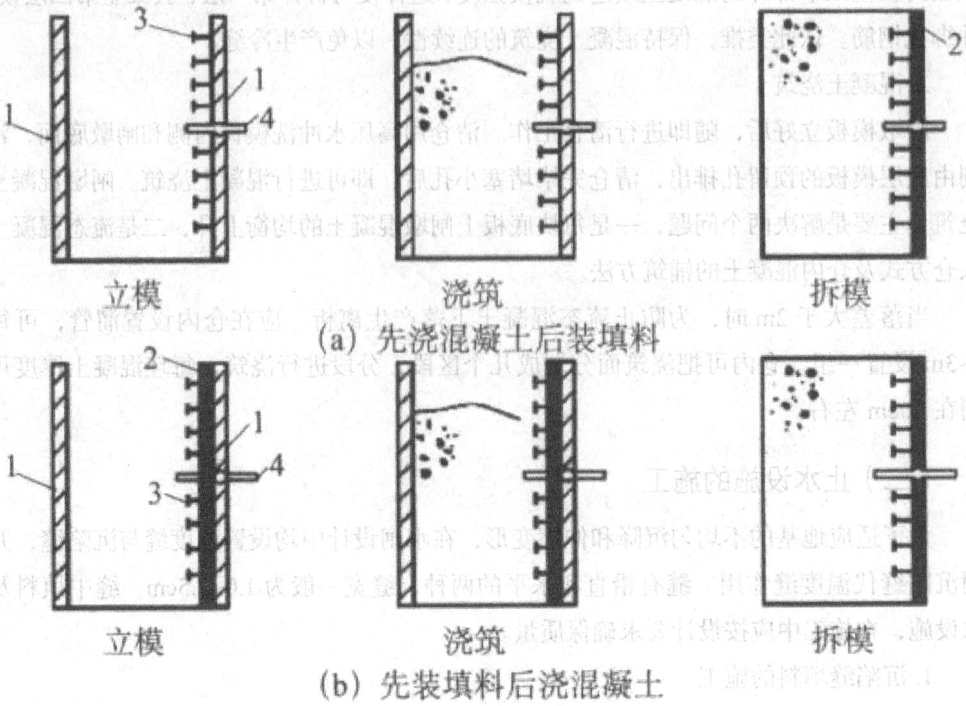

图 1–1 水平止水安装示意图

1. 模板；2. 填料；3. 铁钉；4. 止水带

（2）垂直止水

常用的垂直止水构造如图 1-2 所示。

止水部分的金属片，重要部分用紫铜片，一般用铝片、镀锌铁皮或镀铜铁皮等。

对于需灌注沥青的结构形式 C 如图 1-2（a）、（b）、（c）所示，可按照沥青井的形状预制混凝土槽板，每节长度可为 0.3~0.5m，与流态混凝土的接触面应凿毛，以利结合。安装时需涂抹水泥砂浆，随缝的上升分段接高。沥青井的沥青可一次灌注，也可分段灌注。止水片接头要进行焊接。

（3）接缝交叉的处理

止水交叉有两类：一是铅直交叉（指垂直缝与水平缝的交叉）；二是水平交叉（指水平缝与水平缝的交叉）。交叉处止水片的连接方式也可分为两种：一种是柔性连接，即将金属止水片的接头部分埋在沥青块体中；另一种是刚性连接，即将金属止水片剪裁后焊接成整体。在实际工程中可根据交叉类型及施工条件决定连接方法，铅直交叉常用柔性连接，而水平交叉则多用刚性连接。

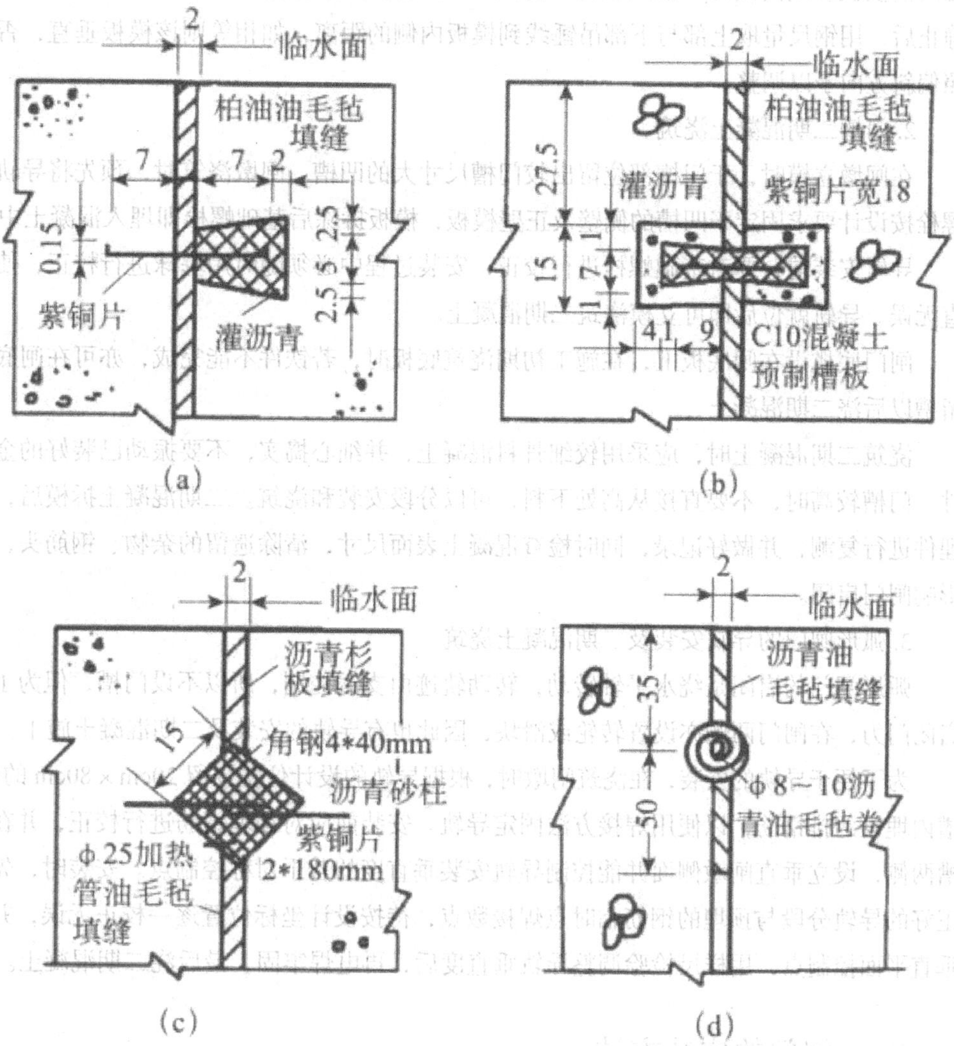

图 1–2　垂直止水构造图（单位：cm）

（四）门槽二期混凝土施工

采用平面闸门的中小型水闸，在闸墩部位都设有门槽。为了减小闸门的启闭力及闸门封水，门槽部分的混凝土中埋有导轨等铁件，如滑动导轨、主轮、侧轮及反轮导轨、止水座等。这些铁件的埋设可采取预埋及留槽后浇混凝土两种方法。小型水闸的导轨铁件较小，可在闸墩立模时将其预先固定在模板的内侧。闸墩混凝土浇筑时，导轨等铁件即浇入混凝土中。由于大、中型水闸导轨较大、较重，在模板上固定较为困难，宜采用预留槽后浇二期混凝土的施工方法。

1. 门槽垂直度控制

门槽及导轨必须铅直无误，所以在立模及浇筑过程中应随时用吊锤校正。校正时，可在门槽模板顶端内侧钉一根大铁钉（钉入 2/3 长度），然后把吊锤系在铁钉端部，待吊锤静止后，用钢尺量取上部与下部吊锤线到模板内侧的距离，如相等则该模板垂直，否则按照偏斜方向予以调整。

2. 门槽二期混凝土浇筑

在闸墩立模时，于门槽部位留出较门槽尺寸大的凹槽。闸墩浇筑时，预先将导轨基础螺栓按设计要求固定于凹槽的侧壁及正壁模板，模板拆除后基础螺栓即埋入混凝土中。

导轨安装前，要对基础螺栓进行校正，安装过程中必须随时用垂球进行校正，使其铅直无误。导轨就位后即可立模浇筑二期混凝土。

闸门底槛设在闸底板上，在施工初期浇筑底板时，若铁件不能完成，亦可在闸底板上留槽以后浇二期混凝土。

浇筑二期混凝土时，应采用较细骨料混凝土，并细心捣实，不要振动已装好的金属构件。门槽较高时，不要直接从高处下料，可以分段安装和浇筑。二期混凝土拆模后，应对埋件进行复测，并做好记录，同时检查混凝土表面尺寸，清除遗留的杂物、钢筋头，以免影响闸门启闭。

3. 弧形闸门的导轨安装及二期混凝土浇筑

弧形闸门的启闭是绕水平轴转动，转动轨迹由支臂控制，所以不设门槽，但为了减小启闭门力，在闸门两侧亦设置转轮或滑块，因此也有导轨的安装及二期混凝土施工。

为了便于导轨的安装，在浇筑闸墩时，根据导轨的设计位置预留 20cm × 80cm 的凹槽，槽内埋设两排钢筋，以便用焊接方法固定导轨。安装前应对预埋钢筋进行校正，并在预留槽两侧，设立垂直闸墩侧面并能控制导轨安装垂直度的若干对称控制点。安装时，先将校正好的导轨分段与预埋的钢筋临时点焊接数点，待按设计坐标位置逐一校正无误，并根据垂直平面控制点，用样尺检验调整导轨垂直度后，再电焊牢固，最后浇二期混凝土。

三、闸门的安装方法

闸门是水工建筑物的孔口上用来调节流量，控制上下游水位的活动结构。它是水工建筑物的一个重要组成部分。

闸门主要由三部分组成：主体活动部分，用以封闭或开放孔口，通称闸门或门叶；埋固部分，是预埋在闸墩、底板和胸墙内的固定件，如支承行走埋设件、止水埋设件和护砌埋设件等；启闭设备，包括连接闸门和启闭机的螺杆或钢丝绳索和启闭机等。

闸门按其结构形式可分为平面闸门、弧形闸门及人字闸门三种。闸门按门体的材料可分为钢闸门、钢筋混凝土或钢丝水泥闸门、木闸门及铸铁闸门等。

所谓闸门安装是将闸门及其埋件装配、安置在设计部位。由于闸门结构的不同，各种闸门的安装，如平面闸门安装、弧形闸门安装、人字闸门安装等，略有差异，但一般可分为埋件安装和门叶安装两部分。

1. 平面闸门安装

主要介绍平面钢闸门的安装。

平面钢闸门的闸门主要由面板、梁格系统、支承行走部件、止水装置和吊具等组成。

（1）埋件安装

闸门的埋件是指埋设在混凝土内的门槽固定构件，包括底槛、主轨、侧轨、反轨和门楣等。安装顺序一般是设置控制点线，清理、校正预埋螺栓，吊入底槛并调整其中心、高程、里程和水平度，经调整、加固、检查合格后，浇筑底槛二期混凝土。设置主、反、侧轨安装控制点，吊装主轨、侧轨、反轨和门楣并调整各部件的高程、中心、里程、垂直度及相对尺寸，经调整、加固、检查合格，分段浇筑二期混凝土。二期混凝土拆模后，复测埋件的安装精度和二期混凝土槽的断面尺寸，超出允许误差的部位需进行处理，以防闸门关闭不严、出现漏水或启闭时出现卡阻现象。

（2）门叶安装

如门叶尺寸小，则在工厂制成整体运至现场，经复测检查合格，装上止水橡皮等附件后，直接吊入门槽。如门叶尺寸大，由工厂分节制造，运到工地后，在现场组装。

①闸门组装。组装时，要严格控制门叶的平直性和各部件的相对尺寸。分节门叶的节间联结通常采用焊接、螺栓联结、销轴联结三种方式。

②闸门吊装。分节门叶的节间如果是螺栓和销轴联结的闸门，若起吊能力不够，在吊装时需将已组成的门叶拆开，分节吊入门槽，在槽内再联结成整体。

（3）闸门启闭试验

闸门安装完毕后，需作全行程启闭试验，要求门叶启闭灵活无卡阻现象，闸门关闭严密，漏水量不超过允许值。

2. 弧形闸门安装

弧形闸门由弧形面板、梁系和支臂组成。根据其安装高低位置不同，弧形闸门的安装，分为露顶式弧形闸门安装和潜孔式闸门安装。

（1）露顶式弧形闸门安装

露顶式弧形闸门包括底槛、侧止水座板、侧轮导板、铰座和门体。安装顺序：

①在一期混凝土浇筑时预埋铰座基础螺栓，为保证铰座的基础螺栓安装准确，可用钢板或型钢将每个铰座的基础螺栓组焊在一起，进行整体安装、调整、固定。

②埋件安装。先在闸孔混凝土底板和闸墩边墙上放出各埋件的位置控制点，接着安装底槛、侧止水导板、侧轮导板和铰座，并浇筑二期混凝土。

③门体安装。门体安装有分件安装和整体安装两种方法。分件安装是先将铰链吊起，插入铰座，于空间穿轴，再吊支臂用螺栓与铰链连接；也可先将铰链和支臂组成整体，再吊起插入铰座进行穿轴。若起吊能力许可，可在地面穿轴后，再整体吊入。2 个直臂装好后，将其调至同一高程，再将面板分块装于支臂上。调整合格后，进行面板焊接和将支臂端部与面板相连的连接板焊好。门体装完后起落 2 次，使其处于自由状态，然后安装侧止水橡

皮，补刷油漆，最后再启闭弧门检查有无卡阻和止水不严现象。整体安装是在闸室附近搭设的组装平台上进行，将2个已分别与铰链连接的支臂按设计尺寸用撑杆连成一体，再于支臂上逐个吊装面板，将整个面板焊好，经全面检查合格，拆下面板，将2个支臂整体运入闸室，吊起插入铰座，进行穿轴，而后吊装面板。此法一次起吊重量大，2个支臂组装时，其中心距要严格控制，否则会给穿轴带来困难。

（2）潜孔式弧形闸门安装

设置在深孔和隧洞内的潜孔式弧形闸门，顶部有混凝土顶板和顶止水，其埋件除与露顶式相同的部分外，一般还有铰座钢梁和顶门楣。安装顺序：

①铰座钢梁宜和铰座组成整体，吊入二期混凝土的预留槽中安装。

②埋件安装。深孔弧形闸门是在闸室内安装，故在浇筑闸室一期混凝土时，就需将锚钩埋好。

③门体安装方法与露顶式弧形闸门的基本相同，可以分体装，也可整体装。门体装完后要起落数次，根据实际情况，调整项门楣，使弧形闸门在启闭过程中不发生卡阻现象，同时门楣上的止水橡皮能和面板接触良好，以免启闭过程中门叶顶部发生涌水现象。调整合格后，浇筑顶门楣二期混凝土。

④为防止闸室混凝土在流速高的情况下发生空蚀和冲蚀，有的闸室内壁设钢板衬砌。钢衬可在二期混凝土安装，也可在一期混凝土时安装。

3. 人字闸门安装

人字闸门由底枢装置、顶枢装置、支枕装置、止水装置和门叶组成。人字闸门分埋件和门叶两部分进行安装。

（1）埋件安装。埋件安装包括底枢轴座、顶枢埋件、枕座、底槛和侧止水座板等。其安装顺序：设置控制点，校正预埋螺栓，在底枢轴座预埋螺栓上加焊调节螺栓和垫板。将埋件分别布置在不同位置，根据已设的控制点进行调整，符合要求后，加固并浇筑二期混凝土。

为保证底止水安装质量，在门叶全部安装完毕后，进行启闭试验时安装底槛，安装时以门叶实际位置为基准，并根据门叶关闭后止水橡皮的压缩程度适当调整底槛，合格后浇筑二期混凝土。

（2）门叶安装。首先在底枢轴座上安装半圆球轴（蘑菇头），同时测出门叶的安装位置，一般设置在与闸门全开位置呈120° ~130° 的夹角处。门叶安装时需有2个支点，底枢半圆球轴为一支点，在接近斜接柱的纵梁隔板处用方木或型钢铺设另一临时支点。根据门叶大小、运输条件和现场吊装能力，通常采用整体吊装、现场组装和分节吊装等三种安装方法。

四、启闭机的安装方法

在水工建筑物中，专门用于各种闸门开启与关闭的起重设备称为闸门启闭机。将启闭闸门的起重设备装配、安置在设计确定部位的工程称作闸门启闭机安装。

闸门启闭机安装分固定式和移动式启闭机安装两类。固定式启闭机主要用于工作闸门和事故闸门，每扇闸门配备1台启闭机，常用的有卷扬式启闭机、螺杆式启闭机和液压式启闭机等几种。移动式启闭机可在轨道上行走，适用于操作多孔闸门，常用的有门式、台式和桥式等几种。

大型固定式启闭机的一般安装程序：

①埋设基础螺栓及支撑垫板。

②安装机架。

③浇筑基础二期混凝土。

④在机架上安装提升机构。

⑤安装电气设备和安保元件。

⑥联结闸门做启闭机操作试验，使各项技术参数和继电保护值达到设计要求。

移动式启闭机的一般安装程序：

①埋设轨道基础螺栓。

②安装行走轨道，并浇筑二期混凝土。

③在轨道上安装大车构架及行走台车。

④在大车梁上安装小车轨道、小车架、小车行走机构和提升设备。

⑤安装电气设备和安保元件。

⑥进行空载运行及负荷试验，使各项技术参数和继电保护值达到设计要求。

1. 固定式启闭机的安装

（1）卷扬式启闭机的安装

卷扬式启闭机由电动机、减速箱、传动轴和绳鼓组成。卷扬式启闭机是由电力或人力驱动减速齿轮，从而驱动缠绕钢丝绳的绳鼓，借助绳鼓的转动，收放钢丝绳使闸门升降。

固定卷扬式启闭机安装顺序：

①在水工建筑物混凝土浇筑时埋入机架基础螺栓和支承垫板，在支承垫板上放置调整用楔形板。

②安装机架。按闸门实际起吊中心线找正机架的中心、水平、高程，拧紧基础螺母，浇筑基础二期混凝土，固定机架。

③在机架上安装、调整传动装置，包括电动机、弹性联轴器、制动器、减速器、传动轴、齿轮联轴器、开式齿轮、轴承、卷筒等。

固定卷扬式启闭机的调整顺序：

①按闸门实际起吊中心找正卷筒的中心线和水平线，并将卷筒轴的轴承座螺栓拧紧。

②以与卷筒相连的开式大齿轮为基础，使减速器输出端开式小齿轮与大齿轮啮合正确。

③以减速器输入轴为基础，安装带制动轮的弹性联轴器，调整电动机位置使联轴器的两片的同心度和垂直度符合技术要求。

④根据制动轮的位置，安装与调整制动器。若为双吊点启闭机，要保证传动轴与两端齿轮联轴节的同轴度。

⑤传动装置全部安装完毕后，检查传动系统动作的准确性、灵活性，并检查各部分的可靠性。

⑥安装排绳装置、滑轮组、钢丝绳、吊环、扬程指示器、行程开关、过载限制器、过速限制器及电气操作系统等。

（2）螺杆式启闭机安装

螺杆式启闭机是中小型平面闸门普遍采用的启闭机。它由摇柄、主机和螺栓组成。螺杆的下端与闸门的吊头连接，上端利用螺杆与承重螺母相扣合。当承重螺母通过与其连接的齿轮被外力（电动机或手摇）驱动而旋转时，它驱动螺杆做垂直升降运动，从而启闭闸门。

安装过程包括基础埋件的安装、启闭机安装、启闭机单机调试、启闭机负荷试验。安装前，首先检查启闭机的各传动轴，轴承及齿轮的转动灵活性和啮合情况，着重检查螺母螺纹的完整性，必要时应进行妥善处理。

检查螺杆的平直度，每米长弯曲超过0.2mm或有明显弯曲处可用压力机进行机械校直。螺杆螺纹容易碰伤，要逐圈进行检查和修正。无异状时，在螺纹外表涂以润滑油脂，并将其拧入螺母，进行全行程的配合检查，不合适处应修正螺纹。然后整体竖立，将它吊入机架或工作桥上就位，以闸门吊耳找正螺杆下端连接孔，并进行连接。

挂一线锤，以螺杆下端头为准，移动螺杆启闭机底座，使螺杆处于垂直状态。对双吊点的螺杆式启闭机，两侧螺杆找正后，安装中间同步轴，螺杆找正和同步轴连接合格后，最后把机座固定。

对于电动螺杆式启闭机，安装电动机及其操作系统后应做电动操作试验及行程限位整定等。

（3）液压式启闭机的安装

液压式启闭机由机架、油缸、油泵、阀门、管路、电机和控制系统等组成。油缸拉杆下端与闸门吊耳铰接。液压式启闭机分单向与双向两种。

液压式启闭机通常由制造厂总装并试验合格后整体运到工地，若运输保管得当，且出厂不满一年，可直接进行整体安装；否则，要在工地进行分解、清洗、检查、处理和重新装配。液压式启闭机的安装程序：

①安装基础螺栓，浇筑混凝土。

②安装和调整机架。

③油缸吊装于机架上，调整固定。

④安装液压站与油路系统。

⑤滤油和充油。

⑥启闭机调试后与闸门联调。

2. 移动式启闭机的安装

移动式启闭机安装在坝顶或尾水平台上，能沿轨道移动，用于启闭多台工作闸门和检修闸门。常用的移动式启闭机有门式、台式和桥式等形式。

移动式启闭机行走轨道均采取嵌入混凝土方式，先在一期混凝土中埋入基础调节螺栓，经位置校正后，安放下部调节螺母及垫板，然后逐根吊装轨道，调整轨道高程、中心、轨距及接头错位，再用上压板和夹紧螺母紧固，最后分段浇筑二期混凝土。

第二节 渠系主要建筑物的施工技术

一、渠系建筑物的组成及特点

在渠道上修建的建筑物称为渠道系统中的水工建筑物，简称渠系建筑物。

1. 渠系建筑物的分类

渠系建筑物按其作用可分为：

（1）渠道。渠道是指为农田灌溉、水力发电、工业及生活输水用的、具有自由水面的人工水道。

（2）调节及配水建筑物。其用以调节水位和分配流量，如节制闸、分水闸等。

（3）交叉建筑物。交叉建筑物是渠道与山谷、河流、道路、山岭等相交时所修建的建筑物，如渡槽、倒虹吸管、涵洞等。

（4）落差建筑物。落差建筑物是在渠道落差集中处修建的建筑物，如跌水、陡坡等。

（5）泄水建筑物。泄水建筑物是为保护渠道及建筑物安全或进行维修，用以放空渠水的建筑物，如泄水闸、虹吸泄洪道等。

（6）冲沙和沉沙建筑物。冲沙和沉沙建筑物是为防止和减少渠道淤积，在渠首或渠系中设置的冲沙和沉沙设施，如冲沙闸、沉沙池等。

（7）量水建筑物。量水建筑物是用以计量输配水量的设施，如量水堰等。

2. 渠系建筑物的特点

（1）面广量大、总投资多。渠系中的建筑物，一般规模不大，但数量多，总的工程量和造价在整个工程中所占比重较大。

（2）同一类型建筑物的工作条件、结构形式、构造尺寸较为近似。同一类型的渠系建筑物的工作条件一般近似，因此，在一个灌区内可以较多地采用同一结构形式和施工方法，广泛采用定型设计和预制装配式结构。

二、渠系主要建筑物的施工方法

渠道施工包括渠道开挖、渠堤填筑和渠道衬砌。渠道施工的特点是工程量大，施工线路长，场地分散；但工种单纯，技术要求较低。

1. 渠道开挖

渠道开挖的施工方法有人工开挖、机械开挖和爆破开挖等。开挖方法的选择取决于技术条件、土壤特性、渠道横断面尺寸、地下水位等因素。渠道开挖的土方多堆在渠道两侧用作渠堤，因此，铲运机、推土机等机械得到了广泛的应用。

（1）人工开挖

①施工排水

渠道开挖首先要解决地表水或地下水对施工的干扰问题，办法是在渠道中设置排水沟。排水沟的布置既要方便施工，又要保证排水的通畅。

②开挖方法

在干地上开挖，应自渠道中心向外，分层下挖，先深后宽。为方便施工，加快工程进度，边坡处可先按设计坡度要求挖成台阶状，待挖至设计深度时再进行削坡。开挖后的弃土，应先行规划，尽量做到挖填平衡。开挖方法有一次到底法和分层下挖法。

一次到底法适用于土质较好，挖深 2~3m 的渠道。开挖时先将排水沟挖到低于渠底设计高程 0.5m 处，然后按阶梯状向下逐层开挖至渠底。

分层下挖法适用于土质较软、含水量较高、渠道挖深较大的情况。可将排水沟布置在渠道中部，逐层下挖排水沟，直至渠底。当渠道较宽时，可采用翻滚排水沟法，用此法施工，排水沟断面小，施工安全，施工布置灵活。

③边坡开挖与削坡

开挖渠道如一次开挖成坡，将影响开挖进度。因此，一般先按设计坡度要求挖成台阶状，其高宽比按设计坡度要求开挖，最后进行削坡。

（2）机械开挖

①推土机开挖

推土机开挖，渠道深度一般不宜超过 1.5~2.0m，填筑渠堤高度不宜超过 2~3m，其边坡不宜陡于 1 ∶ 2。推土机还可用于平整渠底，清除腐殖土层、压实渠堤等。

②铲运机开挖

铲运机最适宜开挖全挖方渠道或半挖半填渠道。对需要在纵向调配土方的渠道，如运距不远，也可用铲运机开挖。铲运机开挖渠道的开行方式有：

环形开行：当渠道开挖宽度大于铲土长度，而填土或弃土宽度又大于卸土长度时，可采用横向环形开行。反之，则采用纵向环形开行，铲土和填土位置可逐渐错动，以完成所需断面。“8”字形开行：当工作前线较长，填挖高差较大时，则应采用“8”字形开行。其进口坡道与挖方轴线间的夹角以 40° ~60° 为宜，过大则重车转弯不便，过小则加大运距。

③爆破开挖

采用爆破法开挖渠道时，药包可根据开挖断面的大小沿渠线布置成一排或几排。当渠底宽度大于深度的 2 倍以上时，应布置 2 排以上的药包，但最多不宜超过 5 排，以免爆破后回落土方过多。单个药包装药量及间、排距应根据爆破试验确定。

2. 渠堤填筑

渠堤填筑前要进行清基，清除基础范围内的块石、树根、草皮、淤泥等杂质，并将基面略加平整，然后进行刨毛。如基础过于干燥，还应洒水湿润，然后再填筑。

筑堤用的土料，以土块小的湿润散土为宜，如沙质壤土或沙质黏土。如用几种土料，应将透水性小的土料填筑在迎水面，透水性大的填筑在背水面。土料中不得掺有杂质，并应保持一定的含水量，以利压实，严禁使用冻土、淤泥、净砂等。

填方渠道的取土坑与堤脚应保持一定距离，挖土深度不宜超过 2m，取土宜先远后近，并留有斜坡道以便运土。半填半挖渠道应尽量利用挖方填堤，只有土料不足或土质不能满足填筑要求时，才在取土坑取土。

渠堤填筑应分层进行。每层铺土厚度以 20~30cm 为宜，并应铺平铺匀。每层铺土宽度应保证土堤断面略大于设计宽度，以免削坡后断面不足。堤顶应做成坡度为 2%~4% 的坡面，以利排水。填筑高度应考虑沉陷，一般可预加 5% 的沉陷量。

第三节　橡胶坝

橡胶坝是水利工程中应用较为广泛的河道挡水建筑物，是用高强度合成纤维织物做受力骨架，内外涂敷橡胶做保护层，加工成胶布，再将其锚固于底板上成封闭状的坝袋，通过充排管路用水（气）将其充胀形成的袋式挡水坝。坝顶可以溢流，并可根据需要调节坝高，控制上游水位，以发挥灌溉、发电、航运、防洪、挡潮等效益。

在应用时以水或气充胀坝袋，形成挡水坝。不需要挡水时，泄空坝内的水或气，恢复原有河渠的过流断面，在行洪河道的水或气应进行强排，以满足河道行洪在时间的要求。

一、橡胶坝的形式

橡胶坝分袋式、帆式及钢柔混合结构式三种坝型，比较常用的是袋式坝型。坝袋按充胀介质可分为充水式、充气式和气水混合式；按锚固方式可分为锚固坝和无锚固坝，锚固坝又分为单线锚固和双线锚固等。

橡胶坝按岸墙的结构形式可分为直墙式和斜坡式。直墙式橡胶坝的所有锚固均在底板上，橡胶坝坝袋采用堵头式，这种形式结构简单，适应面广，但充坝时在坝袋和岸墙结合部位出现拥肩现象，引起局部溢流，这就要求坝袋和岸墙结合部位尽可能光滑。斜坡式橡胶坝的端锚固设在岸墙上，这种形式坝袋在岸墙和底板的连接处易形成褶皱，在护坡式的河道中，与上下游的连接容易处理。

二、橡胶坝的组成及作用

橡胶坝主要由三部分组成：

1. 土建部分

土建部分包括基础底板、边墩（岸墙）、中墩（多跨式）、上下游翼墙、上下游护坡、上游防渗铺盖或截渗墙、下游消力池、海漫等。铺盖常采用混凝土或黏土结构，厚度视不同材料而定，一般混凝土铺盖厚 0.3m，黏土铺盖厚不小于 0.5m。护坦（消力池）一般采用混凝土结构，其厚度为 0.3~0.5m。海漫一般采用浆砌石、干砌石或铅丝石笼，其厚度一般为 0.3~0.5m。

（1）底板。橡胶坝底板形式与坝型有关，一般多采用平底板。枕式坝为减小坝肩，在每跨底板端头一定范围内做成斜坡。端头锚固坝一般都要求底板面平直。对于较大跨度的单个坝段，底板在垂直水流方向上设沉降缝，缝距根据《水闸设计规范》（NB/T 350232014）中的规定确定。

（2）中墩。中墩的作用主要是分隔坝段，安放溢流管道，支承枕式坝两端堵头。

（3）边墩。边墩的作用主要是挡土，安放溢流管道，支承枕式坝端部堵头。

2. 坝体（橡胶坝袋）

用高强合成纤维织物做受力骨架，内外涂上合成橡胶做黏结保护层的胶布，锚固在混凝土基础底板上，成封闭袋形，用水（气）的压力充胀，形成柔性挡水坝。坝体的主要作用是挡水，并通过充坍坝来控制坝上水位及过坝流量。橡胶坝主要依靠坝袋内的胶布（多采用锦纶帆布）来承受拉力，橡胶保护胶布免受外力的损害。根据坝高的不同，坝袋可以选择一布二胶、二布三胶、三布四胶，采用最多的是二布三胶。一般夹层胶厚 0.3~0.5mm，内层覆盖胶大于 2.0mm，外层覆盖胶大于 2.5mm。坝袋表面上涂刷耐老化涂料。

3. 控制和安全观测系统

控制和安全观测系统包括充胀和坍落坝体的充排设备、安全及检测装置。

三、橡胶坝的设计要点

1. 坝址选择

设计时应根据橡胶坝的特点和运用要求，综合考虑地形、地质、水流、泥沙、环境影响等因素，经过技术经济比较后确定坝址，宜选在河段相对顺直、水流流态平顺及岸坡稳定的河段，不宜选在冲刷和淤积变化大、断面变化频繁的河段；同时，应考虑施工导流、交通运输、供水供电、运行管理、坝袋检修等条件。

2. 工程布置

力求布局合理、结构简单、安全可靠、运行方便、造型美观，宜包括土建、坝体、充排和安全观测系统等；坝长应与河（渠）宽度相适应，坍坝时应能满足河道设计行洪要求，单跨坝长度应满足坝袋制造、运输、安装、检修以及管理要求，取水工程应保证进水口取水和防沙的可靠性。

3. 坝袋

作用在坝袋上的主要设计荷载为坝袋外的静水压力和坝袋内的充水（气）压力，设计内外压比 a 值的选用应经技术经济比较后确定。充水橡胶坝内外压比值宜选用 1.25~1.60，充气橡胶坝内外压比值宜选用 0.75~1.10。

坝袋强度设计安全系数充水坝应不小于 6.0，充气坝应不小于 8.0。

坝袋袋壁承受的径向拉力应根据薄膜理论按平面问题计算。

坝袋袋壁强度、坝袋横断面形状、尺寸及坝体充胀容积的计算。

坝袋胶布除必须满足强度要求外，还应具有耐老化、耐腐蚀、耐磨损、抗冲击、抗屈挠、耐水、耐寒等性能。

4. 锚固结构

锚固结构形式可分为螺栓压板锚固、楔块挤压锚固以及胶囊充水锚固三种。应根据工程规模、加工条件、耐久性、施工、维修等条件，经过综合经济比较后选用。锚固构件必须满足强度与耐久性的要求。

锚固线布置分单锚固线和双锚固线两种。采用岸墙锚固线布置的工程应满足坍坝时坝袋平整不阻水，充坝时坝袋褶皱较少的要求。

对于重要的橡胶坝工程，应做专门的锚固结构试验。

5. 控制系统

坝袋的充胀与排放所需时间必须与工程的运用要求相适应。

坝袋的充排有动力式和混合式，应根据工程现场条件和使用要求等确定。

充水坝的充水水源应水质洁净。

充排系统的设计包括动力设备、管路、进出水（气）口装置等。

（1）动力设备的设计应根据工程情况、运用管理的可靠性、操作方便等因素，经济合理地选用水泵或空压机的容量及台数。重要的橡胶坝工程应配置备用动力设备。

（2）管路设计应与充、排水（气）时间相适应，做到布置合理、运行可靠及维修方便，具有足够的充排能力。

（3）充水坝袋内的充（排）水口宜设置两个水帽，出口位置应放在能排尽水（气）的地方并在坝内设置导水（气）装置。

（4）寒冷地区管路埋设应满足防冻要求。

6. 安全与观测设备

安全设备设置应满足下列要求：

（1）充水坝设置安全溢流设备和排气阀，坝袋内压不超过设计值；排气阀装设在坝袋两端顶部。

（2）充气坝设置安全阀、水封管或 U 形管等充气压力监测设备。

（3）对建在山区河道、溢流坝上或有突发洪水情况出现的充水式橡胶坝，宜设自动坍坝装置。

观测装置设置宜满足下列要求：

①橡胶坝上、下游水位观测，设置连通管或水位标尺，必要时亦可采用水位传感器。

②坝袋内压力观测设置，充水坝采用坝内连通管，充气坝安装压力表，对重要工程应安装自动监测设备。

第四节　渠道混凝土衬砌机械化施工

国外无论是长距离输水渠还是灌区渠道衬砌混凝土工程多采用机械化衬砌施工。渠道混凝土机械化衬砌技术与设备在国外已有60年左右的发展历史，其中以美国和欧洲公司的产品最具有代表性，主要有美国高马克公司、G&Z公司和拉克·汉斯公司、意大利玛森萨公司和德国维特根公司等。渠道衬砌机：从衬砌成型技术方面可分为两类，一类是内置式插入振捣滑模成型衬砌技术，另一类是表面振动滚筒碾压成型技术。相应地也产生了两类不同衬砌设备。振捣滑模衬砌机大多采用液压振捣棒，而德国采用电动振捣棒。

渠道修整机分类：在渠坡修整技术方面分为三种，即精修坡面旋转铣刨技术、螺旋旋转滚动铣刨技术、回转链斗式精修坡面技术。与其对应产生了不同的渠坡修整机。

混凝土布料技术有螺旋布料机技术和皮带布料机技术。螺旋布料机有单螺旋和双螺旋之分。

渠面衬砌有全断面衬砌、半断面衬砌和渠底衬砌之分。

自动化程度有全自动履带行走，自动导向、自动找正；半自动，导轮行走，电气控制，手动操作找正。

成套设备有修整机、衬砌垫层布料机、衬砌机、分缝处理机、人工台车。

国内的渠道混凝土衬砌机械化施工技术与设备是近十几年迅速发展成熟起来的。即以南水北调东线工程为依托，结合国家“十五”重大技术装备研制（科技攻关）——大型渠道混凝土机械化衬砌成型设备研制，水利部“948”大型渠道衬砌技术引进，国家“十一五”重大科技支撑计划——大型渠道设计与施工新技术研究，国家“重大科技成果转化推广项目”和水利部“948科技创新推广项目”——大型渠道混凝土机械化衬砌技术与设备等课题，研制开发了渠道混凝土衬砌机械化施工系列成套技术与设备。

通过大型调水工程，在衬砌技术、机械设备、施工工艺等方面进行了有益的探讨，并取得了很好的效果。随着科技的发展和新材料、新技术的应用，渠道机械化衬砌施工工艺的逐步完善，渠道机械化衬砌设备的国产化程度的提高，渠道机械化衬砌的成本将越来越低。

一、混凝土机械衬砌的优点

大断面渠道衬砌，衬砌混凝土厚度一般较小，为 8~15cm，混凝土面积较大，但不同于大体积混凝土施工，目前国内外基本可以分为人工衬砌和机械衬砌。由于人工衬砌速度较慢，质量不均一，施工缝多，逐渐被机械化衬砌所取代。

渠道混凝土机械衬砌施工的优点可归纳如下：

1. 衬砌效率高，一般可达到 $200m^2/h$，约 20m；

2. 衬砌质量好，混凝土表面平整、光滑，坡脚过度圆滑、美观，密实度、强度也符合设计要求；

3. 后期维修费用低。

二、混凝土衬砌的施工程序

机械化衬砌又分为滚筒式、滑模式和复合式等形式。一般在坡长较短的渠道上，可以采用滑模式。滚筒式的使用范围较广，可以应用各种坡长要求。根据衬砌混凝土施工工序，在渠道已经基本成型，坡面预留一定厚度的原状土（可视土方施工者的能力，预留 5~20cm）。

三、衬砌坡面修整

渠道开挖时，渠坡预留约 30cm 的保护层。在衬砌混凝土浇筑前，需要根据渠坡地质条件选用不同的施工方法进行修整。

坡脚齿墙按要求砌筑完后，方可进行削坡。削坡分三步进行：

1. 粗削。削坡前先将河底塑料薄膜铺设好，然后，在每一个伸缩缝处，按设计坡面挖出一条槽，并挂出标准坡面线，按此线进行粗削找平，防止削过。

2. 细削。细削是指将标准坡面线下混凝土板厚的土方削掉。粗削大致平整后，在两条伸缩缝中间的三分点上加挂两条标准坡面线，从上到下挂水平线依次削平。

3. 刮平。细削完成后，坡面基本平整，这时要用 3~4m 长的直杆（方木或方铝），在垂直于河中心线的方向上来回刮动，直至刮平。

清坡的方法：

1. 人工清坡。在没有机械设备的条件下，可以使用人工清坡，在需要清理的坡面上设置网格线，根据网格线和坡面的高差，控制坡面高程。根据以往的施工经验，在大坡面上即使严格控制施工质量，误差也在 ±3cm。这个误差对于衬砌厚度只有 8~10cm 厚度的混凝土来说，是不允许的。即使是有垫层，也不能满足要求。对于坡长更长的坡面，人工清坡质量是难以控制的。

2. 螺旋式清坡机。该机械在较短的坡面上（不大于 10m）效果较好，通过一镶嵌合金的连续螺旋体旋转，将土体进行切削，弃土可以直接送至渠顶，但在过长的坡面上不适应，因为过长的螺旋需要的动力较大，且挠度问题难以解决。

3. 滚齿式。该清坡机沿轨道顺渠道轴线方向行走，一定长度的滚齿旋转切削土体，切削下来的土体抛向渠底，形成平整的原状土坡面。一幅结束后，整机前移，进行下一幅作业。

先由一台削坡机粗削坡，削坡机保留 3~4mm 的保护层。待具备浇筑条件时，由另一台削坡机精削坡一次修至设计尺寸，并及时铺设保温防渗层。

超挖的部位用与建基面同质的土料或沙砾料补坡，采用人工或小型碾压机械压实。对于因雨水冲刷或局部坍塌的部位，先将坡面清理成锯齿状，再进行补坡。补坡厚度高出设计断面，并按设计要求压实。可采用人工方式也可以使用与衬砌机配套使用的专用渠道修整机精修坡面。

修整后，渠坡上、下边线允许偏差要求控制在 ±20mm（直线段）或 ±50mm（曲线段），坡面平整度≤ 1cm/2m，当上覆沙砾料垫层时平整度 <2cm/2m，高程偏差≤ 20mm。渠坡修整后的平整度对保温板铺设的影响较大，土质边坡宜采用机械削坡以保证良好的平整度。

第五节　生态护坡

一、生态护坡的类型

1. 人工种草护坡

人工种草护坡，是通过人工在边坡坡面简单播撒草种的一种传统边坡植物防护措施。多用于边坡高度不高、坡度较小且适宜草类生长的土质路堑和路堤边坡防护工程。特点：施工简单、造价低廉等。

缺点：由于草籽播撒不均匀、草籽易被雨水冲走、种草成活率低等原因，往往达不到满意的边坡防护效果，而造成坡面冲沟，表土流失等边坡病害，导致大量的边坡病害整治、修复工程，使得该技术近年应用较少。

2. 液压喷播植草护坡

液压喷播植草护坡，是国外近 10 多年新开发的一项边坡植物防护措施，是将草籽、肥料、黏着剂、纸浆、土壤改良剂上、色素等按一定比例在混合箱内配水搅匀，通过机械加压喷射到边坡坡面而完成植草施工的。

特点：

（1）施工简单、速度快；

（2）施工质量高，草籽喷播均匀发芽快、整齐一致；

（3）防护效果好，正常情况下，喷播一个月后坡面植物覆盖率可达 70% 以上，两个月后形成防护、绿化功能：

（4）适用性广。

目前，国内液压喷播植草护坡在水利、公路、铁路、城市建设等部门边坡防护与绿化工程中使用较多。

缺点：

（1）固土保水能力低，容易形成径流沟和侵蚀；

（2）施工者容易偷工减料作假，形成表面现象；

（3）因品种选择不当和混合材料不够，后期容易造成水土流失或冲沟。

3. 客土植生植物护坡

客土植生植物护坡，是将保水剂、黏合剂、抗蒸腾剂、团粒剂、植物纤维、泥炭土、腐殖土、缓释复合肥等一类材料制成客土，经过专用机械搅拌后吹附到坡面上，形成一定厚度的客土层，然后将选好的种子同木纤维、黏合剂、保水剂、复合肥、缓释营养液经过喷播机搅拌后喷附到坡面客土层中。

优点：

（1）可以根据地质和气候条件进行基质和种子配方，从而具有广泛的适应性；

（2）客土与坡面的结合牢固；

（3）土层的透气性和肥力好；

（4）抗旱性较好；

（5）机械化程度高，速度快，施工简单，工期短；

（6）植被防护效果好，基本不需要养护就可维持植物的正常生长。

该法适用于坡度较小的岩基坡面、风化岩及硬质土砂地，道路边坡，矿山，库区以及贫瘠土地。

缺点：要求边坡稳定、坡面冲刷轻微，边坡坡度大的地方，已经长期浸水地区均不适合。

4. 平铺草皮

平铺草皮护坡，是通过人工在边坡面铺设天然草皮的一种传统边坡植物防护措施。

特点：施工简单，工程造价低，成坪时间短，护坡功效快，施工季节限制少。

适用于附近草皮来源较易、边坡高度不高且坡度较缓的各种土质及严重风化的岩层和成岩作用差的软岩层边坡防护工程。其是设计应用最多的传统坡面植物防护措施之一。

缺点：由于前期养护管理困难，新铺草皮易受各种自然灾害，往往达不到满意的边坡防护效果，而造成坡面冲沟、表土流失、坍滑等边坡灾害。导致大量的边坡病害整治、修复工程。近年来，由于草皮来源紧张，平铺草皮护坡的作用逐渐受到了限制。

5. 生态袋护坡

生态袋护坡，是利用人造土工布料制成生态袋，植物在装有土的生态袋中生长，以此来进行护坡和修复环境的一种护坡技术。

特点：透水、透气、不透土颗粒，有很好的水环境和潮湿环境的适用性，基本不对结构产生渗水压力。施工快捷、方便，材料搬运轻便。

缺点：由于空间环境所限，后期植被生存条件受到限制，整体稳定性较差。

6. 混凝土生态护坡

混凝土生态护坡，是由石块、混凝土砌块、现浇混凝土等材料形成的网格，在网格中栽植植物，形成网格与植物综合护坡系统，既能起到护坡作用，又能恢复生态、保护环境。

混凝土生态护坡将工程护坡结构与植物护坡相结合，护坡效果非常好。其中现浇网格生态护坡是一种新型护坡专利技术，具有护坡能力强、施工工艺简单、技术合理、经济实用等优点，是新一代生态护坡技术，具有很大的实用价值。本节重点介绍混凝土生态护坡技术及技术要求。

二、生态混凝土材料

1. 骨料

生态混凝土的骨料应符合现行行业标准《普通混凝土用砂、石质量及检验方法标准》（JGJ52—2006）。骨料宜采用单级配，粒径宜控制在 20~40mm。针片状颗粒含量不宜大于 15%，含泥（粉）总量不宜大于 1%。

2. 水泥

生态混凝土应采用通用硅酸盐水泥作为胶凝材料，包括硅酸盐水泥、普通硅酸盐水泥、矿渣硅酸盐水泥、火山灰质硅酸盐水泥、粉煤灰硅酸盐水泥或复合硅酸盐水泥。

3. 添加剂

其用于制作水上护坡、护岸的生态混凝土，空隙内应添加盐碱改良材料，以改善空隙内生物生存环境。盐碱改良材料应具有下列功能：

（1）不破坏维持混凝土稳定性、耐久性的碱性环境；

（2）避免混凝土析出的盐碱性物质对生态系统的不利影响。

用于水上护坡、护岸的生态混凝土宜添加缓释肥，或通过盐碱改良材料与混凝土析出物相互作用提供植物生长的必需元素。

对有抗冻要求的地区，制作生态混凝土时应添加引气减水剂，提高抗冻融能力。当需进一步提高生态混凝土抗压强度时，可在拌和时加入减水剂或环氧树脂、丙乳等聚合物黏合剂。

三、生态混凝土施工

1. 生态混凝土的配合比

生态混凝土的配合比应符合下列规定：

（1）生态混凝土的骨料品种和粒径、水灰比，应满足防护安全要求和构建不同生态系统的需要。

（2）骨料粒径宜为 20~400m，水泥用量宜为 280~320kg/m^3，水灰比不宜大于 0.5，必要时应加入减水剂。

（3）采用碎石或砾石作为骨料的生态混凝土，其抗压强度不应小于 5MPa。

（4）盐碱改良材料用量应根据营养基和盐碱改良材料的性能综合确定，确保植物一次播种绿化年限不应少于 5 年。

2. 生态混凝土的配制

生态混凝土的配制应符合下列规定：

（1）生态混凝土的拌和宜采取两次加水方式，即先将骨料倒入搅拌设备中，加入用水量的 50%，使骨料表面湿润，再加入水泥进行搅拌混合；然后陆续加入 50% 的用水量继续进行搅拌，以骨料被水泥浆充分包裹、表面无流淌为度。

（2）生态混凝土在运送途中，应避免阳光暴晒、风吹、雨淋，防止形成表面初凝或脱浆。如有表团初凝现象，应进行人工拌和，符合要求后方可入仓。

3. 坡式结构施工

坡式结构清基及修坡应符合下列规定：

（1）坡式结构施工前应进行清基和修坡处理，不得有树根、杂草、垃圾、废渣、洞穴及粒径 50mm 以上的土块。

（2）坡面应平整，无软基，坡面修整的坡比、表面压实度应满足设计要求和生态修复要求。

（3）修整后的坡面无天然可耕作表土时，应根据设计要求，覆盖适合植物生长的土料。

（4）对清除的表土应外运至弃土场，不得重新用于填筑边坡；对可利用的种植土料宜进行集中储备，并采取防护措施。

营养土工布铺设应符合下列规定：

①采用营养土工布作为营养基和反滤层时，铺设要求和连接方式应按现行行业标准《水利水电工程土工合成材料应用技术规范》（SL/T 225—98）的规定执行；

②铺设营养土工布作为反滤层时，营养层应在上侧，反滤层在底侧；

③营养土工布应遮光保护，施工时应避免被阳光长时间照射，防止老化；

④营养土工布铺设宜采用铁丝制成的 U 形钉将其固定在坡面上，防止滑移；

⑤施工人员应穿软底鞋进行铺设，并严禁吸烟。

第二章　渡槽工程施工

第一节　概述

20 世纪 80 年代之前，渡槽多出现在农田水利工程中，之后大量出现在调水供水工程里，而且规模越来越大。中国广东东江深圳供水改造工程中兴建的 3 座（旗岭、樟洋、金湖）渡槽，总长 3.93 km，设计流量为 90 m^3/s，纵坡 1/1000，槽身内径 7.0m，槽高 5.4 m，最薄处壁厚 30cm，设计标号 C40、W6，成为世界同类型现浇预应力混凝土 U 形薄壳渡槽中规模最大的。混凝土渡槽的形式也不断演变，从单一的梁式、拱式、斜拉式、悬吊式，发展到组合式。渡槽断面也造型各异，有矩形、箱形和 U 形等多种形式。另外，大型现浇钢筋混凝土渡槽采用先进的大桥施工技术，可摆脱地面条件的限制，具有施工简便、工效高、免吊装、施工质量好的特点。

第二节　槽架预制与脱模

槽架预制时选择就近槽址的场地平卧制作，构件多采用地面立模和阴胎成模制作。

一、地面立模制作

地面立模制作应在平整场地后将地面夯实整平，按槽架外形放样定出范围，用 1 ∶ 3 ∶ 8 的水泥∶黏土∶砂的水泥黏土砂浆抹面，其厚约 0.5~1.0cm，面上撒一层干水泥粉，用镘子压光即成底模。也有先铲平表层耕植土，进行夯实，然后铺 1.0~1.5cm 的细砂，抹一层 1.5~2.0 cm 厚的水泥砂浆；待砂浆强度达到设计强度的 50% 以上后，作为底模。在底模上架立槽架构件的侧面模板，并在底模及侧面模板上预涂废机油或肥皂液制作的隔离剂，然后架设钢筋骨架（钢筋骨架应先在工场绑扎好）。浇筑混凝土并捣固成型。一两天后即可拆除侧面模板，并洒水养护。在构件强度达到设计强度的 70% 以上拖出存放，以便重复利用场地。

二、阴胎成模制作

阴胎成模制作是采用砌砖或夯实土料制作成阴胎，与浇筑构件接触的部分均用1：3：8的水泥：黏土：砂的水泥黏土砂浆抹面并涂上脱模隔离剂。模内架设钢筋骨架和混凝土的浇筑方式与普通钢筋混凝土相同。构件养护到一定强度后即可把模型挖开，清除构件表面的灰土，便可进行吊装。阴胎成模制作可以节省模板，但生产效率低，制件外观质量差。

第三节 槽身预制与脱模

槽身预制应结合现场布置及吊装设备的性能，确定预制位置和浇制方式。对于非U形槽身一般可以整体预制也可分片预制，而U形槽身则应整体预制。

一、槽身模板的型式

槽身模板所用的材料和型式，应视工程具体情况而定，尽量就地取材。目前，广泛采用多种形式的内外模，如泥模、砖模以及钢、木模等。泥模、砖模的主要优点是节省木料，制造简单，只需在施工现场砌成或挖成槽身形状，将表层抹平夯实，涂一层水泥砂浆，待干硬后加涂石灰水或废机油脱模剂1~2遍即可。

钢木模的主要优点是模板可以重复使用多次，适用于跨数较多的渡槽。

本内模有折合式、活动支撑式及土、木混合式等。

外模多用活动支撑式。

二、槽身预制与脱模

模板架立好后，将钢筋骨架运往预制现场施工。槽身混凝土浇筑方式分正置与反置两种。

正置浇筑方式是在浇筑时保持槽口向上，其主要优点是内模拆卸方便，吊装时不需要翻转槽身，缺点是浇筑U形渡槽时，在45° 圆心角的弧段处混凝土不易捣实。正置浇筑方式适用于大型渡槽，或槽身翻转不够安全以及现场狭窄不便翻转槽身的工程。反置浇筑时槽口向下，其优点是插入捣实较容易，混凝土质量容易得到保证，拆模时间短，模板周转快，缺点是增加了翻槽的工序。对于反置槽身，需先布置架立筋或放置混凝土小垫块，用以承托主筋，并借以控制主筋的位置与尺寸，然后再立横向主筋，布置纵向钢筋。在纵横向钢筋相交处用铅丝绑扎或点焊。

第四节　构件吊装与固定

构件吊装的设备有：绳索（麻绳、钢丝绳等）、吊具（吊索、吊钩、卡环、横吊梁、撬杆等）、滑车及滑车组、倒链、千斤顶、牵引设备（绞磨、手摇绞车或电动绞车等）、锚碇、扒杆、简易缆索以及常用起重机械等吊装机组。这些吊装设备，一部分是国家定型产品，可以参照有关产品规格型号合理选用。还有一部分属于工地自行加工制作的机具，除了结合具体情况参照已有经验设计制作外，往往还需进行一些必要的校核验算以及现场试验，以最后确定合理的机具设备型式。有时，由于材料来源的限制或设备规格不合要求等情况，则应对已有材料、设备进行必要的技术鉴定、检查和试验，认为安全可靠才能使用，以免造成安全事故。

一、槽架吊装

槽架吊装通常有滑行竖直吊插法和就地旋转立装法两种。

1. 滑行竖直吊插法，是用吊装机械将整个槽架滑行竖直吊离地面，再对准并插入基础预留的杯形孔穴中，校正槽架后即可按设计要求做好槽架与基础的接头。

2. 就地旋转立装法，是设旋转轴于架脚，槽架与基础铰接好后用吊装机械拉吊槽架顶部，使槽架旋转立于基础中。这种方法比较省力；但基础孔穴一侧需要有缺口，并预埋胶圈，槽架预制时，必须对准基础孔穴缺口，槽架脚处亦应预埋铰圈。槽架吊装，随着采用不同的机械（如独脚扒杆、人字扒杆等）和不同的机械数量（如一台、两台、三台等），可以有不同的吊装方法，实际工程中应结合具体情况拟订恰当的方案。

二、槽身吊装

渡槽槽身的吊装方法很多，按起重设备布置位置的不同，可分为起重设备架立于地面进行吊装和起重设备架立于槽架或槽身上进行吊装两大类。每类方法中又可因起重设备型式的不同而分成多种吊装方式。下面仅就水利工程中常见的或较典型的吊装方式，给以简要介绍。

（一）起重设备立于地面进行吊装

起重设备立于地面进行吊装，工作比较方便，起重设备的组装和拆除比较容易；但起重设备的高度大，且易受地形限制。因此，这种吊装方法只适用于起重设备的高度不大和地势比较平坦的工程。

1. 独脚扒杆吊装

槽身重量及起吊高度不大时，采用二台或四台木制或钢管制独脚扒杆，抬吊比较合适。也可使用单根可摆动独脚扒杆吊装，中心扒杆采用螺栓连接，扒杆随吊装高度的变化而接长或减短；扒杆与底座之间采用双向铰，使扒杆能前后左右动作以扩大控制范围，便于槽身起吊和就位。扒杆顶端至少应设四根风缆绳，以维持扒杆的稳定，并在吊装时，通过收放风缆绳来调整扒杆倾角（一般在5° ~10° 范围内）。

2. 龙门架吊装

采用两台钢结构龙门架吊装槽身时，可在龙门架顶部设置横梁和轨道，并装上行车，使槽身铅直起吊，平移就位。为使槽身平稳上升，可采用带蝴蝶绞的吊具，使槽身四个吊点受力均匀；为使行车易于平移，横梁轨道顶面应有一定坡度，行车能在自重作用下顺坡滑动，方便槽身平移到排架之上降落就位。

3. 其他方式吊装

起重设备架立于地面进行槽身吊装，还可采用悬臂扒杆、摇臂扒杆以及简易缆索吊装等方式，除简易缆索吊装将在后文叙述外，悬臂扒杆、摇臂扒杆的吊装方式的基本特点与独脚扒杆立于地面进行吊装的方式类似，在实际使用时，可结合各类扒杆的性能和工程具体情况加以考虑选用。此外，履带式和汽车式起重机吊装槽身，也都属于这一类的施工方式。

（二）起重设备架立于槽架或槽身上进行吊装

起重设备架立于槽架或槽身上进行吊装，不受地形条件限制，起重设备的高度不大，故适应性较强，采用较为广泛，但起重设备的组装和拆除需在高空进行，且移动较麻烦。有些吊装方法还会使已架立的槽架承受较大的偏心荷载，必须对槽架结构进行加强，这类吊装方法有下列两种：

1. 槽墩（架）上设置钢塔架进行吊装；

2. 槽身上设置摇臂扒杆进行吊装。

（三）缆索吊装

缆索吊装也是一种将吊装机械置于地面上进行吊装的方法。当渡槽横跨峡谷、两岸地形陡峻、谷底较深，一般的扒杆长度难以达到要求吊装高度且构件无法在河谷内制作时，采用缆索吊装较为适合。

缆索吊装具有如下特点：

1. 吊装控制长度大，300~400m 跨度内一次架立缆架就可完成全部吊装，且受地形限制小，既适应于平原地区，也适应于深山峡谷地区；

2. 可以沿建筑物轴线设置缆索，适用于长条形建筑物的吊装；

3. 机动性较强，全部设备拆卸、搬运和组装都比较方便；

4. 设备操作比较简单，准备工作量不大。

但是，对于分布面积较小，布置比较集中的建筑物，不如扒杆吊装方便；同时，缆索吊装还有较多的高空作业，需用人力也较多。

（四）槽身绑扎

由于吊装时的受力条件与设计时所依据的运行条件不同，构件有可能因刚度和强度不足而发生扭曲和断裂。因此，在准备吊装结构设计时就应考虑构件的绑扎方法，认真选择吊点位置和数目，研究吊索捆绑的方式和方法。对于细长杆件组成的平面结构和薄壳结构，要进行吊装校核计算，必要时应采取临时加固措施，以增强其刚度，有时还要提高其强度。绑扎构件除了应保证施工安全外，还应满足吊装方便迅速的要求。采用单吊点时，吊点应设在构件重心线上；采用多吊点时，吊点应对称排列在构件重心线的两侧。绑扎的构件还应便于在水平方向能转动到安装位置上；如果构件在落座定位时需要在铅直平面内旋转一定角度，则吊点位置应尽可能地靠近构件重心。

（五）吊装安全技术及构件安装允许偏差

起重吊装是一项繁重和紧张的工作，必须防止发生安全事故。吊装工作开始前，应对吊装人员进行安全技术教育，明确职责；对吊装方法和步骤进行必要的训练，并进行试吊装；进行吊装工作时应有统一的指挥和统一的信号，做到步调一致。整个吊装过程应严格按照安全技术操作规程执行。

第五节　构件接点与处理

采用预制装配方法施工的渡槽，保证各预制构件连接成整体，是关系工程质量的一个非常关键的问题，必须引起充分注意。

一、预制构件连接节点要求

通常预制构件连接节点应满足以下要求：

1. 保证结构受力性能为刚接，并具有较好的抗震性；
2. 接头的几何形状简单，制作容易；
3. 吊装就位方便；
4. 焊接工作量较少；
5. 装配精度高，二期混凝土量不大；
6. 耗用钢材少，尽量少用或不用型钢。

二、预制构件节点连接型式

常采用的连接型式有钢筋混凝土直接相连、角钢螺栓连接、钢板焊接连接等几种。钢筋混凝土直接相连的型式，施工比较方便，质量容易控制，接头的耐久性较好，钢材用量较少；角钢螺栓连接与钢板焊接连接，施工比较麻烦，因角钢和钢板容易锈蚀，故接头的耐久性受到影响，钢材用量也较多，钢板焊接还要求较高的焊接施工技术。实际施工中，应结合有关条件，合理选用连接节点型式。现将实际工程中已采用的几种主要构件的连接型式介绍如下，以供参考。

1. 排架柱与纵横联系梁的连接

排架柱与纵横联系梁连接时，在柱上设置牛腿以便临时放置联系梁，并作为梁的一部分参加工作。焊接时，上下主筋焊点应在垂直断面上错开，以防焊接质量不佳时弱点集中。

梁端头应设置钢筋，进行局部加强，并按承受自重的简支梁进行安装情况的强度校核。灌浆孔设在梁端头，浇灌二期混凝土时，先浇下部缺口，灌浆后再浇上部缺口，在梁柱接头处形成与牛腿对称的八字形，使断面局部加大以增强接头的整体刚度。

2. 排架柱与拱肋的连接

排架柱安装于拱肋上，为便于安装就位，设置柱台插口，在柱端设置插头，插头配置钢筋网予以加强，由于条件限制可不设灌浆孔。为加强接头处的刚度，二期混凝土浇筑时将柱台加高。

第三章　水利工程先进测量技术的应用

第一节　无人机倾斜摄影测量技术的应用

21世纪的现代社会，无论人们的日常生活，还是各行各业的发展，都受到了科技发展的深刻影响，产生了重大而深远的变化，其中倾斜摄影测量就是随着科技的发展而产生的一项重要科技。它是通过同一飞行平台搭载多台传感器同步采集影像，获取真实的地物信息而被广泛应用在经济建设的多个领域中，充分发挥了它的优势。随着倾斜摄影测量的发展，在航摄效率、清晰度、分辨率等方面有了更高的要求，促进了倾斜摄影测量的革新并向无人机倾斜摄影测量转变。无人机倾斜摄影测量的出现，极大地扩展了摄影测量的应用。

一、无人机倾斜摄影测量概述

1. 倾斜摄影测量与传统摄影测量的区别

倾斜摄影测量是通过获取研究区域各摄站点含垂直、前视、后视、左视、右视5个方向的影像，生成三维实景模型来研究被摄区域地物的平面位置、大小、性质、形状、侧面、立面、纵横断面、地形起伏及场景模拟等特征的高新技术方法。而传统的摄影测量主要是通过获取研究区域各摄站点的中心投影影像生成正射影像来研究被摄地物的平面位置、大小、形状和性质。传统的摄影测量主要用于生产正射影像、测制各种比例尺地形图；而倾斜摄影测量除了可以生产正射影像、测制各种比例尺地形图，还能生产三维实景模型，测量地物的侧立面和纵横断面，进行三维场景模拟等，360° 无死角地对地物进行研究，极大地扩展了摄影测量的应用。

2. 无人机倾斜摄影测量与有人机倾斜摄影测量的优缺点

无人机倾斜摄影测量是以无人飞行器为平台开展倾斜摄影测量的技术方法，它的时效性强、周期短、机动灵活、航摄飞行活动受限制较少、可根据任务和天气选择航摄时间，后勤保障简单，航摄成本低廉，但其航摄飞行留空时间较短，单次航摄区域相对较小，可以在较小规模的项目中广泛采用无人机倾斜摄影测量。而有人机倾斜摄影测量则是以载人飞行器为平台开展倾斜摄影测量的技术方法，它的航线申请程序复杂，飞行区域、飞行高度和航摄时间受空管严格限制，各种航摄保障复杂，航摄成本较高，但其航飞留空时间较长、航摄范围较大、航空摄影姿态较稳定的特点，使其广泛应用于各种较大范围的航摄活动中。无人机倾斜摄影测量与有人机倾斜摄影测量有各自的优缺点，它们的优缺点互为补充，都广泛地应用在城市规划、国土资源等各行各业中。

二、无人机倾斜摄影测量技术

1. 无人机倾斜摄影测量技术的特点

无人机倾斜摄影测量技术有着突出的特点，其生产的三维实景模型数据，真实地记录了摄影瞬间研究区域地表任意角度的影像信息和三维坐标信息，有着不可替代的优势。

（1）具有高效、高分辨率、高精度、高性价比获取影像的特点，可快速搭建城市高精度二、三维地理信息框架；

（2）能更加真实地反映研究区域的地形地物及其周边环境的实际情况，很好地弥补了正射影像的不足；

（3）三维实景模型具有很好的可量测性，极大地扩展了摄影测量的应用；

（4）侧面纹理的可采集性，有效地降低了城市三维建模成本；

（5）相对于基于正射影像三维 GIS 的三维数据，倾斜三维实景模型数据量较小，更易于网络发布和共享。

2. 无人机倾斜摄影测量数据处理关键技术

无人机倾斜摄影测量获取的多视影像数据，不仅包括垂直摄影数据，还包括 4 个方向的倾斜摄影数据。进行无人机倾斜摄影测量数据的处理，需要很好地处理倾斜摄影数据，而传统的空中三角测量软件又无法很好地处理倾斜摄影数据，因此，无人机倾斜摄影测量数据处理需要解决四大关键技术：多视影像的联合平差、多视影像的密集匹配、数字表面模型 DSMD 生成和真正射影像（TDOM）纠正。

三、无人机倾斜摄影测量技术的应用

无人机倾斜摄影测量及其生产的三维实景模型所具有的独特优势，决定了这项技术具有广泛的应用前景。

1. 利用其生产的城市三维实景模型，可建立虚拟景区和虚拟城市景观，实现大范围的三维景观展示和虚拟漫游，使人通过网络终端就能对景区或城市进行网上旅游，并有身临其境的感觉。

2. 目前，我国智慧城市建设方兴未艾，而智慧城市建设所需的三维建模质量要求高且数量庞大，传统的三维建模技术已明显不能满足需求。无人机倾斜摄影测量借助无人飞行器为载体，可快速获取城市级倾斜影像，实现城市级高精度三维模型建设，快速搭建相关的二、三维地理信息框架，为智慧城市建设发挥无可替代的作用。

3. 电力是我国经济发展的重要保障，为了促进我国电力事业发展，将无人机倾斜摄影测量技术应用在电力规划中，通过无人机倾斜摄影测量，快速建立线路走廊的三维环境，全面准确获取电力线路带状区域地形地物的平面信息、高程信息以及实景状态，通过分析和对比，可选取最适合的方案；还可以利用三维实景模型判断林区分布，让输电工程有效避开林区，更好地实现高压输电线路优化目标。

4. 测绘工作中，无人机倾斜摄影测量可以灵活快速地获取项目区影像，完成项目正射影像或地形图的生产、更新，也可进行竣工测量等。

5. 还可为城市规划、国土资源、公安、环保等各行各业提供基于三维虚拟现实的高精度三维地理信息服务。

四、无人机倾斜摄影测量发展展望

目前，无人机倾斜摄影测量技术已经取得了长足进步，在未来的发展中，需要加强软硬件和行业规范方面的改进。首先是硬件，需要提高无人机飞行的稳定性、抗逆性及影像拍摄效率，提高影像获取的硬件支撑能力，从而获取高精度、低噪点的影像，节省后期数据处理成本；其次是软件，要提高数据加密、抗干扰等方面的能力，改进倾斜影像处理能力和提高信息提取能力，从而可以从影像中挖掘更多有用的信息；最后是行业规范方面，解决了无人机使用服务和服务管理监督不规范问题，促进了无人机倾斜摄影测量技术的进步与发展。

随着无人机倾斜摄影测量技术的不断进步和发展，这项技术的应用得到了广泛深化，本节对无人机倾斜摄影测量的技术特点和关键技术进行了深入分析，并对其应用和未来发展进行了探讨。

第二节　无人机低空摄影测量系统的应用

近几年，随着我国产业结构的逐渐调整，国家逐渐增加水电工程的建设资金，在其技术手段研发上也拓展了研究范围。无人机低空摄影测量技术的成熟应用从技术和专业层次上标志着我国无人机测量技术革命的成功，是我国综合国力提升的一种表现。无人机低空摄影测量技术的应用弥补了传统航拍测量技术的缺陷，为工程测量技术做出了重要的贡献。

一、无人机低空摄影测量技术

无人机低空摄影测量技术系统包括空中摄影系统、地面控制系统、数据处理系统 3 个部分。空中摄影系统主要包含飞行平台、数码相机和自动驾驶仪，用来完成空中测量摄影工作；地面控制系统主要由地面运输、无人机地面控制和数据接收与交换组成，用来完成无人机控制、数据信号接收工作；数据处理系统主要包括航线设计、影响质量检查和数据后处理软件，用来完成摄影测量工作前期航线制定和后期数据处理工作。无人机低空摄影测量技术的工作流程为：测量区域航线规划—控制无人机按照航线进行拍摄作业—存储拍摄数据—与地面控制系统实现数据交换处理—飞行任务结束无人机降落—根据数据资料选择是否进行补拍—完成无人机低空摄影测量。

二、无人机低空摄影测量技术在水电工程测绘中的应用

1. 应用流程

准备阶段：

（1）确定水电工程测绘中的项目需求，从而选择合理的无人机低空摄影设备的型号；

（2）进行水电工程测绘项目整体资料的搜集和调整；

（3）进行水电工程测绘项目航线设计、现场勘查和飞机检查工作，从而为测量做好前期准备。

外业实施阶段：

（1）进行低空数码航拍的设定和处理，从而进行现场无人机的技术处理和测量，实现无人机低空摄影测量；

（2）进行现场测量质量的检查，在检查过程中如果发现存在摄影漏洞，需要进一步根据现场的地形重新进行航线设计，重新开始低空数码航拍工作；如果没有漏洞，则可以按照原始的航拍路线进行技术处理，完成拼接辅助工作；

（3）按照获取影像设计像控点的分布，并完成像控点的测量和记录，在此过程中，根据畸变差修正后的影像资料对像控点进行测量并修正记录，完整准确的外业测量记录，为内业数据处理奠定基础。

内业数据处理阶段：

（1）实现自动空中测量数据加密，完成测量数据的加密保护；

（2）DEM 和 DOM 数据生成处理，利用技术手段和数据处理手段实现基本数据模型的生成；

（3）对 DEM（数字高程模型）和 DOM（数字正射影像数据集）数据生成的结果进行成果质量检测，保障数据输出的真实性，输出 DEM 和 DOM 成果，随后，完成 DLG（数字规划地图）制作，输出 DIC 成果；

（4）对内业数据处理的整个过程资料进行整理和检查，完成成果的提交。

三、无人机低空摄影测量技术测量案例分析

1. 工程概述

本次案例选择某水电站的测量，该水电站海拔为 1900m，最大高差 300m，测试区域

的整体面积为 5.39km^2，对其进行 DOM、DEM 和 DLC 数据绘制。

2. 准备阶段

准备阶段需要进行的工作包括以下内容。

（1）对测试区域内的无人机低空摄影测量选择测量设备。本次测量选择的卫星固定翼为人机搭载佳能 E0S450D 单反相机，用来进行航拍测量。

（2)航拍路线的选择设计。本次航拍中选择的航拍设备具有微型无人机低空遥感系统，能够实现根据摄影区域内的地理情况、场地情况、摄影分辨率情况、航拍摄重叠指标等进行自动路线设定，共计布置 11 条航拍路线，进行人机低空摄影测量。

3. 外业阶段

外业阶段需要进行的工作包括以下内容。

（1）实现像控点的布置。无人机低空摄影测量传感器的种类多样，像控点的密度需要根据航拍控制点基线数跨度进行公式的估算。本次实验测量中确定最终航向和旁向方案为航向 5~8 条基线布设，西侧水库边缘适当降低航向条数，确定为 4 条。旁向整个测试区域内平缓区设置 1 个，区域起伏相对较大的区域设定随航带布置。

（2）实现航飞数据检测。基本路线确定后，进行航飞拍摄，并及时对航拍摄影影像进行拍摄处理，基于 POS 数据对其进行飞行质量评估，从而检查基础航拍数据，确定航拍的真实性。

（3）进行畸形数据更改。

4. 内业数据处理阶段

内业数据处理阶段的包括以下工作内容。

（1）实施 DLC 制作，在内业制作上采用航天远景特征采集平台测定，根据外业数字基本采集的高线进行地物的绘制，实现数字线划图采编一体化处理。将外业调绘的照片进行仔细绘制，进行实物的标记，采集高程点作为地形控制点，概括等高线，导入 CAD 中进行编辑和图层转换，实现 DLG 制作。

（2）进行 DEM 和 DOM 制作。自动空间三角测量完成需借助 MapMatrix4 平台通过自动匹配生产测区 DEM。根据编辑的高精度 DEM，可以对影像进行移速率变换，而且移速率变换较小且相对平稳，故暂时不具有滑坡趋势的结论。

第三节　数字化测绘技术的应用

随着科学技术的不断发展与更新，数字化技术也在迅猛地发展，传统的工程测量技术更是发生了质的改变。数字化技术广泛应用在各个领域，较之传统的测图技术，显得更为快捷、简便、精确和全面，其主要是对数字化成图及测图方法加以运用，是我国当前工程测量中的前沿技术，拥有十分广阔的发展前景。

一、常见的数字化测绘技术

1. 水利工程测量中的数字化原图技术

数字化的测绘技术是指对原有地图进行数字化的处理。其操作流程是将原有地图录入计算机，通过扫描矢量化仪或手扶跟踪数字化仪对原图进行扫描，接着将扫描的数据输入电脑，通过绘图仪以及相关数字化软件进行相关的处理，最终生成新的数字化地图。该技术相对于传统的测绘技术来说，在水利工程进行数字化测绘过程中发挥的作用更大。它不仅解决了传统测绘技术中所不能解决的问题，还使水利工程在进行数字化测绘时变得更加容易。

2. 水利工程测量中的数字化成图技术

测量工程中比较重要的内容是水利工程的测量，但是，由于水利工程的测量大多数是野外测量工作，因此传统的测图方法不仅耗时耗力，而且效率低下，完全不能满足水利工程测量的实际测量需求。而数字化成图技术的特点是修改方便、低劳动强度、便于存档管理及应用以及高精确度等。因此，随着数字化成图技术的发展，传统的测图技术逐渐被数字化成图技术取代。由于数字化成图技术不仅在最大限度上保证了水利工程测量的精确度，还提高了水利工程测量地图的工程质量，因此大大降低了水利工程测量人员的工作强度，使得野外测绘工作变得更为容易和简单。

目前，在水利测量过程中，数字化成图技术主要有两种成图技术，即内外一体化业务模式和电子平板模式，将这两种模式比较起来，电子平板模式的操作相对来说比较简单，且拥有较高的精度和较全面的数据，从而具有较高的成图效率，因此受到了广泛的欢迎。

二、数字化测量技术的优势

1. 数据全面、方便更新、方便存档管理和应用

数字化测绘技术较传统的测绘技术来说，可以更好地存放数字化产品，在方便产品存档的同时还有利于产品的更新，其形成的图形也包含了大量的信息，不仅数据全面，还可分层存放。因此数字化产品的现势性及不变形性被很好地保存了下来，并保证了图形的现势性和可靠性。此外，对测量有误的数据，在重新采集之后便对原数据进行修改，生成新的图形，从而在一定程度上避免或减少了出现错误测绘的现象及避免浪费测绘图纸，进而确保地形图在工程应用中的实用性，最终达到经济效益最大化的目的。

2. 具有很强的现势性，直观易懂

通过计算机技术和数字化软件能够将测绘对象主要的地形、地貌完整地展现出来，有效地绘制出模型，从而可以生动、直观地反映出要素，使得地形、地貌特征一目了然，一般人也能看得懂，从而有效地改变传统测图技术中存在的一些需专业的技术人员才能看得懂的弊端。因此，直观明了的数字化成图技术是传统测图技术无法比拟的。

3. 高效率、低成本、自动化程度高

传统的测绘方法必然导致内外业的分离。大比例尺地图和工程图往往要进行野外测绘，然而传统的测图方法却不得不在野外测绘环节投入大量的时间、人力和物力，因此，成图所花费的周期长且成本高。而数字化测图技术先通过外业数据采集，再进行内业绘图的工作。机制简单方便，不仅降低了测量人员的工作强度，还大大地减少了外业人员的投入，同时可以在最短的时间内满足用户的需求，大大地缩短了产品的生产周期，从而提高了效率和自动化程度、降低了成本，野外测绘的难题也迎刃而解了。

4. 精确度高

数字化测图通过数字化技术自动更新，因此出现的误差概率低，从而决定了数字化测图在生成和传播的过程中的精确性都很好。因此通过计算机进行数字化处理不仅避免了烦琐的人工计算、考核以及记录，且还能够顺利地完成图形编辑与测图。此外，运用数字化测绘技术，不仅可以对各要素进行数据加工，形成各种不同种类、不同用途的图件产品，而且可以通过对测量信息进行修正，且提供修正之后的产品，从而满足用户的不同需求。这在一定程度上保障了产品的质量，并延长了产品的使用寿命，最终使得产品具有强大的市场竞争力。

三、水利工程测量中数字化测绘技术的应用

水利工程一直以来都是一个相当重要的工程项目，所以测绘方法和手段以及测绘技术在水利工程中都起着至关重要的作用，因此水利工程建设离不开测绘技术。

1. 数字化原图技术在水利工程测量中的运用

原图数字化技术的工作原理是，在使用的过程中对当前的数字地形图进行软件化的处理和运用，通过扫描矢量化仪器，将大比例尺原图输入计算机，在计算机以及绘图仪和相关数字化软件相互配合的情况下，对水利工程测量的数据进行数字化处理，可以在较短的时间内取得比较精确的数字化测量成果，从而大大地提高水利工程测量的效率和信息的保真性以及精确度。

在数字化测绘所得到的图像中，原图的精确度与结果图的精确度会有着相对密切的关系。然而，由于在水利工程的测量过程中会存在一定的测量误差，也会导致数字化测量在一般情况下所得到的水利图的精确度相对于原图来说较差。而在另一方面，由于数字化测绘技术的生成图仅仅是对白纸成图时各种地形地貌的反映，因此缺乏一定的现势性。对于这种情况，一般可以采取补测和修测等方法来充分地利用数字化测绘技术，从而使原图的精确度得到一定程度的修改。

2. 数字化成图技术在水利工程测量中的应用

在很多水利工程的测量过程中，尤其是在一些还比较缺乏大比例尺地图的地区，这种情况下就可以采用内外一体化业务模式进行地面数字化测绘技术的操作。数字化成图手段

的出现，不仅提高了水利工程测量的精确度，同时还提高了效率，降低了成本，并保证了测量的精确度，因此该技术被应用广泛在我国的很多工程测量单位中。

目前的数字化测绘技术只需要添加一些辅助设备就可以进行高精度的测量工作，具有精确度较高的特点。因此，为了实现我国现代化测量技术的快速发展，就需要加大数字化测绘技术在水利工程实际测量中的研究与运用，同时还应尽可能地避免由于人为因素所导致的测量过程中错误频繁发生。此外，工作人员在实际测绘操作上也应不断总结经验、开拓创新，研发出更加方便快捷的测绘设备。

总而言之，在水利工程测量中，数字化测绘技术有着不可或缺的地位，并在水利工程领域中得到了广泛的应用。数字化测绘技术还具有传统测绘方法无法比拟的优势，是目前为止较为科学的测量方法，运用数字化测绘技术，对各要素进行数据加工，给水利工程测量在精确度、效率、保真性等方面都带来了质的飞跃，形成了各种不同种类、不同用途的图件产品，同时还提高了图件产品的精确度，满足了用户的不同需求。但这还是远远不够的，测量工作者还需要顺应时代的发展，不断更新思维、更新知识，创新测量技术和改进设备，做数字化时代的测绘工作者。

第四节　倾斜摄影三维建模技术的应用

倾斜摄影三维建模技术是国际测绘遥感领域的一项高新技术，通过低空垂直、倾斜的不同角度摄影测量，获得高分辨率影像。倾斜摄影测量能够反映地面物体更为完整准确的信息，可以结合专业的数据处理流程生成倾斜三维模型，直观反映地物的外观、位置、高度等属性，为真实效果和测绘级精度提供保证。

随着我国水利信息化的高速发展，精细化的水利工程三维模型作为水利设计、建设和管理的基础数据应用日益广泛。在水利工程的三维建模中，由于周边地形较为复杂，用传统测量手段和人工三维建模方式无论在效率上还是在精度上都难以满足要求，倾斜摄影三维建模就成为解决问题的新途径。

一、倾斜摄影三维建模的基本原理

倾斜摄影三维建模技术不仅在影像的拍摄方式上区别于传统的人工建模，其数据的后期处理及成果的类型也大不相同。倾斜摄影三维建模技术的主要目的是拍摄地物多个角度的影像，以便进行多角度浏览和利用专业软件生成三维模型，其特点如下：

一是针对同一地物，可获得多个视点和视角的影像，从而得到更为详尽的地物侧面信息；二是获取的影像具有较高的分辨率和较大的视角；三是地物相互遮挡现象较突出；四是高度自动化，大大减少了人工采集、数据编辑的工作量。

倾斜摄影技术通常包括空中三角测量、影像匹配、DSM生成、真正射纠正、纹理映射、三维建模等关键内容。

二、柏叶口水库三维建模

1. 工程概况

柏叶口水库是国家“十一五”水库建设规划项目，也是山西省建设的重点水源项目之一。水库位于吕梁市交城县会立乡柏叶口村上游的文峪河干流上，水库大坝为混凝土面板堆成的石坝，最大坝高88.3 m，坝顶宽10 m，坝顶长296.0 m，水库控制流域面积875 km^2，水库总库容9 712万 m^3。水库以防洪，城市及工业供水、灌溉为主，兼顾发电、养殖等综合利用的中型水库。

2. 数据获取

根据实地勘察测区的地形特征，参照《1 ∶ 500、1 ∶ 1000、1 ∶ 2000地形图航空摄影规范》（GB/T 15661—2008）对测区航线进行设计。本次航测实施及建模区域约为0.16 km^2，共设计12条航线，航向重叠率为85%，旁向重叠率为80%，飞行总里程约为6 km，共获取了1 896张真彩色数字影像，垂直地面分辨率为0.02 m，可满足1 ∶ 1 000平面测绘精度要求。

3. 控制点采集测区相片控制点

采用网络GPS-RTK技术施测，同时测量水平坐标和高程数据。根据测区的地形条件，在测区的四周均匀布设4个控制点。相片控制点的精度为0.1 mm，点位选取在影像清晰的明显地物点，一般可选在交角良好的细小线状地物交点、影像小于0.2 mm的点状地物中心、地物拐角点或固定的点状地物上。弧形地物、阴影、交角小于30°的线状地物交叉不得作为刺点目标。相片控制点选用高程变化小的目标，相片控制点在各张相邻的及具有同名点的相片上均清晰可见。

4. 数据处理

本项目数据处理使用Bentley公司的Context Capture软件来实施。数据生产工序包括模型预处理、空三加密、影像密集匹配、纹理映射等。模型预处理。倾斜摄影完成后，对获取的测区影像进行质量检查，确定影像没有变形、扭曲等现象，对影像质量不符合要求的进行修复。

空三加密软件采用光束法区域网整体平差，以一张相片组成的一束光线作为一个平差单元，以中心投影的共线方程作为平差单元的基础方程，通过各光线束在空间的旋转和平移，使模型之间的公共光线实现最佳交会，将整体区域最佳地加入控制点坐标系中，从而得到加密点成果，即从已知特征点推算出未知特征点，并自动抽取所有特征点，构成整个目标地区的特征点。

影像密集匹配。软件根据高精度的影像匹配算法，自动匹配出所有影像中的同名点，并从影像中抽取更多的特征点，从而更精确地表达地物的细节纹理映射。由空三建立的影像之间的三角关系构成 TIN，再由 TIN 构成白模，软件从影像中计算对应的纹理，并自动将纹理映射到对应的白模上，最终形成真实三维场景。

5. 成果分析

第一，利用该技术生产的三维模型数据平面精度可以满足 1 ∶ 1 000 比例尺要求，高程精度可满足 1 ∶ 2 000 比例尺要求。

第二，生成的三维模型可以展现建筑物侧立面、建筑物镂空等立体细节，且最大限度地保存了目标区域的色调，更加真实。所有拍摄到的对象，都会被自动建模，避免了传统建模由于人员建模水平差异或者建模标准不同，主观对被建模对象元素进行取舍而造成的不精确。

第三，建模过程完全是批量自动的，无须人工干预，极大地提高了建模效率，缩短了建模周期。

第四，所有建模结果都是可量测的，避免了传统人工建模估算尺寸的缺点。同时基于建模结果，可以进行三维空间分析，如通视分析、阴影分析等。

第五，水面光的反射及纹理的单一，造成水面模型的缺失和变形。

三、无人机测绘技术的理论与实现

目前，在测绘大范围区域时，生成一张覆盖该区域的影像图的方法主要有两类：一类是主要考虑精度而较少顾及实时性的基于数字摄影测量的正射影像图生成技术；另一类是主要考虑实时性面较少顾及地理精确性的基于图像拼接技术的图像处理方法。

（一）概述

无人机测绘成图技术以无人飞行器为飞行平台，一般以非量测型成像设备为传感器，直接获取摄影区域高分辨率的数字影像，经过一系列的后处理，生成覆盖该区域的影像图产品，具有灵活机动、快速反应等特点，是一种新兴的、技术先进的测绘手段。目前，后处理的方法可分为两类：一类是基于数字摄影测量的处理，对应的产品为数字正射影像图；另一类是基于图像拼接技术的图像处理，本书将其对应的产品命名为无人机应急影像图。

1. 无人机数字正射影像图

（1）无人机正射影像图的概念

无人机数字正射影像图是利用数字高程模型，对无人机航摄像片，逐像元进行预处理、几何纠正和镶嵌，按图幅范围裁切生成影像数据，带有公里格网、内外图廓整饰和注记的平面图。它同时具有地图的几何精度和影像特征，可用于大比例尺地形图的更新，从中提取自然和人文信息，具有精度高、现势性和完整性。通过空中三角测量和几何校正等处理，可以得到地理坐标系下的多张小幅面影像图，将这些影像进行配准和融合处理拼接成大范围的影像后，再按照标准图幅范围裁切可得到数字正射影像图。要生成满足摄影测量测绘生产规范的无人机数字正射影像图，至少需要满足以下两个前提条件中的一个。

①无人机平台搭载了位置和姿态测量装置（如 GPS/INS），且测量装置的测角精度应达到侧滚角、俯仰角不大于 0.01°，航偏角不大于 0.02°。

②无人机测绘作业前已按照数字摄影测量的规范布设了符合要求的地面控制点，且飞行作业中，飞行姿态控制稳度满足横滚角小于 ±3°、俯仰角小于 ±3°、航向角误差小于 ±3°。

（2）无人机正射影像图的应用

①大比例尺地形测绘

尽管低成本的无人机测绘系统并不适用于面积较大区域的地形测绘，但是对于测绘面积较小的大比例尺地形测绘任务（一般小于 20km^2），传统航空摄影技术对机场和天气条件的依赖性较大、成本较高、航摄周期较长，限制了数字摄影测量技术在大比例尺地形测绘中的应用，作业单位一般采用全野外数据采集方法成图。由于无人机测绘系统具有机动、快速、经济等优势，同时数码相机可以调节光圈、快门和感光度，并可通过软件对彩色、反差、亮度进行调整和消雾处理，从而在阴天、轻雾天也可获得合格的彩色影像。因此小范围的大比例尺地形测绘任务也可以采用全数字摄影测量系统进行作业，减轻了劳动强度，提高了工作效率。利用现有的全数字摄影测量工作站可以很容易获得数字正射影像图（digital orthophoto map，DOM）、数字线划图（digital line graph，DLG）、数字高程模型（digital elevation model，DEM）等测绘产品。

②国土资源监测方面

土地资源是人类赖以生存和发展的物质基础，中国人多地少，随着经济的快速发展，耕地矿产资源等不断减少，生态环境面临严峻考验。全面、准确、及时地掌握国土资源的数量、质量、分布及其变化趋势，进行合理开发和利用，直接关系国民经济的可持续发展。为此，国土资源管理部门正在逐步建立“天上看、网上管、地上查”的立体跟踪监测体系，对土地和资源的利用情况进行动态监测，同时加大执法监测力度。

国土资源监测工作的重要内容之一是对土地和资源的变化信息进行实时、快速的采集。目前，地方上多采用人工实地检查，国家多采用卫星遥感影像数据和普通航空遥感影像数据。这些技术手段在实际工作中发挥了很大作用，但在高效、快捷、准确性等方面还存在一定的不足。人工实地检查效率低，需要大量的人力和物力，由于国土资源部门各级人员配置与工作量不相适应，很多地方难以巡查到位，并且容易受到人为因素的干扰。卫星遥感影像数据采购周期长，时相难以保证，因此现势性不够；另外卫星影像的分辨率较低，影响判别准确性。

有人驾驶飞机的普通航空遥感的方法可获取较高分辨率的影像，但受空域管制和气候等因素制约，对时间要求紧迫的监测任务较难保障，而且成本高。现实需要对重点地区和热点地区实现滚动式循环监测，对违规违法用地、滥占耕地、非法开采矿山、破坏生态环境等现象要做到及早发现、及时制止，还要更新城乡过时的资料，为土地规划提供最新的信息，从当前情况分析，每年全国航摄一次是不现实的，而且也没有必要，一些发展迅速的地区却急需资料，无人机可为地方以及各部门提供国土整治监测、农田水利修建、环境保护和居民建设所需的综合地理、资源信息。无人机摄影测量还可满足带状地形图的测图精度，且具有自动化、智能化、精确化的优势，快速准确地获取DEM、DLG和DOM。利用三维GIS软件可实现带状地形图的可视化，使信息更加直观化。为了表达地物与地貌的关系，可在三维建模的基础上叠加对应区域的DEM数据，实现地物与地貌的统一，而且利用建立的三维模型可以进行三维GIS的应用，如土地属性的实时查询、水土流失的计算等。

2. 无人机应急影像图

（1）无人机应急影像图的概念

无人机具有机动灵活的特点，可以低空飞行，通过视频或连续成像形成时间和空间重叠度高的序列图像，图像具有分辨率高、信息量丰富等特点，特别适合为应对突发应急事件提供测绘保障。但由于大多数无人机并非测绘专用无人机，这种非测绘无人机具有以下问题：

①由于无人机系统平台的平稳程度不如有人驾驶飞机，容易受高空风力的影响，造成飞行航线漂移，飞行的轨迹很难像传统的航空摄影沿直线飞行（航线弯曲度小于等于3%），这样使得拍摄的影像航向重叠度和旁向重叠度都不够规则。

②与传统的航天影像和航空影像相比，无人机飞行高度低、视野小，获取的影像存在像幅较小、数量多、个别影像的倾角过大等问题。

③由于无人机载荷重量的限制，其携带的定位系统（POS）的精度比较低（有的无人机只携带定位系统），只能起到无人机自身导航和控制的作用，不能得到或不能精确得到传感器影像的外方位元素参数。

④应对突发应急事件时，由于情况的紧急以及环境恶劣等原因，不可能在事发地域事先布设控制点。

以上问题使得此类型无人机获取的序列影像数据质量无法满足传统数字摄影测量的要求，也就难以用传统数字摄影测量的作业方法处理无人机获取的序列影像数据。即使部分无人机（如中远程大型无人机）获取的数据能满足传统数字摄影测量要求，每一次飞行都要获取几百张甚至上千张图像，按照传统数字摄影测量的作业流程，需要大量的人力物力处理，耗时较多，很难充分发挥无人机及时快速这一最显著的特点。所以如何快速准确处理无人机序列影像数据成为亟待解决的问题。

将无人机实时获取的序列影像数据，经过快速拼接、地理配准等处理后，与地形图融合，并将快速分析与解译的信息加以标注，形成一种表达最新情况的无人机测绘产品，这种产品以时效性为第一原则，不需要工序复杂、耗时长的空中三角解算，利用快速拼接影像图的直观、形象的丰富信息和现势性；以精确性为第二原则，利用地形图的数学基础和地理要素。由于以服务于应对突发应急事件需求为主要目的，本书将这种既有图像的直观、实时性好等特点又有地形图的抽象概括、精确等优点的大比例尺影像图产品称为无人机应急影像图。

（2）无人机应急影像图的应用

无人机应急影像图为应对突发事件提供了一种快速测绘保障手段。突发事件应急准备与处置、灾情评估、灾后恢复重建是应急测绘保障中的核心与基础工作。下面介绍无人机应急影像图在灾害监测、灾害应急救援、灾情评估等方面的应用。

①灾害监测

中国地形与地质构造复杂，各种自然灾害成为影响社会稳定与经济发展的重要因素。无人机测绘获取的序列影像经过拼接和地理配准等处理，生成应急影像图以供地质灾害分布详细调查与发育条件判别应用；重复监测数据对比分析可以发现地质灾害隐患点的发展。尤其是地形特殊、人力调查难以进行的区域，无人机机动灵活的作业方式、云下飞行的优势会为灾害监测带来极大帮助。

②灾害应急救援

灾害发生时，对救援工作最重要的资料就是灾害现场第一手调查数据，及时对灾害发生情况、影响范围、受困人员与财产、交通畅通与潜在次生灾害的调查能够为高效救援提供合理的技术支持。地质灾害发生后专业人员现场调查易受次生灾害伤害，地面常规调查速度慢、精度低，限制了地质灾害救援对时效的高要求。

无人机测绘对起降条件要求低、灵活起飞、快速获取影像面数据的特点为解决地质灾害救援中的矛盾提供了可能。无人机测绘可以实现数据实时传输，地面同步进行数据处理，在短时间内生成应急影像图，可在第一时间了解现场详情，为救援方案的制订提供帮助。

③灾害灾情评估

在灾害影像数据获取后通过影像拼接与精确校正，形成应急影像图，为地面灾情解译提供了丰富的数据源。遥感解译可以判别地质灾害体的形状与位置、造成地面破坏的面积、地形的变化、植被的破坏、河道和道路的破坏、堰塞湖的形成、受威胁的对象与潜在次生灾害体，形成相应的解译结果图及数据的初步统计，灾情评估主要在GIS软件环境中进行，通过叠加地面经济社会数据，在专家指导下建模分析（如灾害体体积方量、堰塞湖的容积以及溃坝可能性、造成的直接经济损失、可能伤亡数据及受威胁的对象与潜在损害等），以上评估结果可为救援计划制订与防止次生灾害造成的二次伤亡提供指导。

（二）无人机航摄影像质量与评价

1. 无人机航摄影像的质量评价

为了后续无人机影像数据处理的顺利完成，必须先对无人机获取的影像进行质量评价，剔除不符合测绘成图规范的影像，评价的指标主要包括以下几个方面。

（1）成像重叠度

成像重叠指相邻相片所摄地物的重叠区域，有航向重叠和旁向重叠两种类型。重叠度以像幅边长的百分比表示。

航向重叠度计算公式为

$$P=\frac{L_x}{L_x}\times 100\%$$

旁向重叠度计算公式为

$$Q=\frac{L_y}{L_y}\times 100\%$$

式中，L_x、L_y 为相片上航向和旁向重叠部分的边长，L_x、L_y 为相片上像幅的边长。

（2）航线弯曲度及航高差

航线弯曲度指航线两端影像像主点之间的连线 l 与偏离该直线最远的影像像主点到该直线垂直距离 d 的比值，即 $R=\frac{d}{l}\times 100\%$。航线弯曲度直接影响航向重叠度和旁向重叠度，如果弯曲度过大，则可能出现航拍漏洞。

航高差是反映无人机在空中拍摄时飞行姿态是否平稳的重要指标，如果航高差变化过大，说明其在空中的姿态不稳定，这时就要分析不稳定的原因，是风速太大还是无人机硬件故障造成的。同一航线上相邻相片的航高差不应大于 30m，最大航高与最小航高之差不应大于 50m，实际航高与设计航高之差不应大于 50m。

（3）相片倾角

相片倾角指无人机相机主光轴与铅垂线的夹角。相片倾角一般不应大于 5°，最大不应超过 12°，出现超过 8° 的相片数不应多于总相片数的 10%。特殊地区（如风向多变的山区）相片倾角一般不应大于 8°，最大不应超过 15°，出现超过 10° 的相片数不应多于总数的 10%。

（4）相片旋角

相片旋角指相邻相片的主点连线与像幅沿航线方向的两框标连线之间的夹角，相片旋角应满足以下要求：

①相片旋角一般不大于 15°，在确保相片航向和旁向重叠度满足要求的前提下，个别最大旋角不超过 30°，在同一条航线上旋角超过 20° 的相片数不应超过三幅，超过 15° 旋角的相片数不得超过分区相片总数的 10%。

②相片倾角和相片旋角不应同时达到最大值。

2. 无人机航摄影像的预处理

（1）滤波处理

对数字图像去除噪声的操作称为滤波处理。数字图像的噪声主要来源于图像的获取（图像的数字化）和传输过程。图像获取中的环境条件和传感元器件本身的质量均可对图像传感器的工作情况产生影响。例如，使用CCD相机获取图像，光照程度和传感器温度是图像中产生大量噪声的主要因素;图像在传输过程中由于受传输信道的干扰而产生噪声污染。数字图像的噪声产生是一个随机过程，其主要形式有高斯噪声、椒盐噪声、泊松噪声、瑞利噪声等，滤波处理的主要方法有空域滤波和频域滤波。

①空城滤波

空域滤波是使用空域模板进行图像处理的方法，它直接对图像的像素进行处理，属于一种邻域操作（neighborhood operation），空域模板本身被称为空域滤波器。空域滤波的原理是在待处理的图像中逐点地移动模板，将模板各元素值与模板下各自对应的像素值相乘，最后将模板输出的响应作为当前模板中心所处像素的灰度值。空域滤波可分为平滑滤波和锐化滤波。

A. 平滑滤波的主要作用是抑制噪声并保持边缘、模糊掉小物体，从数学形态上它又可分为线性滤波和非线性滤波。线性滤波器的缺点是造成图像的边缘模糊。常用的非线性滤波器是中值滤波器，中值滤波器的主要功能是使拥有不同灰度的点看起来更接近于它的邻近值，去除那些相对于其邻域像素更亮或者更暗的点，因此中值滤波器对处理脉冲噪声（椒盐噪声）效果非常好。但是，对于一些细节多，特别是点、线、尖顶等细节多的图像不宜采用该方法。

B. 锐化滤波的主要作用是强化图像细节，可分为基于一阶导数和基于二阶导数两类。常用的基于一阶导数锐化滤波器的算子有Sobel算子和Roberts算子，常用的基于二阶导数锐化滤波器的算子有Laplacian算子。

②频域滤波

频域滤波是变换域滤波的一种，指将图像进行变换后（图像经过变换从时域变换到频域）在变换域中对图像的变换系数进行处理（滤波），处理完毕后再进行逆变换，获得滤波后的图像。频域滤波的主要优势是在频域中可以选择性地对频率进行处理，有目的地让某些频率通过，而把其他的阻止。目前使用最多的变换方法是傅立叶变换。由于计算机只能处理时域和频域都离散的信号，处理信号之前需要进行离散傅立叶变换（discrete fourier transform，DFT），而图像在计算机中的存储形态是数学矩阵，其信号都是二维的，所以最终进行数字图像滤波时，计算的是二维离散傅立叶变换。

（2）镜头畸变校正

由于无人机有效载荷重量相对有人机较小，因此无人机搭载的航空摄影测量设备大多是非量测型相机，镜头存在着不同程度的畸变。镜头畸变实际上是光学透镜固有的透视失真的总称，它可使图像中的实际像点位置偏离理论值，破坏物方点、投影中心和相应的像点之间的共线关系，即同名光线不再相交，造成像点坐标产生位移，空间后方交会精度减低，最终影响空中三角测量的精度，制作的数字正射影像图也同样产生了变形。镜头畸变分为径向变形、偏心变形、切向变形。径向变形主要是由透镜的径向曲率误差造成像主点的径向偏移，且离中心越远，变形越大；偏心变形和切向变形源于装配误差，分别由遥感光学组件轴心不共线和 CCD 面阵排列误差所造成的。三种变形共同导致了遥感数字图像的畸变，图像畸变校正的数学模型表示为：

$$\Delta x=(x-x_0)(k_1r^2+k_2r^4)+p_2\left[r^2+2(x-x_0)^2\right]+2p_2(x-x_0)(y-y_0)+$$
$$a(x-x_0)+\beta(y-y_0)$$
$$\Delta y=(y-y_0)(k_1r^2+k_2r^4)+p_2\left[r^2+2(y-y_0)^2\right]+2p_1(x-x_0)(y-y_0)+$$
$$a(x-x_0)+\beta(y-y_0)$$
$$r=\sqrt{(x-x_0)^2+(y-y_0)^2}$$

式中，Δx、Δy 为像点改正值，（x，y）为像点坐标，（x_0，y_0）为像主点坐标，r 为像点向径，k_1、k_2 为径向畸变系数，p_1、p_2 为切向畸变系数，α 为像素的非正方形比例因子，β 为 CCD 阵列排列非正交性的畸变系数。校正镜头畸变的方法是：建立一个高精度检校场，检校场内的标志点坐标已知；用待检校数码相机对其拍摄，在照片上提取数个标志点的像点坐标；然后根据共线方程，将标志点的物方坐标经透视变换反算出控制点的理想图像坐标，设为无误差的图像坐标，然后代入图像畸变校正的模型公式中，即可求出畸变改正参数，完成镜头畸变的校正。其中，建立高精度检校场是关键，检校场可分为二维和三维两种。检校场的控制点精度要求非常高，通常在亚毫米级，标靶、标杆等相关器件也是由膨胀系数极小的特殊合金材料制作。

（三）图像配准与融合

空中三角测量平差完成后，得到了比较精确的各影像外方位元素，根据这些定向元素，采用数字微分纠正的间接法，可以得到单张航摄像片的正射影像，由于无人飞行器飞行高度低、单张航摄像片的视场范围小，需要利用图像拼接技术拼接出大区域场景的正射影像。

图像拼接（mosaICS）技术就是将一组有重叠度的图像集合拼接成一个大幅面的无缝高分率图像，主要包括图像配准和图像融合两个关键环节。

目前，常用的图像拼接方法有基于区域的方法和基于特征的方法两种，基于区域的拼接方法利用的是图像的大部分灰度信息，而基于特征的方法则是通过提取图像中的点、边缘、轮廓等特征进行匹配。基于区域配准方法的缺陷十分明显：不能处理诸如图像变形、光照、尺度变化等情况，无人机序列图像中相邻帧之间一般存在明显的几何变形，同时存在一定程度的光照、色彩等差异。用于匹配的特征主要有灰度特征、边缘特征和点特征，能够较好地适应图像变形、光照变化等情况，其中点特征已在图像拼接领域取得了很大成功，使全自动图像拼接成为现实，本节主要介绍基于特征点的图像自动拼接方法。

1. 图像配准

基于特征点匹配的图像拼接算法中最困难的一个问题就是如何利用计算机自动建立两幅或多幅图像之间的匹配关系，即图像配准，图像配准通常分两步完成：首先是特征点提取，其次是特征点匹配。

（1）特征点的提取算法

目前特征点提取方法主要可以分为两类：一是先提取图像的边缘，然后寻找边缘弧度最大的点作为特征点，或者将边缘通过多项式拟合后再寻找线的弧度最大的点作为特征点；二是基于图像中物体表面的梯度或者弧度的特征点提取方法，Moravec、SUSAN、Foerstner、Harris 和 SIFT 等算法是在摄影测量和计算机视觉中应用最广泛的几种图像特征点提取算法。

① Moravec 算法

Moravec 算法的基本思想是：以像素的四个主要方向上的最小灰度方差表示该像素与邻近像素的灰度变化情况，即像素的兴趣值，然后在图像的局部选择具有最大兴趣值的点（灰度变化明显的点）作为特征点，具体算法如下。

A. 计算各像素的兴趣值（interest value，），如计算像素（c，r）的兴趣值，先在以像素（c，r）为中心的 $n\times n$ 的图像窗口中计算四个主要方向上的相邻像素灰度差的平方和

$$V_1=\sum_{i=-k}^{k-1}\left(g_{c+i,\ r}-g_{c+i+l,\ r}\right)^2$$

$$V_2=\sum_{i=-k}^{k-1}\left(g_{c+i,\ r+i}-g_{c+i+l,\ r+i+l}\right)^2$$

$$V_3=\sum_{i=-k}^{k-1}\left(g_{c,\ r+i}-g_{c,\ r+i+l}\right)^2$$

$$V_4=\sum_{i=-k}^{k-1}\left(g_{c+i,\ r-i}-g_{c+i+l,\ r-i-l}\right)^2$$

式中，k=INT（n/2），为 n 除以 2 后取整。取其中最小者为像素（c，r）的兴趣值

$$IV_{c+r}=\min\{V_1,V_2,V_3,V_4\}$$

B. 根据给定的阈值，选择兴趣值大于该阈值的点作为特征点的候选点。阈值的选择应以候选点中包括所需要的主要特征点，而又不含过多的非特征点为原则。

C. 在候选点中选取局部极大值点作为需要的特征点。在一定大小的窗口内（可不同于兴趣值计算窗口），去掉所有不是最大兴趣值的候选点，只保留兴趣值的最大者，该像素即为一个特征点。Moravec 角点提取方法是一种相对简单的算法，计算量很小，但是对噪声的影响十分敏感。

② SUSAN 算法

SUSAN（smallest univalue segment assimilating nucleus）算法不需要对图像进行预处理，直接基于图像的灰度信息提取角点，抗噪声能力强，而 SUSAN 算法的缺点是当图像的边缘模糊时，会产生虚假特征点。

SUSAN 算子是由英国牛津大学的 S M.Smith 和 J.M.Brady 于 1995 年首先提出的，在中文文献中被翻译为“最小同值吸收核”，它具有以下特性：对角点的提取比对边缘检测的效果更好，适用于基于特征点匹配的图像配准；无须梯度运算，保证了算法的效率；具有积分特性（在一个模板内计算 SUSAN 面积），这样就使得 SUSAN 算法在抗噪声和计算速度方面有了较大的改进。

以下简单说明 SUSAN 算法的思想，把一个一定半径的圆形模板放置在图像上，如果模板上存在一个区域，使该区域上对应图像的每一个像素的灰度值与圆心的灰度值相同（或相近），那么就定义该区域为核值相似区，即 USAN。其中圆形模板中央像素称为核，与核的灰度值相同的像素数目定义为模板的面积。

观察图中的各个模板，容易发现：

A. 当核位于平坦区域时（模板 e），USAN 面积最大。

B. 当核位于一条直线边缘附近时（模板 b，c，d），USAN 面积减少。

C. 当核恰好位于角点上时（模板 a），USAN 面积很小。

总之，USAN 模板运算后得到的是 USAN 面积，USAN 面积越小，表明当前点是特征点的可能性越大，也即输出图像增强了特征点，而且对于二维特征（如角点）的增强程度要大于对维特征（直线边缘）的增强。因此将这种算法称为 SUSAN（smallest univalue segment assimilating nucleus）算法。

③ Foerstner 算法

Foerstner 算法计算每个像素点的两个兴趣值，综合考虑这两个兴趣值确定特征候选点。Foerstner 算法可以给出特征点的类型描述，重复性和定位性也较好，是摄影测量中应用广泛的一种方法。该算法通过计算各像素的 Roberts 算子梯度值和以像素（c，r）为中心的一个窗口（如 5×5）的灰度协方差矩阵，在影像中寻找具有尽可能小的接近圆的误差椭圆的点作为特征点，其步骤为：

A. 计算各像素的 Robert 梯度

$$\left.\begin{aligned} g_u &= \frac{\partial g}{\partial_u} = g_{i+l,\ j+i} - g_{i+j} \\ g_u &= \frac{\partial g}{\partial_u} = g_{i+j+l} - g_{i+1,\ j} \end{aligned}\right\}$$

B. 计算 1×1（如 5×5 或更大）窗口中灰度的协方差矩阵

$$Q = N^{-1} = \begin{bmatrix} \sum g_{\substack{2\\v}} & \sum g_u g_v \\ \sum g_u g_v & \sum g_v^2 \end{bmatrix}$$

其中，

$$\sum g_u^2 = \sum_{i=c-k}^{c+k-1}\sum_{j=r-k}^{r+k+i}\left(g_{i+1,\ j+1}-g_{i+j}\right)^2$$

$$\sum g_v^2 = \sum_{i=c-k}^{c+k-1}\sum_{j-r-k}^{r+k+1}\left(g_{i,\ j+1}-g_{i+1,\ j}\right)^2$$

$$\sum g_u g_v = \sum_{i=c-k}^{c+k-1}\sum_{j-r-k}^{r+k+1}\left(g_{i+1,\ j+i}-g_{i+j}\right)\left(g_{i,\ j+1}-g_{i+1,\ j}\right)$$

$$k = INT(1/2)$$

C. 计算兴趣值 q 与 w

$$q = \frac{4DetN}{(trN)^2}$$

$$w = \frac{1}{trQ} = \frac{DetN}{trN}$$

其中，$DetN$ 代表矩阵 N 的行列式，$DetN$ 为矩阵 N 的迹。可以证明，q 是像素（c，r）对应的误差。

椭圆的圆度

$$q = 1 = \frac{\left(a^2-b^2\right)^2}{\left(a^2+b^2\right)^2}$$

其中，a 与 b 为椭圆的长、短半轴，如果 a、b 中任一为零，则 q=0，表明该点可能位于边缘上；如果 a=b，则 q=1，表明为一个圆，为该像元的权。

D. 确定待选点。如果兴趣值大于给定的阈值，则该像元为待选点。阈值为经验值，可参考下列值

$$T_v = 0.5 \sim 0.7$$

$$T_w = \begin{cases} fw,\ f = 0.5 \sim 1.5 \\ cw,\ c = 5 \end{cases}$$

其中，为权平均值，为权的中值。当 $q>T$，且 $v>T$ 时，该像元为待选点。

E. 选取极值点。以权值 v 为依据，选择极值点，即在一个适当窗口中选择 v 最大的待选点，去掉其余的点。

（2）特征点匹配

特征点匹配是在提取出的特征点集之间建立一个对应关系，常利用特征自身的属性描述结合特征所在区域的灰度以及特征之间的集合关系确立特征点间的对应。常用的特征匹配的方法有空间相关、描述符、松弛方法、金字塔算法等。

①空间相关的方法

基于空间相关的方法通常应用在检测的特征点是模糊的或邻域本身有扭曲的情况。利用参考图像和待配准图像的特征点集之间的距离和特征点集的空间分布情况进行匹配计算。

②描述符的方法

利用对图像变换恒定的描述符进行特征点的匹配计算。描述符需满足几个条件：不变性，参考图像和待配准图像的特征几何的描述符必须是一致的；唯一性，两个不同的特征集合应该拥有不同的描述符；稳定性，一个特征集合的描述符在未知方式下的轻微变形应该与原始特征集合的描述符很接近；独立性，如果特征几何的描述符是个向量，它的元素应该是相互独立的。参考图像和待配准图像之间有着相似性的不变描述符是成对出现的。描述符一般根据特征集合的性质以及图像的集合来选择。最简单的特征描述符是图像像素值函数，通过计算特征集合附近区域的相关性得到相应的特征集合的匹配程度。还有利用相关系数设定几何变形的相似性的方法，图像之间的旋转被来自光照方向的估计补偿，然后进行由粗到精的相关性匹配。封闭区域也可以作为特征描述符，原则上来说，任何不变和可以分辨的描述符都可以应用于边界匹配。

③松弛方法

有很多匹配算法是基于松弛方法的，如“一致标记问题”（consistent belling problem，CLP）。对参考图像和待配准图像中的特征点进行标记，在对参考图像和待配准图像的特征集合进行标记的时候应该保持一致，这种方法用一种规定了特征对应值属性的几何变换代替了特征集合，可以解决移位的图像，对局部图像的扭曲变形也可以使用。将经典的松弛方法进行延伸，把角落的特征点描述包括进去，利用角落的尖锐性、对比性和斜面，可以解决平移和旋转在图像中造成的扭曲。

④金字塔算法

在特征集合匹配的计算中，图像尺寸较大会使算法的计算量很大，金字塔算法可以有效减少计算量。金字塔算法使用子窗口代替参考图像中的对应窗口，先使待配准图像和参考图像在较低分辨率下进行匹配计算（使用高斯金字塔、简单平均法或小波变换系数等）然后在最小误差估计的基础上匹配更高分辨率的图像，逐渐提高对应的匹配精度，多分辨的方法有效降低了搜索空间，节省了必要的计算时间，但是在粗匹配中出现的错误匹配会导致匹配的最终失败。

2. 图像融合

确定了图像间的几何变换模型之后，接着就是将这些图像拼接成大范围的影像，若是只根据图像间的几何变换模型，将所有图像经过简单的投影叠加起来，那么在图像拼接线附近就会出现明显的边界痕迹和颜色差异，严重影响了合成图像整体的视觉效果。造成这种情况的主要影响因素有两个：一是图像色彩亮度的差异，主要是由图像采集环境的不同和相机镜头曝光时间的不同造成的：二是图像配准的精度，匹配精度和几何模型的变换都影响了图像配准时的精度，图像融合就是要解决以上问题，它可以解决图像间的曝光差异问题，消除或减少图像在拼接线附近的配准误差，最终实现图像重叠区域的平滑过渡。按信息表征层次的不同，图像融合可以分为像素级融合、特征级融合和决策级融合。无人机正射影像图中，一般不需要进行过高层面的图像融合，主要工作集中在基础层面的像素级，可以在图像重采样的过程中完成。

像素级融合指直接对获取的各幅图像的像素点进行信息综合的过程，融合算法主要有HHS变换法、小波变换法、主成分分析（principal component analysis，PCA）法和Brovey变换法。

（四）快速成图

本节主要介绍在没有布设地面控制点和机上没有高精度位置姿态测量系统的情况下，如何将无人机获取的序列影像直接经过快速拼接技术处理成图，然后经纠正处理后与地形图进行融合，快速生成无人机应急影像图。

1. 无人机应急影像图的制作流程

无人机应急影像图的制作流程是：数据获取—图像拼接—空间配准—地图要素叠加—目标标注—图面整饰。

无人机影像的空间配准多采用数字微分纠正的方法，虽然数字微分纠正具有较高的几何精度，但必须首先生成该影像范围的数字地面高程模型，因而在缺乏数字地面高程的情况下，航空影像的纠正将变得复杂和困难。

为了解决这一问题，有效的途径是利用地形图提供的地形信息。本节提出了一种将无人机影像配准至地形图的新方法，由于地形图是建立在大地坐标系下的，因此纠正的无人机影像也将是正射的。为了将无人机影像准确地纠正至地形图上，本节使用了图形与图像叠加显示的技术，即通过将地形图中某一矩形区与影像进行匹配来选择控制点的方法，这一方法不仅加快了选择控制点的速度，更重要的是避免了人工量算的错误。

2. 基于改进SIFT的无人机影像自动拼接技术

影像配准和融合的对象是经过空中三角测量平差等处理生成的正射影像图，本节研究的无人机影像自动拼接技术的对象是原始的未经处理的无人机序列影像。

影像自动拼接技术的优劣要综合考虑其拼接的速度和准确度。本节提出了一种兼顾速度和准确度的基于特征点的自动拼接方法。

研究可知Moravec、SUSAN、Foerstner、Harris和SIFT等算法是目前应用最广泛的几种图像特征点提取算法。其中，SIFT方法是目前公认最好的基于特征点的方法，其优点在于尺度不变性，但用一般的SIFT方法提取的特征点数量大、描述特征点的特征向量维数多（128维），这将导致运算量大、处理时间过长。Harris算法是一种经典的特征点提取算法，其特点是速度较快，但对噪声很敏感，随着尺度因子参数不同，图像角点提取效果差别较大。

基于上述分析发现，SIFT方法和Harris算法的优缺点有互补性，因此提出了一种基于改进 SIFT 的无人机影像自动拼接方法，具体实现过程如下：首先，对待拼接图像进行预处理；其次，提取 Harris 特征点、计算特征点的特征半径和 SIFT 特征向量，并利用主成分分析法降低特征向量的维数；再次，采用最临近（nearest neighbor, NN）方法进行特征匹配，利用 BBF（best bin first）算法搜索特征的最邻近以提高匹配速度，利用 PROSAC（progressive sample consensus）算法找到特征点匹配对并精确计算运动模型参数，实现了图像的自动配准；最后，采用匀色处理消除光度差异，较好地实现了无人机序列图像的无缝拼接。

（1）无人机影像数据特点分析

无人机搭载的相机一般为定焦的非量测型普通数码相机，在获取影像的同时，会记录该影像对应的经纬度坐标，以及飞行速度、高度和方向角信息（主要是 GPS 提供），部分无人机为了保证成像质量，配置了稳定平台或 IMU（可以提供相机成像时的横滚角和俯仰角信息）。由于无人机载荷重量以及成本限制，装载的导航 GPS 精度一般只有 10m 左右，同时辅助数据记录的角信息精度只有几度，精度较低。无人机飞行之前，一般会设计规划飞行航线（包括任务航线），但实际的飞行轨迹并不规则，受风力和导航系统精度等因素的影响，飞行轨迹一般会偏离原来规划的航线，同时飞行过程中也不能保证姿态稳定，倾斜较大。对于拍摄的地区，可以通过公开的 DEM 数据获得该区域对应的精度在 30m 左右的地形高程数据。为了确保飞行过程不漏拍，无人机影像重叠率一般较高，航向重叠一般超过 60%，旁向重叠超过 20%，一次飞行任务获取的影像张数较多，一般以百计，部分大区域的应用会拍摄获取上千张影像。

对无人机序列影像数据特点进行总结，可以发现序列影像数据具有以下几个特点：在大部分应用中，机载的相机为定焦镜头，其焦距值固定；有一些精度不高的地理位置信息；有精度不高的姿态辅助信息，误差一般在 5 以上；有粗略的地形高程数据；保证了较高的重叠率（包括航向重叠和旁向重叠）。

（2）图像预处理

利用无人机平台的辅助信息，包括低精度的位置、姿态信息以及已知的粗略地形高程数据，可以获得粗略的图像匹配集合。

具体实现过程如下：利用无人机平台的 GPS/IMU 辅助信息可以得到每张无人机图像近似的投影矩阵，将这些无人机图像投影到与地平面平行的平面，且保证该平面是所获取的地形高程最低（小）值（通过公开的精度 30m 左右的全球地形高程数据得到）所在的平面。只要两幅投影图像有重叠，就认为对应的两幅图像（记为 i、j 图像）具有匹配关系，并将（i、j）加入集合 S。虽然这里所用的辅助信息并不十分精确，计算得到的图像匹配关系仅是一个粗略值。然而由于在计算的过程中降低了重叠度的要求，因此真实的图像匹配集合 S 是该图像匹配集合 S 的一个子集。

（3）特征匹配

如何找到特征点的最近邻和次邻近是特征匹配算法的关键，寻找最邻近实质上是数据结构领域的一个查找问题，要提高查找的效率，最好的办法是先对节点集合进行排序。

BBF 算法通过查找最邻近和次邻近来提高匹配的速度，能很好地适用于高维向量匹配。BBF 算法是对 Kd 树算法的改进，它在 Kd 树的搜索策略上做了合适的改进，Kd 树的查找方法，类似于左右排序树的查找过程。左右排序树的查找过程如下：首先将给定节点的关键字与根节点的关键字进行比较，若相等，则查找成功；否则将根据给定点与根节点的关键字之间的大小关系，分别在左子树或右子树上继续进行查找，对于 Kd 树来说，这只需要次关键字比较，其数据结构决定了能够减少查询量。

BBF 算法采用一种近似的最邻近算法，通过限制 Kd 树中被检查的叶子节点数，对查找的节点设一个最大数目 E，认为当查找到这个数目的节点时的最邻近为近似结果，从而缩短搜索时间。另外，考虑已存储节点与被查询节点的关系，按已存储节点与被查询节点距离递增的顺序来搜索节点。

为减少误匹配，加入特征点互匹配约束条件，认为一对匹配的特征点必须满足互为最邻近的条件。采取如下思路求取特征点匹配对：首先建立每幅图像特征的 Kd 树，然后对配准图像的每一个特征点，利用 BBF 搜索算法在基准图像特征点 Kd 树中找到它的最邻近和次邻近，并计算出它与这两个特征点之间距离的比值 Ratio，如果 Ratio 小于设定的阈值，认为该特征点与其最邻近的特征点是一对候选的匹配点；然后对这个最邻近的特征点，在待配准图像的 Kd 树中，查找它的最邻近和次邻近，并计算出它们之间距离的比值 Rato，如果 Ratio 满足条件，才确定它们是一对匹配的特征点。

3. 无人机应急影像图制作规范

无人机序列影像经过拼接后，没有定位信息，不能充分利用无人机影像的信息。无人机遥感一般属于低空遥感，具有机动性、灵活性、时效性和分辨率高等特点，同时存在着不能得到或不能精确得到影像的外方位元素和普通相机的畸变差参数的问题，无法依照传统航空摄影测量的方法进行空中三角解算、制作数字正射影像图，因此无法成为大比例尺地图数据获取与更新的手段。但如果无人机所拍摄的影像不经过处理或只经过简单拼接处理，那就存在变形大、定位精度差、可用信息少等缺点，不能充分发挥无人机低空遥感的作用。无人机遥感和地形图都有自身的特点和局限性，倘若将它们结合起来，相互取长补短，有可能更全面地反映地面目标，提供更强的信息解译能力和更可靠的分析结果，所以可以考虑将无人机获取的序列影像经过拼接和纠正处理后与地形图融合在一起，形成一种特殊的影像图产品，这种产品不需要工序复杂、耗时长的空中三角解算，既可以充分利用影像图的直观、形象的丰富信息和现势性，又可以利用地形图的数学基础和地理要素，本书将这种影像图产品称为无人机应急影像图。

（1）基本原则

通常，应急影像图是在纸上印刷成图的，所以，在确定和规划总体设计的各项内容时，必须了解纸张和印刷的有关规格的规定，使设计的图幅位置和内容在印刷和纸张上得到合理的安排，并尽量节省人力和物力，降低成本，缩短出图的周期，保证影像图具有必要的精度，以及适合于影像图用途的内容和美学效果。

（2）底图规范

①底图内容的选择与确定

影响底图内容确定的因素很多，但起决定作用的因素主要有应急影像图的用途和制图区域的特点。

应急影像图的用途决定着影像图的主题，影像图的主题直接影响着底图内容要素的选取。与影像图主题相关的底图内容要素可以选择，关系密切的底图要素还可以加粗或选择鲜亮颜色重点突出显示，没有关系或关系不大的底图要素可以舍去不显示。

制图区域的地理特点也直接影响着底图内容的选择和确定。例如，湿润地区和干旱地区对于底图中水系要素的选取标准就不一样。

②底图比例尺的选择与确定

底图比例尺的选择受遥感影像的分辨率、影像图的用途、制图区域的范围（大小和形状和既定的影像图幅面（或纸张规格）的影响。在这些因素中，遥感影像的分辨率和影像图的用途是影响底图比例尺确定的主要因素，而制图主区的范围和纸张的幅面规格，是具体确定比例尺时不可忽视的基本条件，这些因素互为制约关系。如设计某区域的影像图时，限定了纸张的面积，则制图主区的范围大，比例尺就小，反之比例尺就大；如果制图主区的形状和大小已定，则纸张的面积大，比例尺可选择大些，反之，比例尺应选小些。

确定底图比例尺时，还应特别注意：

A. 在各种因素制约下，确定的比例尺应尽量大，以求表达更多的底图内容；

B. 充分利用纸张的有效面积，确定合理的比例尺，不要把过多的面积用在装饰上，或者裁切掉过多的纸边造成浪费。

（3）影像规范

应该根据地理现象和操纵尺度选择最佳分辨率的遥感影像数据。选择合适的空间分辨率，必须研究像幅表达内容的特性。许多环境科学家在多空间和时间尺度下给出了不同应用领域中的遥感数据空间分辨率的最佳选择，影像地面分辨率的选择应结合影像图用途，在确保成图精度的前提下，本着有利于缩短成图周期、降低成本、提高测绘综合效益的原则进行。

（4）注记规范

注记除了遵循地图注记设计的一般规范外，还需要根据应急影像图主题内容突出标注某些要素的注记。注记标注需要确定五个要素，即注记的字体、字号、字色、字隔和字列。

①字体

字体指应急影像图上注记的体裁。汉字字体繁多，地图上经常使用的有宋体及其变形体（左斜宋体）、等线体及其变形体（耸肩等线体、扁等线体、长等线体）、仿宋体，还有隶体、魏碑体及美术宋体、美术等线体。

宋体字由于横细竖粗的特点，在地形图上常用于较小居民地的注记，其变形体左斜宋体则用来注记各种水系名称。

等线体中的粗等线体粗壮醒目，常用作图名和大居民地的注记，中等线体笔画匀称，是图面上较大居民地注记的重要字体；细等线体清秀明快，可以印刷得很小，常用于最小居民地和各种说明注记，是地图上最小注记的基本字体。耸肩等线体用于山脉名称注记，长等线体用于山峰、山隘名称注记，扁等线体用于区域名称注记，长等线体和扁等线体更多地用于图名、标题和图外注记。

②字号

字号指应急影像图注记字的大小，字号在一定程度上反映被注对象的重要性和数量等级。等级越高的地物，其注记就越大；反之，则小。

制作应急影像图时，注记的字号要根据用途和使用方式确定，注记的字号可以按照相排字机提供的 20 种字号尺寸（7~62 级）进行选择，在照相排字机上，字号和级数的关系大致为：字号 =（级数 -1）× 0.25，单位为 mm，注记字号指字的长边，如 7 级为 7 × 0.25=1.75mm，即字的长边为 1.75mm。

③字色

字色指注记所用的颜色，字色与字体类似，主要用于加强要素之间的类别差异。水系一般用蓝色注记，地貌用棕色注记，即与所表示要素的用色一致。一般来说，人们对应急影像图注记的感受能力取决于注记及其背景之间的视觉对比度，因此，应急影像图上的注记或者为浅色背景上的深色（黑色），或者为深色背景上的浅色（如白色）。

④字距

字距指注记中字与字的间隔距离，应急影像图上凡注记点状地物（如居民点等）都使用小间隔注记：注记线状物（如河流、道路等）则采用较大字距沿线状物注出，当线状物很长时尚需分段重复注记；注记面状物体时，常根据其所注面积而变更其字距，所注图形较大时，应分区重复注记。

⑤字列

字列指同一注记的排列方式。汉字注记的排列方式有四种：水平字列、垂直字列、雁行字列和屈曲字列。水平字列、垂直字列和雁行字列的字向总是指向北方（或图廓上方）。水平字列的注记线平行上下内图廓线，注记从左至右排列；垂直字列的注记线垂直于上下内图，廓线注记从上到下排列；雁行字列的注记线很灵活。屈曲字列的字向依照注记线而改变，字向与注记线垂直或平行。

（5）标注规范

标注可以分为遥感图像内标注和遥感图像外标注。遥感图像内的标注其字色要注意与遥感图像的色彩区分；遥感图像外的标注基本遵循注记规范，但一般来说标注会比同级别的注记的字号要大，字色要更鲜艳。

（6）图面配置规范

图面配置就是确立图名，图例，比例尺，图廓，附图、附表、文字说明等图面要素的范围大小及图上位置。影响图面配置的因素主要有：影像图的主题、用途、艺术性要求、出版条件（如输出纸张规格、印刷机的最大印刷幅面）。

①图名

图名即应急影像图的名称。图名的含义应当明确、肯定，一般包含两个方面的内容，即制图区域和类型图名，可以横排，也可以竖排。横排时，如果图名放在图廓外，一般排在北图廓外的正中位置：若放在图廓内，则一般多放置在右上角或左上角的空白处。竖排时，图名通常排在图廓内的左上角或右上角。

排在图廓内的图名又可以分为有框的和无框的，有框的图名指将图名文字框定在一个范围内，这时框线与字的间隔一般要保留半个字的高度。无框图名指将图名直接嵌入到影像图内容的背景之中，不加框线。

图名的字号和字体设计是整饰工作的任务，分幅应急影像图的图名一般用较小的等线体；挂图的图名最常用宋体和黑体，而且多采用扁体字。有时还需要对字的形式进行必要的装饰和艺术加工，图名的字号视选择的字体而定，黑度大的尺寸可以小一些，黑度小的尺寸可以大一些，但一般都不应超过图廓边长的6%。近年来，随着数字制图技术和屏幕底图的不断发展，图名字体使用彩色的情况已相当普遍，这在很大程度上提高了影像图的艺术表现力。

②图廓

图廓分为内图廓和外图廓，内图廓通常采用细实线，外图廓的种类则比较多，分幅图上一般只设计一条粗线，挂图上则多设计带有各种图案的花边，图案的内容可以与影像图内容相关，也可以是纯粹的装饰性的图案。花边的跨度视其本身的黑度而定，一般取图廓边长的1%~1.5%，内外图廓间要留有配置经纬度注记的位置，一般取图廓边长的0.2%~1%。

③附图、图表和文字说明

应急影像图多需要配置一定数量的附图、图例、图表和文字说明等。

A. 附图。图面上的附图通常包括：位置图，说明该图的制图区域在更大范围内的位置示意图；重点区域（目标）扩大图，图里的重点区域（目标），需要用较大的比例尺详细表达；飞行路线示意图，无人机航拍的路线在更大范围内的示意图。

B. 图表和文字说明，为了给读者读图提供方便，有些应急影像图可以增加一些补充性的统计图表，对于影像图获取的无人机型号、时间、高度等需要用文字加以说明。

附图和图表文字的数量不宜过多，以免充塞图面，而且配置时要保持视觉上的平衡，不要都集中在一起。

（7）整饰规范

应急影像图的整饰指为了使影像图内容主次分明、协调美观和清晰易懂而采取的加工修饰工作，它是影像图表现形式和表示方法的总称，是应急影像图设计中艺术设计（图面美化）的重要内容。

整饰的对象和内容一般包括：图面符号和色彩，线划、注记风格的设计，图面规划及图廓装饰、图幅编排等。

在整饰应急影像图时一般应注意以下几个问题：

A. 注意符号大小与色彩在视觉感受上的影响；

B. 注意影像图与矢量底图的色彩协调；

C. 大面积填色时使用浅淡的颜色，小图斑使用较深的颜色；

D. 注记的大小与排列方式需经反复试验确定；

E. 外图廓的整饰应采用复式线划或彩色花纹花边。

第四章　水利工程治理的技术手段

第一节　水利工程治理技术概述

一、现代理念为引领

现代理念，概括为用现代化设备装备工程，用现代化技术监控工程和用现代化管理方法管理工程。加快水利管理现代化步伐，是适应由传统型水利向现代化水利及持续发展水利转变的重要环节。我国经济社会的快速发展，一方面，对水利工程管理技术有着极大促进作用；另一方面，对水利工程管理技术的现代化有着迫切的需要。今后水利工程管理技术将在现代化理念引领下，有一个新的更大的飞跃。今后一段时期的工程管理技术将会加强水利工程管理信息化建设工作，工程的监测手段会更加完善和先进，工程管理技术将基本实现自动化、信息化、高效化。

二、现代知识为支撑

现代水利工程管理的技术手段，必须以现代知识为支撑。随着现代科学技术的发展，现代水利工程管理的技术手段得到长足进步。主要表现在工程安全监测、评估与维护技术手段得到了加强和完善，建立开发了相应的工程安全监测、评估软件系统，并对各监测资料建立了统计模型和灰色系统预测模型，对工程安全状态进行了实时的监测和预警，实现了工程维修养护的智能化处理，为工程维护决策提供了信息支持，提高了工程维护决策水平，实现了资源的最优化配置。水利工程维修养护实用技术被进一步广泛应用，如工程隐患探测技术、维修养护机械设备的引进开发和除险加固新材料与新技术的应用，这些技术的应用将使工程管理的科技含量逐步增加。

三、经验提升为依托

我国有着几千年的水利工程管理历史，我们应该充分借鉴古人的智慧和经验，对传统水利工程管理技术进行继承和发扬。新中国成立后，我国的水利工程管理模式也一直采用传统的人工管理模式，依靠长期的工程管理实践经验，主要通过以人工观测、操作，进行调度运用。近年来，随着现代技术的飞速发展，水利工程的现代化建设进程不断加快，为满足当代水利工程管理的需要，我们要对传统工程管理工作中所积累的经验进行提炼，并结合现代先进科学技术的应用，形成一个技术先进、性能稳定实用的现代化管理平台，这将成为现代水利工程管理的基本发展方向。

第二节　水工建筑物安全监测技术

一、概述

1. 监测及监测工作的意义

监测即检查观测，是指直接或借助专设的仪器对基础及其上的水工建筑物从施工开始到水库第一次蓄水整个过程中以及在运行期间所进行的监测量测与分析。

工程安全监测在中国水电事业中发挥着重要作用，已成为工程设计、施工、运行管理中不可缺少的组成部分。概括起来，工程监测具有如下几个方面的作用：

（1）了解建筑物在荷载和各类因素作用下的工作状态和变化情况，据以对建筑物质量和安全程度做出正确判断和评价，为施工控制和安全运行提供依据。

（2）及时发现不正常的现象，分析原因，以便进行有效的处理，确保工程安全。

（3）检查设计和施工水平，发展工程技术的重要手段。

2. 工作内容

工程安全监测一般有两种方式，包括现场检查和仪器监（观）测。

现场检查是指对水工建筑物及周边环境的外表现象进行巡视检查的工作，可分为巡视检查和现场检测两项工作。巡视检查一般是靠人的感觉并采用简单的量具进行定期和不定期的现场检查，现场检测主要是用临时安装的仪器设备在建筑物及其周边进行定期或不定期的一种检查工作。现场检查有定性的也有定量的，以了解建筑物有无缺陷、隐患或异常现象。

现场检查的项目一般多为凭人的直观或辅以必要的工具可直接发现或测量的物理因素，如水文要素侵蚀、淤积，变形要素的开裂、塌坑、滑坡、隆起，渗流方面的渗漏、排水、管涌，应力方面的风化、剥落、松动，水流方面的冲刷、振动等。

仪器监（观）测是借助固定安装在建筑物相关位置上的各类仪器，对水工建筑物的运行状态及其变化进行的观察测量工作。包括仪器观测和资料分析两项工作。

仪器观测的项目主要有变形观测、渗流观测、应力应变观测等，是对作用于建筑物的某些物理量进行长期、连续、系统定量的测量，水工建筑物的观测应按有关技术标准进行。

现场检查和仪器监测属于同一个目的两种不同技术表现，两者密切联系、互为补充、不可分割。世界各国在努力提高观测技术的同时，仍然十分重视检查工作。

二、巡视检查

（一）一般规定

巡视检查分为日常巡视检查、年度巡视检查和特别巡视检查三类。从施工期开始至运行期均应进行巡视检查。

1. 日常巡视检查

管理单位应根据水库工程的具体情况和特点，具体规定检查的时间、部位、内容和要求，确定巡回检查路线和检查顺序。检查次数应符合下列要求：

（1）施工期，宜每周 2 次，但每月不少于 4 次。

（2）初蓄水期或水位上升期，宜每天或每两天 1 次，具体次数视水位上升或下降速度而定。

（3）运行期，宜每周 1 次，或每月不少于 2 次。汛期、高水位及出现影响工程安全运行情况时，应增加次数，每天至少 1 次。

2. 年度巡视检查

每年汛前、汛后、用水期前后和冰冻严重时，应对水库工程进行全面或专门的检查，一般每年 2~3 次。

3. 特别巡视检查

当水库遭遇到强降雨、大洪水、有感地震、水位骤升骤降或持续高水位等情况，或发生比较严重的破坏现象和危险迹象时，应组织特别检查，必要时进行连续监视。水库放空时应进行全面巡查。

（二）检查项目和内容

1. 坝体

（1）坝顶有无裂缝、异常变形、积水或植物滋生等；防浪墙有无开裂、挤碎、架空、错断、倾斜等。

（2）迎水坡护坡有无裂缝、剥（脱）落、滑动、隆起、塌坑或植物滋生等；近坝水面有无变浑或漩涡等异常现象。

（3）背水坡及坝趾有无裂缝、剥（脱）落、滑动、隆起、塌坑、雨淋沟、散浸、积雪不均匀融化、渗水、流土、管涌等，排水系统是否通畅，草皮护坡植被是否完好，有无兽洞、蚁穴等，反滤排水设施是否正常。

2. 坝基和坝区

（1）坝基基础排水设施的渗水水量、颜色、气味及浑浊度、酸碱度、温度有无变化。

（2）坝端与岸坡连接处有无裂缝、错动、渗水等；坝端岸坡有无裂缝、滑动、崩塌、溶蚀、塌坑、异常渗水及兽洞、蚁迹等；护坡有无隆起、塌陷等；绕坝渗水是否正常。

（3）坝趾近区有无阴湿、渗水、管涌、流土或隆起等；排水设施是否完好。

（4）有条件时应检查上游铺盖有无裂缝、塌坑。

3. 输、泄水洞（管）

（1）引水段有无堵塞、淤积、崩塌。

（2）进水塔（或竖井）有无裂缝、渗水、空蚀、混凝土碳化等。

（3）洞（管）身有无裂缝、空蚀、渗水、混凝土碳化等；伸缩缝、沉陷缝、排水孔是否正常。

（4）出口段放水期水流形态是否正常；停水期是否渗漏。

（5）消能工有无冲刷损坏或沙石、杂物堆积等。

（6）工作桥、交通桥是否有不均匀沉陷、裂缝、断裂等。

4. 溢洪闸（道）

（1）进水段（引渠）有无坍塌、崩岸、淤堵或其他阻水障碍；流态是否正常。

（2）堰顶或闸室、闸墩、胸墙、边墙、溢流面、底板有无裂缝、渗水、剥落，碳化、露筋、磨损、空蚀等；伸缩缝、沉陷缝、排水孔是否完好。

（3）消能工有无冲刷损坏或沙石、杂物堆积等，工作桥、交通桥是否有不均匀沉陷、裂缝、断裂等。

（4）溢洪河道河床有无冲刷、淤积、采沙、行洪障碍等；河道护坡是否完好。

5. 闸门及启闭机

（1）闸门有无表面涂层剥落，门体有无变形、锈蚀、焊缝开裂或螺栓、铆钉松动；支承行走机构是否运转灵活；止水装置是否完好等。

（2）启闭机是否运转灵活、制动准确可靠，有无腐蚀和异常声响；钢丝绳有无断丝、磨损、锈蚀、接头松动、变形；零部件有无缺损、裂纹、磨损及螺杆有无弯曲变形；油路是否通畅，油量、油质是否符合规定要求等。

（3）机电设备、线路是否正常，接头是否牢固，安全保护装置是否可靠，指示仪表是否指示正确，接地是否可靠，绝缘电阻值是否符合规定，备用电源是否完好；自动监控系统是否正常、可靠，精度是否满足要求；启闭机房是否完好等。

6. 库区

（1）有无爆破打井、采石（矿）、采沙、取土、修坟、埋设管道（线）等活动。

（2）有无兴建房屋、码头或其他建（构）筑物等违章行为。

（3）有无排放有毒物质或污染物等行为。

（4）有无非法取水的行为。

7. 观测、照明、通信、安全防护、防雷设施及警示标志、防汛道路等是否完好。

（三）检查方法和要求

1. 检查方法

（1）常规方法：用眼看、耳听、手摸、鼻嗅、脚踩等直观方法，或辅以锤钎、钢卷尺、放大镜、石蕊试纸等简单工具对工程表面和异常部位进行检查。

（2）特殊方法：采用开挖探坑（槽）、探井、钻孔取样、孔内电视、向孔内注水试验、投放化学试剂、潜水员探摸、水下电视、水下摄影、录像等方法，对工程内部、水下部位或坝基进行检查。

2. 检查要求

（1）及时发现不正常迹象，分析原因、采取措施，防止事故发生，保证工程安全。

（2）日常巡视检查应由熟悉水库工程情况的管理人员参加，人员应相对稳定，检查时应带好必要的辅助工具、照相设备和记录笔、簿等。

（3）年度巡视检查和特别巡视检查，应制订详细检查计划并做好如下准备工作：①安排好水情调度，为检查输水、泄水建筑物或水下检查创造条件；②做好检查所需电力安排，为检查工作提供必要的动力和照明；③排干检查部位的积水，清除堆积物；④安装好被检查部位的临时通道，便于检查人员行动；⑤采取安全防范措施，确保工程、设备及人身安全；⑥准备好工具、设备、车辆或船只以及量测、记录、绘草图、照相、录像等器具。

（四）检查记录和报告

1. 记录和整理

（1）每次巡视检查均应按巡视检查记录表做出记录。对已发现的异常情况，除详细记述时间、部位、险情和绘出草图外，必要时应测图、摄影或录像。

（2）现场记录应及时整理，并将每次巡视检查结果与以往巡视检查结果进行比较分析，如有问题或异常现象，应及时复查。

2. 报告和存档

（1）日常巡视检查中发现异常现象时，应立即采取应急措施，并上报主管部门。

（2）年度巡视检查和特别巡视检查结束后，应提出检查报告，对发现的问题应立即采取应急措施，并根据设计、施工、运行资料进行综合分析，提出处理方案，上报主管部门。

（3）各种巡视检查的记录、图件和报告等均应整理归档。

三、水工建筑物变形观测

变形观测项目主要有表面变形、裂缝及伸缩缝观测。

（一）表面变形观测

表面变形观测包括竖向位移和水平位移。水平位移包括垂直于坝轴线的横向水平位移和平行于坝轴线的纵向水平位移。

1. 基本要求

（1）表面竖向位移和水平位移观测一般共用一个观测点，竖向和水平位移观测应配合进行。

（2）观测：基点应设置在稳定区域内，每隔 3~5 年校测一次；测点应与坝体或岸坡牢固结合；基点和测点应有可靠的保护装置。

（3）变形观测的正负号规定：

①水平位移：向下游为正，向左岸为正；反之为负。

②竖向位移：向下为正，向上为负。

③裂缝和伸缩缝三向位移：对开合，张开为正，闭合为负；对沉陷，同竖向位移；对滑移，向坡下为正，向左岸为正，反之为负。

2. 观测断面选择和测点布置

（1）观测横断面一般不少于3个，通常选在最大坝高或原河床处、合龙段、地形突变处、地质条件复杂处、坝内埋管及运行有异常反应处。

（2）观测纵断面一般不少于 4 个，通常在坝顶的上、下游两侧布设 1~2 个；在上游坝坡正常蓄水位以上可视需要设临时测点；下游坝坡半坝高以上 1~3 个，半坝高以下 1~2 个（含坡脚一个）。对建在软基上的坝，应在下游坝址外侧增设 1~2 个。

（3）测点的间距：坝长小于 300 米时，宜取 20~50 米；坝长大于 300 米时，宜取 50~100 米。

（4）视准线应旁离障碍物 1 米以上。

3. 基点布设

（1）各种基点均应布设在两岸岩石或坚实土基上，便于起（引）测，避免自然和人为影响。

（2）起测：基点可在每一纵排测点两端的岸坡上各布设一个，其高程宜与测点高程相近。

（3）采用视准线法进行横向水平位移观测的工作基点，应在两岸每一纵排测点的延长线上各布设一个；当坝轴线为折线或坝长超过 500 米时，可在坝身每一纵排测点中增设工作基点（可用测点代替），工作基点的距离保持在 250 米左右；当坝长超过 1000 米时，一般可用三角网法观测增设工作基点的水平位移，有条件的，宜用倒垂线法。

（4）水准基点一般在坝体下游 0.5~3.0km 处布设 2~3 个。

（5）采用视准线法观测的校核基点，应在两岸同排工作基点延长线上各设 1~2 个。

4. 观测设施及安装

（1）测点和基点的结构应坚固可靠，且不易变形。

（2）测点可采用柱式或墩式。兼作竖向位移和横向水平位移观测的测点，其立柱应高出地面 0.6~1.0 米，立柱顶部应设有强制对中底盘，其对中误差均应小于 0.2 毫米。

（3）在土基上的起测基点，可采用墩式混凝土结构。在岩基上的起测基点，可凿坑就地浇注混凝土。在坚硬基岩埋深 5~20 米的情况下，可采用深埋双金属管作为起测基点。

（4）工作基点和校核基点一般采用整体钢筋混凝土结构，立柱高度以司镜者操作方便为准，但应大于 1.2 米。立柱顶部强制对中底盘的对中误差应小于 0.1 毫米。

（5）水平位移观测的觇标，可采用觇标杆、觇牌或电光灯标。

（6）测点和土基上基点的底座埋入土层的深度不小于0.5米，并采取防护措施。埋设时，应保持立柱铅直，仪器基座水平。各测点强制对中底盘中心位于视准线上，其偏差不得大于 10 毫米，底盘倾斜度不得大于 4°。

5. 观测方法及要求

（1）表面竖向位移观测，一般用水准法。采用水准仪观测时，可参照国家三等水准测量（GB12898—91）方法进行，但闭合误差不得大于 ±1.4VN 毫米（N 为测站数）。

（2）横向水平位移观测，一般用视准线法。采用视准线观测时，可用经纬仪或视准线仪。当视准线长度大于 500 米时，应采用 J1 级经纬仪。视准线的观测方法，可选用活动觇标法，宜在视准线两端各设固定测站，观测其靠近的位移测点的偏离值。

（3）纵向水平位移观测，一般用钢尺，也可用普通钢尺加修正系数，其误差不得大于0.2 毫米。有条件时可用光电测距仪测量。

（二）裂缝及伸缩缝监测

坝体表面裂缝的缝宽大于 5 毫米的，缝长大于 5 米的，缝深大于 2 米的纵、横向缝以及输（泄）水建筑物的裂缝、伸缩缝都应进行监测。观测方法和要求如下：

1. 坝体表面裂缝，可采用皮尺、钢尺等简单工具及设置简易测点。对 2 米以内的浅缝，可用坑槽探法检查裂缝深度、宽度及产状等。

2. 坝体表面裂缝的长度和可见深度的测量，应精确到 1 厘米；裂缝宽度宜采用在缝两边设置简易测点来确定，应精确到 0.2 毫米；对深层裂缝，宜采用探坑或竖井检查，并测定裂缝走向，应精确到 0.5° 。

3. 对输（泄）水建筑物重要位置的裂缝及伸缩缝，可在裂缝两侧的浆砌块石、混凝土表面各埋设 1~2 个金属标志。采用游标卡尺测量金属标志两点间的宽度变化值，精度可量至 0.1 毫米；采用金属丝或超声波探伤仪测定裂缝深度，精度可量至 1 厘米。

4. 裂缝发生初期，宜每天观测一次；当裂缝发展缓慢后，可适当减少测次。在气温和上、下游水位变化较大或裂缝有显著发展时，均应增加测次。

四、水工建筑物渗流观测

渗流监测项目主要有坝体渗流压力、坝基渗流压力、绕坝渗流及渗流量等观测。凡不宜在工程竣工后补设的仪器、设施，均应在工程施工期适时安排。当运用期补设测压管或开挖集渗沟时，应确保渗流安全。

（一）坝体渗流压力观测

坝体渗流压力观测，包括观测断面上的压力分布和浸润线位置的确定。

1. 观测横断面的选择与测点布置

（1）观测横断面宜选在最大坝高处、原河床段、合龙段、地形或地质条件复杂的地段，一般不少于 3 个，并尽量与变形观测断面相结合。

（2）根据坝型结构、断面大小和渗流场特征，应设 3~5 条观测铅直线。一般是上游坝肩、下游排水体前缘各 1 条，其间部位至少 1 条。

（3）测点布设：横断面中部每条铅直线上可只设 1 个观测点，高程应在预计最低浸润线以下；渗流进、出口段及浸润线变幅较大处，应根据预计浸润线的最大变幅，沿不同高程布设测点，每条直线上的测点数不少于 2 个。

2，观测仪器的选用

（1）作用水头小于 20 米、渗透系数大于或等于 10 - 4cm/s 的土中、渗压力变幅小的部位、监视防渗体裂缝等，宜采用测压管。

（2）作用水头大于 20 米、渗透系数小于 10 - 4cm/s 的土中、观测不稳定渗流过程以及不适宜埋设测压管的部位，宜采用振弦式孔隙水压力计，其量程应与测点实有压力相适应。

3. 观测方法和要求

（1）测压管水位的观测，宜采用电测水位计。有条件的可采用示数水位计、遥测水位计或自记水位计等。测压管水位两次测读误差应不大于 2 厘米；电测水位计的测绳长度标记，应每隔 1~3 个月用钢尺校正一次；测压管的管口高程，在施工期和初蓄期应每隔 1~3 个月校测一次，在运行期至少每年校测一次。

（2）振弦式孔隙水压力计的压力观测，应采用频率接收仪。两次测读误差应不大于 1 赫兹，测值物理量用测压管水位来表示。

（二）坝基渗流压力观测

坝基渗流压力观测，包括坝基天然岩石层、人工防渗和排水设施等关键部位渗流压力分布情况的观测。

1. 观测横断面的选择与测点布置

（1）观测横断面数一般不少于 3 个，并宜顺流线方向布置或与坝体渗流压力观测断面相重合。

（2）测点布设：每个断面上的测点不少于3个。均质透水坝基，渗流出口内侧必设一个测点；有铺盖的，应在铺盖末端底部设一测点，其余部位适当插补。层状透水坝基，一般在强透水层的中下游段和渗流出口附近布置。岩石坝基有贯穿上下游的断层、破碎带或软弱带时，应沿其走向在与坝体的接触面、截渗墙的上下游侧或深层所需监视的部位布置。

2. 观测仪器的选用

与坝体渗流压力观测相同。但当接触面处的测点选用测压管时，其透水段和回填反滤料的长度宜小于0.5米。

3. 观测方法和要求与坝体渗流压力观测相同。

（三）绕坝渗流观测

绕坝渗流观测包括两岸坝端及部分山体、坝体与岸坡或与混凝土建筑物接触面，以及防渗齿墙或灌浆帷幕与坝体或两岸接合部等关键部位。

1. 观测断面的选择与测点布置

（1）坝体两端的绕坝观测宜沿流线方向或渗流较集中的透水层（带）设2~3个观测断面，每个断面上设3~4条观测铅直线（含渗流出口）。

（2）坝体与建筑物接合部的绕坝渗流观测，应在接触轮廓线的控制处设置观测铅直线，沿接触面不同高程布设观测点。

（3）岸坡防渗齿槽和灌浆帷幕的上、下游侧各设一个观测点。

2. 观测仪器的选用及观测方法和要求同坝体渗流压力观测相同。

（四）渗流量观测

渗流量观测包括渗漏水的流量及其水质观测。水质观测中包括渗漏水的温度、透明度观测和化学成分分析。

1. 观测系统的布置

（1）渗流量观测系统应根据坝型和坝基地质条件、渗漏水的出流和汇集条件以及所采用的测量方法等分段布置。所有集水和量水设施均应避免客水干扰。

（2）当下游有渗漏水出逸时，应在下游坝址附近设导渗沟，在导渗沟出口设置量水设施测其出逸流量。

（3）当透水层深厚、地下水位低于地面时，可在坝下游河床中顺水流方向设两根测压管，间距20~30米，通过观测地下水坡降计算渗流量。

（4）渗漏水的温度观测以及用于透明度观测和化学分析的水样的采集均应在相对固定的渗流出口处进行。

2. 渗流量的测量方法

（1）当渗流量小于1升/秒时，宜采用容积法。

（2）当渗流量在1~300升/秒时，宜采用量水堰法。

（3）当渗流量大于300升/秒时或受落差限制不能设置量水堰时，应将渗漏水引入排水沟中采用测流速法。

3. 观测方法及要求

（1）渗流量及渗水温度、透明度的观测次数与渗流压力观测相同。化学成分分析次数可根据实际需要确定。

（2）量水堰堰口高程及水尺、测针零点应定期校测，每年至少一次。

（3）用容积法时，充水时间不少于10秒。二次测量的流量误差不应大于均值的5%。

（4）用量水堰观测渗流量时，水尺的水位读数应精确到1毫米，测针的水位读数应精确到0.1毫米，堰上水头两次观测值之差应不大于1毫米。

（5）测流速法的流速测量，可采用流速仪法。两次流量测值之差不大于均值的10%。

（6）观测渗流量时，应测记相应渗漏水的温度、透明度和气温。温度应精确到0.1℃，透明度观测的两次测值之差应不大于1厘米。出现浑水时，应测出相应的含沙量。

（7）渗水化学成分分析可按水质分析要求进行，并同时取水库水样做相同项目的对比分析。

五、水文、气象监测

水文、气象监测项目有水位、降水量、气温、流量观测。

1. 水位观测

（1）测点布置要求

①库水位观测点应设置在水面平稳、受风浪和泄流影响较小、便于安装设备和观测的地点或永久性建筑物上。

②输、泄水建筑物上游水位观测点应在建筑物堰前布设。

③下游水位观测点应布置在水流平顺、受泄流影响较小、便于安装设备和观测的地点或与测流断面统一布置。

（2）观测设备

一般设置水尺或自记水位计。有条件时，可设遥测水位计或自动测报水位计。观测设备延伸测读高程应低于库死水位、高于校核洪水位。水尺零、点高程每年应校测一次，有变化时应及时校测。水位计每年汛前应检验。

（3）观测要求

每天观测一次，汛期还应根据需要调整测次，开闸泄水前后应各增加观测一次。观测精度应达到 1 厘米。

2. 降水重观测

（1）测点布置：视水库集水面积确定，一般每 20~50 平方千米设置一个观测点，或根据洪水预报需要布设。

（2）观测设备：一般采用雨量器。有条件时，可用自记雨量计、遥测雨量计或自动测报雨量计。

（3）观测方法和要求：定时观测以 8 时为日分界，从本日 8 时至次日 8 时的降雨量为本日的日降雨量；分段观测从 8 时开始，每隔一定时段（如 12、6、4、3、2 或 1 小时）观测一次；遇大暴雨时应增加测次。观测精度应达到 1 毫米。

3. 气温观测

（1）坝区至少应设置一个气温测点。

（2）观测设备设在专用的百页箱内，设直读式温度计、最高最低温度计或自计温度计。

4. 出、入库流量观测

（1）测点布置：出库流量应在溢泄道溢洪闸下游、灌溉涵洞出口处的平直段布设观测点；入库流量应在主要汇水河道的入口处附近设置观测点。

（2）观测设备：一般采用流速仪，有条件的可采用 ADCP（超声波）测速仪。

六、监测资料的整编与分析

资料整编包括平时资料整理和定期资料编印，在整编和分析的过程中应注意：

1. 平时资料整理的重点是查证原始观测数据的正确性、计算观测物理量、填写观测数据记录表格、点绘观测物理量过程线、考察观测物理量的变化、初步判断是否存在变化异常值。

2. 在平时资料整理的基础上进行观测统计，填制统计表格，绘制各种观测变化的分布相关图表，并编写编印说明书。编印时段，在施工期和初蓄期，一般不超过 1 年。在运行期，每年应对观测资料进行整编与分析。

3. 整编成果应项目齐全、考证清楚、数据可靠、图表完整、规格统一、说明完备。

4. 在整个观测过程中，应及时对各种观测数据进行检验和处理，并结合巡视检查资料进行复核分析。有条件的应利用计算机建立数据库，并采用适当的数学模型，对工程安全性态做出评价。

5. 监测资料整编、分析成果应建档保存。

第三节　水利工程养护与修理技术

一、工程养护技术

（一）概述

1. 工程养护应做到及时消除表面的缺陷和局部工程问题，防护可能发生的损坏，保持工程设施的安全完整、正常运用。

2. 管理单位应依据水利部、财政部颁布的《水利工程维修养护定额标准（试点）》（水办〔2004〕307号）编制次年度养护计划，并按规定报主管部门。

3. 养护计划批准下达后，应尽快组织实施。

（二）大坝养护

1. 坝顶养护应达到坝顶平整，无积水、无杂草、无弃物；防浪墙、坝肩、踏步完整，轮廓鲜明；坝端无裂缝，无坑凹，无堆积物。

2. 坝顶出现坑洼和雨淋沟缺，应及时用相同材料填平补齐，并应保持一定的排水坡度；坝顶路面如有损坏，应及时修复；坝顶的杂草、弃物应及时清除。

3. 防浪墙、坝肩和踏步出现局部破损，应及时修补。

4. 坝端出现局部裂缝、坑凹，应及时填补，发现堆积物应及时清除。

5. 坝坡养护应达到坡面平整，无雨淋沟缺，无荆棘杂草滋生；护坡砌块应完好，砌缝紧密，填料密实，无松动、塌陷、脱落、风化、冻毁或架空现象。

6. 干砌块石护坡的养护应符合下列要求：

（1）及时填补、砌紧脱落或松动的护坡石料。

（2）及时更换风化或冻损的块石，并嵌砌紧密。

（3）块石塌陷、垫层被淘刷时，应先翻出块石，恢复坝体和垫层后，再将块石嵌砌紧密。

7. 混凝土或浆砌块石护坡的养护应符合下列要求：

（1）清除伸缩缝内杂物、杂草，及时填补流失的填料。

（2）护坡局部发生侵蚀剥落、裂缝或破碎时，应及时采用水泥砂浆表面抹补、喷浆或填塞处理。

（3）排水孔如有不畅，应及时疏通或补设。

8. 堆石或碎石护坡石料如有滚动，造成厚薄不均时，应及时平整。

9. 草皮护坡的养护应符合下列要求：

（1）经常修整草皮、清除杂草，洒水养护，保持完整美观。

（2）出现雨淋沟缺时，应及时还原坝坡，补植草皮。

10. 对无护坡土坝，如发现有凹凸不平，应填补整平；如有冲刷沟，应及时修复，并改善排水系统；如遇风浪淘刷，应进行填补，必要时放缓边坡。

（三）排水设施养护

1. 排水、导渗设施应达到无断裂、损坏、阻塞、失效现象，排水畅通。

2. 排水沟（管）内的淤泥、杂物及冰塞，应及时清除。

3. 排水沟（管）局部的松动、裂缝和损坏，应及时用水泥砂浆修补。

4. 排水沟（管）的基础如被冲刷破坏，应先恢复基础，后修复排水沟（管）；修复时，应使用与基础同样的土料，恢复至原断面，并夯实；排水沟（管）如设有反滤层时，应按设计标准恢复。

5. 随时检查修补滤水坝趾或导渗设施周边山坡的截水沟，防止山坡浑水淤塞坝趾导渗排水设施。

6. 减压井应经常进行清理疏通，保持排水畅通；周围如有积水渗入井内，应将积水排干，填平坑洼。

（四）输、泄水建筑物养护

1. 输、泄水建筑物表面应保持清洁完好，及时排除积水、积雪、苔藓、污垢及淤积的沙石、杂物等。

2. 建筑物各部位的排水孔、进水孔、通气孔等均应保持畅通；墙后填土区发生塌坑、沉陷时应及时填补夯实；空箱岸（翼）墙内淤积物应适时清除。

3. 钢筋混凝土构件的表面出现涂料老化，局部损坏、脱落、起皮等，应及时修补或重新封闭。

4. 上下游的护坡、护底、陡坡、侧墙、消能设施出现局部松动、塌陷、隆起、淘空、垫层散失等时，应及时按原状修复。

5. 闸门外观应保持整洁，梁格、臂杆内无积水，及时清除闸门吊耳、门槽、弧形门支铰及结构夹缝处等部位的杂物。钢闸门出现局部锈蚀、涂层脱落时应及时修补；闸门滚轮、弧形门支铰等运转部位的加油设施应保持完好、畅通，并定期加油。

6. 启闭机的养护应符合下列要求：

（1）防护罩、机体表面应保持清洁、完整。

（2）机架不得有明显变形、损伤或裂缝，底脚连接应牢固可靠；启闭机连接件应保持紧固。

（3）注油设施、油泵、油管系统保持完好，油路畅通，无漏油现象，减速箱、液压油缸内油位保持在上、下限之间，定期过滤或更换，保持油质合格。

（4）制动装置应经常维护，适时调整，确保灵活可靠。

（5）钢丝绳、螺杆有齿部位应经常清洗、抹油，有条件的可设置防尘设施；启闭螺杆如有弯曲，应及时校正。

（6）闸门开度指示器应定期校验，确保运转灵活、指示准确。

7. 机电设备的养护应符合下列要求：

（1）电动机的外壳应保持无尘、无污、无锈；接线盒应防潮，压线螺栓紧固；轴承内润滑脂油质合格，并保持填满空腔内 1/3~1/2。

（2）电动机绕组的绝缘电阻应定期检测，小于 0.5 兆欧时，应进行干燥处理。

（3）操作系统的动力柜、照明柜、操作箱、各种开关、继电保护装置、检修电源箱等应定期清洁、保持干净；所有电气设备外壳均应可靠接地，并定期检测接地电阻值。

（4）电气仪表应按规定定期检验，保证指示正确、灵敏。

（5）输电线路、备用发电机组等输变电设施应按有关规定定期养护。

8. 防雷设施的养护应符合下列规定：

（1）避雷针（线、带）及引下线如锈蚀量超过截面 30% 时，应予以更换。

（2）导电部件的焊接点或螺栓接头如脱焊、松动应予补焊或旋紧。

（3）接地装置的接地电阻值应不大于 10 欧，超过规定值时应增设接地极。

（4）电器设备的防雷设施应按有关规定定期检验。

（5）防雷设施的构架上，严禁架设低压线、广播线及通信线。

（五）观测设施养护

1. 观测设施应保持完整，无变形、损坏、堵塞。

2. 观测设施的保护装置应保持完好，标志明显，随时清除观测障碍物；观测设施如有损坏，应及时修复，并重新校正。

3. 测压管口应随时加盖上锁。

4. 水位尺损坏时，应及时修复，并重新校正。

5. 量水堰板上的附着物和堰槽内的淤泥或堵塞物，应及时清除。

（六）自动监控设施养护

1. 自动监控设施的养护应符合下列要求：

（1）定期对监控设施的传感器、控制器、指示仪表、保护设备、视频系统、通信系统、计算机及网络系统等进行维护和清洁除尘。

（2）定期对传感器、接收及输出信号设备进行率定和精度校验。对不符合要求的，应及时检修、校正或更换。

（3）定期对保护设备进行灵敏度检查、调整，对云台、雨刮器等转动部分加注润滑油。

2. 自动监控系统软件系统的养护应遵守下列规定：

（1）制定计算机控制操作规程并严格执行。

（2）加强对计算机和网络的安全管理，配备必要的防火墙。

（3）定期对系统软件和数据库进行备份，技术文档应妥善保管。

（4）修改或设置软件前后，均应进行备份，并做好记录。

（5）未经无病毒确认的软件不得在监控系统上使用。

3. 自动监控系统发生故障或显示警告信息时，应查明原因，及时排除，并详细记录。

4. 自动监控系统及防雷设施等，应按有关规定做好养护工作。

（七）管理设施养护

1. 管理范围内的树木、草皮，应及时浇水、施肥、除害、修剪。

2. 管理办公用房、生活用房应整洁、完好。

3. 防汛道路及管理区内道路、供排水、通讯及照明设施应完好无损。

4. 工程标牌（包括界桩、界牌、安全警示牌、宣传牌）应保持完好、醒目、美观。

二、工程修理技术

（一）概述

1. 工程修理分为岁修、大修和抢修，其划分界限应符合下列规定：

（1）岁修：水库运行中所发生的和巡视检查所发现的工程损坏问题，每年进行必要的修理和局部改善。

（2）大修：发生较大损坏或设备老化、修复工作量大、技术较复杂的工程问题，有计划地进行整修或设备更新。

（3）抢修：当发生危及工程安全或影响正常运用的各种险情时，应立即进行抢修。

2. 水库工程修理应积极推广应用新技术、新材料、新设备、新工艺。

3. 修理工程项目管理应符合下列规定：

（1）管理单位根据检查和监测结果，依据水利部、财政部《水利工程维修养护定额标准（试点）》（水办〔2004〕307 号）编制次年度修理计划，并按规定报主管部门。

（2）岁修工程应由具有相应技术力量的施工单位承担，并明确项目负责人，建立质量保证体系，严格执行质量标准。

（3）大修工程应由具有相应资质的施工单位承担，并按有关规定实行建设管理。

（4）岁修工程完成后，由工程审批部门组织或委托验收；大修工程完成后，由工程项目审批部门按水利部《水利水电建设工程验收规程》（SL223—2008）主持验收。

（5）凡影响安全度汛的修理工程，应在汛前完成；汛前不能完成的，应采取临时安全度汛措施。

（6）管理单位不得随意变更批准下达的修理计划。确需调整的，应提出申请，报原审批部门批准。

4. 工程修理完成后，应及时做好技术资料的整理、归档。

（二）护坡修理

1. 砌石护坡修理应符合下列要求：

（1）修理前，先清除翻修部位的块石和垫层，并保护好未损坏的砌体。

（2）根据护坡损坏的轻重程度，可按以下方法进行修理：

①局部松动、塌陷、隆起、底部淘空、垫层流失时，可采用填补翻筑。

②局部破坏淘空，导致上部护坡滑动坍塌时，可增设阻滑齿墙。

③护坡石块较小，不能抗御风浪冲刷的干砌石护坡，可采用细石混凝土灌缝和浆砌或混凝土框格结构；厚度不足、强度不够的干砌石护坡或浆砌石护坡，可在原砌体上部浇筑混凝土盖面，增强抗冲能力。

（3）垫层铺设应符合以下要求：

①垫层厚度应根据反滤层设计原则确定，一般为 0.15~0.25 米。

②根据坝坡土料的粒径和性质，按碾压式土石坝设计规范确定垫层的层数及各层的粒径，由小到大逐层均匀铺设。

（4）采用浆砌框格或增建阻滑齿墙时，应符合以下要求：

①浆砌框格护坡一般采用菱形或正方形，框格用浆砌石或混凝土筑成，宽度一般不小于 0.5 米，深度不小于 0.6 米。

②阻滑齿墙应沿坝坡每隔 3~5 米设置一道，平行坝轴线嵌入坝体；齿墙尺寸一般宽 0.5 米、深 1 米（含垫层厚度）；沿齿墙长度方向每隔 3~5 米应留排水孔。

（5）采用细石混凝土灌缝时，应符合以下要求：

①灌缝前，应清除块石缝隙内的泥沙、杂物，并用水冲洗干净。

②灌缝时，缝内应灌满捣实，抹平缝口。

③每隔适当距离，应设置排水孔。

（6）采用混凝土盖面修理时，应符合以下要求：

①护坡表面及缝隙内泥沙、杂物应刷洗干净。

②混凝土盖面厚度根据风浪大小确定。

③混凝土标号一般不低于 C20。

④应自下而上浇筑，振捣密实，每隔 3~5 米纵横均应分缝。

⑤原护坡垫层遭到破坏时，应补做垫层，修复护坡，再加盖混凝土。

⑥修整坡面时，应保持坡面密实平顺；如有坑凹，应采用与坝体相同的材料回填夯实，并与原坝体结合紧密、平顺。

2. 混凝土护坡（包括现浇和预制混凝土）修理应符合下列要求：

（1）根据护坡损坏情况，可采用局部填补、翻修加厚、增设阻滑齿墙和更换预制块等方法进行修理。

（2）当护坡发生局部断裂破碎时，可采用现浇混凝土局部填补。填补修理时，应符合以下要求：

①凿除破损护坡时，应保护好完好的部分。

②新旧混凝土结合处，应凿毛清洗干净。

③新填补的混凝土标号应不低于原护坡混凝土的标号。

④严格按照混凝土施工规范拌制混凝土；接合处先铺 1~2 厘米厚砂浆，再填筑混凝土；填补面积大的混凝土应自下而上浇筑，振捣密实。

⑤新浇混凝土表面应收浆抹光，洒水养护。

⑥处理好修理部位的伸缩缝和排水孔。

⑦垫层遭受淘刷，致使护坡损坏的，修补前应按设计要求先修补好垫层。

（3）当护坡破碎面积较大、护坡混凝土厚度不足、抗风浪能力差时，可采用翻修加厚混凝土护坡的方法进行修理，并应符合以下要求：

①按满足承受风浪和冰推力的要求，重新设计确定护坡尺寸和厚度。

②加厚混凝土护坡时，应将原混凝土板面凿毛清洗干净，先铺一层 1~2 厘米厚的水泥砂浆，再浇筑混凝土盖面。

（4）当护坡出现滑移或基础淘空、上部混凝土板坍塌下滑时，可采用增设阻滑齿墙的方法修理，应符合以下要求：

①阻滑齿墙应平行坝轴线布置，并嵌入坝体。

②齿墙两侧应按原坡面平整夯实、铺设垫层后，重新浇筑混凝土，并处理好与原护坡板的接缝。

（5）更换预制混凝土板时，应符合以下要求：

①拆除破损预制板时，应保护好完好部分。

②垫层应按防冲刷的要求铺设。

③更换的预制混凝土板应铺设平稳、接缝紧密。

3. 草皮护坡修理应符合下列要求：

（1）草皮遭雨水冲刷流失和干枯坏死时，可采用填补、更换的方法进行修理。

（2）护坡的草皮中有杂草或灌木时，可采用人工挖除或化学药剂除净杂草。

（三）坝体裂缝修理

1. 坝体出现裂缝时，应根据裂缝的特征，按以下原则进行修理：

（1）对表面干缩、冰冻裂缝以及深度小于 1 米的裂缝，可只进行缝口封闭处理。

（2）对深度不大于 3 米的沉陷裂缝，待裂缝发展稳定后，可采用开挖回填方法修理。

（3）对非滑动性质的深层裂缝，可采用充填式黏土灌浆或采用上部开挖回填与下部灌浆相结合的方法处理。

（4）对土体与建筑物间的接触缝，可采用灌浆方法处理。

2. 采用开挖回填方法处理裂缝时，应符合下列要求：

（1）裂缝的开挖长度应超过裂缝两端 1 米、深度超过裂缝尽头 0.5 米；开挖坑槽底部的宽度至少 0.5 米，边坡应满足稳定要求，且通常开挖成台阶形，保证新旧填土紧密结合。

（2）坑槽开挖前应做好安全防护工作，防止坑槽进水、土壤干裂或冻裂；挖出的土料要远离坑口堆放。

（3）回填的土料应符合坝体土料的设计要求；对沉陷裂缝应选择塑性较大的土料，并控制含水量大于最优含水量的 1%~2%。

（4）回填时应分层夯实，特别注意坑槽边角处的夯实质量，压实厚度为填土厚度的 2/3。

（5）对贯穿坝体的横向裂缝，应沿裂缝方向，每隔 5 米挖“十”字形结合槽一个，开挖的宽度、深度与裂缝开挖的要求一致。

3. 采用充填式黏土灌浆处理裂缝时，应符合下列要求：

（1）根据隐患探测和坝体土质钻探资料分析成果做好灌浆设计。

（2）布孔时，应在较长裂缝两端和转弯处及缝宽突变处布孔；灌浆孔与导渗、观测设施的距离不少于 3 米。

（3）灌浆孔深度应超过隐患 1~2 米。

（4）造孔应采用干钻套管跟进的方式按序进行。造孔应保证铅直，偏斜度不大于孔深的 2%。

（5）配制浆液的土料应选择失水快、体积收缩小的中等黏性土料。浆液各项技术指标应按设计要求控制。灌浆过程中，浆液容重和灌浆量每小时测定一次并记录。

（6）灌浆压力应通过试验确定，施灌时应逐步由小到大。灌浆过程中，应维持压力稳定，波动范围不超过 5%。

（7）施灌应采用“由外到里，分序灌浆”和“由稀到稠，少灌多复”的方式进行，在设计压力下，灌浆孔段经连续 3 次复灌不再吸浆时，灌浆即可结束。

（8）封孔应在浆液初凝后（一般为 12 小时）进行。封孔时，先扫孔到底，分层填入直径 2~3 厘米的干黏土泥球，每层厚度一般为 0.5~1.0 米，或灌注最优含水量的制浆土料，填灌后均应捣实；也可向孔内灌注浓泥浆。

（9）裂缝灌浆处理后，应按《土坝坝体灌浆技术规范》（SD266—88）的要求进行灌浆质量检查。

（10）雨季及库水位较高时，不宜进行灌浆。

（四）坝体渗漏修理

1. 坝体渗漏修理应遵循“上截下排”的原则。上游截渗通常采用抽槽回填、铺设土工膜、坝体劈裂灌浆等方法，有条件时，也可采用混凝土防渗墙方法；下游导渗排水可采用导渗沟、反滤层等方法。

2. 采用抽槽回填截渗处理渗漏时，应符合下列要求：

（1）库水位应降至渗漏通道高程 1 米以下。

（2）抽槽范围应超过渗漏通道高程以下 1 米和渗漏通道两侧各 2 米，槽底宽度不小于 0.5 米，边坡应满足稳定及新旧填土结合的要求，必要时应加支撑，确保施工安全。

（3）回填土料应与坝体土料一致；回填土应分层夯实，每层厚度 10~15 厘米，压实厚度为填土厚度的 2/3；回填土夯实后的干容重不低于原坝体设计值。

3. 采用土工膜截渗时，应符合下列要求：

（1）土工膜厚度应根据承受水压大小确定。承受 30 米以下水头的，可选用非加筋聚合物土工膜，铺膜总厚度为 0.3~0.6 毫米。

（2）土工膜铺设范围，应超过渗漏范围四周各 2~5 米。

（3）土工膜的连接，一般采用焊接，热合宽度不小于 0.1 米；采用胶合剂粘接时，粘接宽度不小于 0.15 米；粘接可用胶合剂或双面胶布，连接处应均匀、牢固、可靠。

（4）铺设前应先拆除护坡，挖除表层土 30~50 厘米，清除树根杂草，坡面修整平顺、密实，再沿坝坡每隔 5~10 米挖防滑槽一道，槽深 1.0 米、底宽 0.5 米。

（5）土工膜铺设时应沿坝坡自下而上纵向铺放，周边用“V”形槽埋固好；铺膜时不能拉得太紧，以免受压破坏；施工人员不允许穿带钉鞋进入现场。

（6）保护层可采用沙壤土或沙，施工要与土工膜铺设同步进行，厚度不小于 0.5 米；施工时应先回填防滑槽，再填坡面，边回填边压实。

4. 采用劈裂灌浆截渗时，应符合下列要求：

（1）根据隐患探测和坝体土质钻探资料分析成果做好灌浆设计。

（2）灌浆后形成的防渗泥墙厚度，一般为 5~20 厘米。

（3）灌浆孔一般沿坝轴线（或略偏上游）位置单排布孔，填筑质量差、渗漏水严重的坝段，可双排或三排布置；孔距、排距根据灌浆设计确定。

（4）灌浆孔深度应大于隐患深度 2~3 米。

（5）造孔、浆液配制及灌浆压力同本章“坝体裂缝修理”要求的内容一致。

（6）灌浆应先灌河槽段，后灌岸坡段和弯曲段，采用“孔底注浆，全孔灌注”和“先稀后稠，少灌多复”的方式进行。每孔灌浆次数应在 5 次以上，两次灌浆间隔时间不少于 5 天。当浆液升至孔口，经连续复灌 3 次不再吃浆时，即可终止灌浆。

（7）有特殊要求时，浆液中可掺入占干土重 0.5%~1% 的水玻璃或 15% 左右的水泥，最佳用量可通过试验确定。

（8）雨季及库水位较高时，不宜进行灌浆。

5. 采用导渗沟处理渗漏时，应符合下列要求：

（1）导渗沟的形状可采用“Y”“W”“I”等形状，但不允许采用平行于坝轴线的纵向沟。

（2）导渗沟的长度以坝坡渗水出逸点至排水设施为准，深度为 0.8~1.0 米、宽度为 0.5~0.8 米，间距视渗漏情况而定，一般为 3~5 米。

（3）沟内按滤层要求回填沙砾石料，填筑顺序按粒径由小到大、由周边到内部，分层填筑成封闭的棱柱体；也可用无纺布包裹砾石或沙卵石料，填成封闭的棱柱体。

（4）导渗沟的顶面应铺砌块石或回填黏土保护层，厚度为0.2~0.3米。

6. 采用贴坡式沙石反滤层处理渗漏时，应符合下列要求：

（1）铺设范围应超过渗漏部位四周各1米。

（2）铺设前应清除坡面的草皮杂物，清除深度为0.1~0.2米。

（3）滤料按沙、小石子、大石子、块石的次序由下至上逐层铺设；沙、小石子、大石子各层厚度为0.15~0.20米，块石保护层厚度为0.2~0.3米。

（4）经反滤层导出的渗水应引入集水沟或滤水坝趾内排出。

7. 采用土工织物反滤层导渗处理渗漏时，应符合下列要求：

（1）铺设前应清除坡面的草皮杂物，清除深度为0.1~0.2米。

（2）在清理好的坡面上满铺土工织物。铺设时，沿水平方向每隔5~10米做一道"V"形防滑槽加以固定，以防滑动；再满铺一层透水沙砾料，厚度为0.4~0.5米，上压0.2~0.3米厚的块石保护层。铺设时，严禁施工人员穿带钉鞋进入现场。

（3）土工织物连接可采用缝接、搭接或粘接。缝接时，土工织物重压宽度0.1米，用各种化纤线手工缝合1~2道；搭接时，搭接面宽度为0.5米；粘接时，粘接面宽度为0.1~0.2米。

（4）导出的渗水应引入集水沟或滤水坝趾内排出。

（五）坝基渗漏和绕坝渗漏修理

1. 根据地基工程地质和水文地质、渗漏、当地沙石、土料资源等情况，进行渗流复核计算后，选择采用加固上游黏土防渗铺盖、建造混凝土防渗墙灌浆帷幕、下游导渗及压渗等方法进行修理。

2. 采用加固上游黏土防渗铺盖时，应符合下列要求：

（1）水库具有放空条件，当地有做防渗铺盖的土料资源。

（2）黏土铺盖的长度应满足渗流稳定的要求，根据地基允许的平均水力坡降确定，一般大于5~10倍的水头。

（3）黏土铺盖的厚度应保证不致因受渗透压力而破坏，一般铺盖前端厚度0.5~1.0米；与坝体相接处为1/6~1/10水头，一般不小于3米。

（4）对于沙料含量少、层间系数不合反滤要求、透水性较大的地基，必须先铺筑滤水过渡层，再回填铺盖土料。

3. 采用混凝土防渗墙处理坝基渗漏时，应符合下列要求：

（1）防渗墙的施工应在水库放空或低水位条件下进行。

（2）防渗墙应与坝体防渗体连成整体。

（3）防渗墙的设计和施工应符合有关规范规定。

4. 采用灌浆帷幕防渗时，除应进行灌浆帷幕设计外，还应符合下列要求：

（1）非岩性的沙砾石坝基和基岩破碎的岩基可采用此法。

（2）灌浆帷幕的位置应与坝身防渗体相结合。

（3）帷幕深度应根据地质条件和防渗要求确定，一般应落到不透水层。

（4）浆液材料应通过试验确定。一般可灌比M≥10，地基渗透系数为4.6×10-3~5.8×10-3厘米/秒时，可灌注黏土水泥浆，浆液中水泥用量占干料的20%~40%；可灌比M≥15，渗透系数为6.8×10-3~9.2×10-3厘米/秒时，可灌注水泥浆。

（5）坝体部分应采用干钻、套管跟进方法造孔；在坝体与坝基接触面，没有混凝土盖板时，坝体与基岩接触面先用水泥砂浆封固套管管脚，待砂浆凝固后再进行钻孔灌浆工序。

5. 采用导渗、压渗方法时，应符合下列要求：

（1）坝基为双层结构，坝后地基湿软，可开挖排水明沟导渗或打减压井；坝后土层较薄，有明显翻水冒沙以及隆起现象时，应采用压渗方法处理。

（2）导渗明沟可采用平行坝轴线或垂直坝轴线布置，并与坝趾排水体连接；垂直坝轴线的导渗沟的间距一般为5~10米，在沟的尾端设横向排水干沟，将各导渗沟的水集中排走；导渗沟的底部和边坡，均应采用滤层保护。

（3）压渗平台的范围和厚度应根据渗水范围和渗水压力确定，其填筑材料可采用土料或石料。填筑时，应先铺设滤料垫层，再铺填石料或土料。

（六）坝体滑坡修理

1. 根据滑坡产生的原因和具体情况，应选择采用开挖回填、加培缓坡、压重固脚、导渗排水等方法进行综合处理。因坝体渗漏引起的滑坡，应同时进行渗漏处理。

2. 采用开挖回填方法时，应符合下列要求：

（1）彻底挖除滑坡体上部已松动的土体，再按设计坝坡线分层回填夯实。

（2）开挖时，应对未滑动的坡面按边坡稳定要求放足开口线；回填时，应保证新老土结合紧密。

（3）回填后，应修复护坡和排水设施。

3. 采用加培缓坡方法时，应符合下列要求：

（1）根据坝坡稳定分析结果确定放缓坝坡的坡比。

（2）对滑动土体上部进行削坡，按确定的坡比加大断面，分层回填夯实。夯实后的土壤干容重应达到原设计标准。

（3）回填前，应先将坝趾排水设施向外延伸或接通新的排水体。

（4）回填后，应恢复和接长坡面排水设施和护坡。

4. 采用压重固脚方法时，应符合下列要求：

（1）压重固脚常用的有镇压台（戗台）和压坡体两种形式，应视当地土料、石料资源和滑坡的具体情况采用。

（2）镇压台（戗台）或压坡体应沿滑坡段全面铺筑，并伸出滑坡段两端 5~10 米，其高度和长度应通过稳定分析确定。

（3）采用土料压坡体时，应先满铺一层厚 0.5~0.8 米的沙砾石滤层，再回填压坡体土料。

（4）压重后，应恢复或修好原有排水设施。

5. 采用导渗排水沟方法时，应符合下列要求：

（1）导渗沟除按本章“坝体渗漏修理”要求的内容和布置外，下部还应延伸到坝坡稳定的部位或坝脚，并与排水设施相通。

（2）导渗沟之间滑坡体的裂缝，应进行表层开挖、回填封闭处理。

（七）排水设施修理

1. 排水沟（管）的修理应符合下列要求：

（1）部分沟（管）段发生破坏或堵塞时，应将破坏或堵塞的部分挖除，按原设计标准进行修复。

（2）修理时，应采用相同的结构类型及相应的材料施工。

（3）沟（管）基础（坝体）破坏时，应使用与坝体同样的土料，先修复坝体，后修复沟（管）。

2. 减压井、导渗体的修理应符合下列要求：

（1）减压井发生堵塞或失效时，应按掏淤清孔、洗孔冲淤、安装滤管、回填滤料、安设井帽、疏通排水道等程序进行修理。

（2）导渗体发生堵塞或失效时，应先拆除堵塞部位的导渗体，清洗疏通渗水通道，重新铺设反滤料，并按原断面恢复。

3. 贴坡式反滤体的顶部应封闭，损坏时应及时修复，防止坝坡土粒堵塞。

4. 应完善坝下游周边的防护工程，防止山坡雨水倒灌影响导渗排水效果。

第四节　水利工程的调度运用技术

一、水库调度运用

（一）一般规定

1. 水库管理单位应根据经审查批准的流域规划、水库设计、竣工验收及有关协议等文件，制订水库调度运用方案，并按规定报批执行。在汛期，综合利用水库的调度运用应服从防汛指挥部的统一指挥。

2. 水库调度运用工作应包括以下主要内容：

（1）制订水库防洪和兴利调度运用计划。

（2）进行短期、中期、长期水文预报。

（3）进行水库实时调度运用。

（4）编制或修订水库防洪抢险应急预案。

3. 水库调度运用的主要技术指标应包括以下几个：

（1）校核洪水位、设计洪水位、防洪高水位、汛期限制水位、正常蓄水位、综合利用下限水位、死水位。

（2）库区土地征用及移民迁安。

（3）下游河道的安全水位及流量。

（4）城市生活及工业、农业用水量。

4. 水库调度运用应采用先进技术和设备，研究优化调度方案，逐步实现自动测报和预报。

（二）防汛工作

1. 水库防汛工作应贯彻"以防为主，防重于抢"的方针，并实行政府行政首长负责制。

2. 每年汛前（6月1日前），管理单位应做好以下主要工作：

（1）组织汛前检查，做好工程养护。

（2）制订汛期各项工作制度和工作计划，落实防汛责任制。

（3）修订完善水库防洪抢险应急预案，并按规定报批。

（4）补充落实防汛抢险物资、器材及机电设备备品备件。

（5）清除管理范围内的障碍物。

3. 汛期（6月1日~9月30日），管理单位应做好以下主要工作：

（1）加强防汛值班，确保信息畅通，及时掌握、上报雨情、水情和工情，准确执行上级主管部门的指令。

（2）加强工程的检查观测，随时掌握工程运行状况，发现问题及时处理。

（3）泄洪时，应提前通知下游，并加强对工程和水流情况的巡视检查，安排专人值班。

（4）对影响安全运行的险情，应及时组织抢险，并上报主管部门。

4. 汛后（10月1日后），管理单位应做好以下主要工作：

（1）开展汛后工程检查，做好设备养护工作。

（2）编制防汛抢险物资器材及机电设备备品备件补充计划。

（3）根据汛后检查发现的问题，编制次年度工程修理计划。

（4）完成防汛工作总结，制订次年度工作计划。

5. 当水库遭遇超校核标准洪水或特大险情时，应按防洪预案规定及时向下游报警并报告地方政府，采取紧急抢护及转移群众等措施。

（三）防洪调度

1. 水库防洪调度应遵循下列原则：

（1）在保证水库安全的前提下，按下游防洪需要，对入库洪水进行调蓄，充分利用洪水资源。

（2）汛期限制水位以上的防洪库容调度运用，应按各级防汛指挥部门的调度权限，实行分级调度。

（3）与下游河道和分、滞洪区联合运用，充分发挥水库的调洪错峰作用。

2. 防洪调度方案应包括以下内容：

（1）核定（明确）各防洪特征水位。

（2）制定实时调度运用方式。

（3）制定防御超标准洪水的非常措施，绘制垮坝淹没风险图。

（4）明确实施水库防洪调度计划的组织措施和调度权限。

3. 水库管理单位应按照批准的防洪调度方案，科学、合理地实施调度。

4. 水库管理单位应根据水情、雨情的变化，及时修正和完善洪水预报方案。

5. 入库洪峰尚未达到时，应提前预降水库水位，腾出防洪库容，保证水库安全。

（四）兴利调度

1. 水库兴利调度应遵循以下原则：

（1）满足城乡居民生活用水，兼顾工业、农业、生态等需求，最大限度地综合利用水资源。

（2）计划用水、节约用水。

2. 兴利调度计划应包括以下内容：

（1）当年水库蓄水及来水的预测。

（2）协调并初定各用水单位对水库供水的要求。

（3）拟订水库各时段的水位控制指标。

（4）制订年（季、月）的具体供水计划。

3. 实施兴利调度时，应实时调整兴利调度计划，并报主管部门备案。当遭遇特殊干旱年，应重新调整供水量，报主管部门核准后执行。

（五）控制运用

1. 水库管理单位应根据批准的防洪和兴利调度计划或上级主管部门的指令，实施涵闸的控制运用。执行完毕后，应向上级主管部门报告。

2. 溢洪闸需超标准运用时，应按批准的防洪调度方案执行。

3. 在汛期，除设计兼有泄洪功能的输水涵洞可用于泄洪外，其他输水涵洞不得进行泄洪运用。

4. 闸门操作运用应符合下列要求：

（1）当初始开闸或较大幅度增加流量时，应采取分次开启的方法，使过闸流量与下游水位相适应。

（2）闸门开启高度应避免处于发生振动的位置。

（3）过闸水流应保持平稳，避免发生集中水流、折冲水流、回流、漩涡等不利流态。

（4）关闸或减少泄洪流量时，应避免下游河道水位降落过快。

（5）输水涵洞应避免洞内长时间处于明、满流交替状态。

5. 闸门开启前应做好下列准备工作：

（1）检查闸门启闭状态有无卡阻。

（2）检查启闭设备是否符合安全运行要求。

（3）检查闸下溢洪道及下游河道有无阻水障碍。

（4）及时通知下游。

6. 闸门操作应遵守下列规定：

（1）多孔闸闸门应按设计提供的启闭要求及闸门操作规程进行操作运用，一般应同时分级均匀启闭，不能同时启闭的，开闸时应先中间、后两边，由中间向两边依次对称开启；关闸时应先两边、后中间，由两边向中间依次对称关闭。

（2）电动、手摇两用启闭机在采用人工启门前，应先断开电源；闭门时禁止松开制动器，使闸门自由下落，操作结束后应立即取下摇柄。

（3）两台启闭机控制一扇闸门的，应保持同步；一台启闭机控制多扇闸门的，闸门开高应保持相同。

（4）操作过程中，如发现闸门有沉重、停滞、卡阻、杂声等异常现象，应立即停止运行，并进行检查处理。

（5）使用液压启闭机，当闸门开启到预定位置，而压力仍然升高时，应立即控制油压。

（6）当闸门开启接近最大开度或关闭接近底槛时，应加强观察并及时停止运行；闸门关闭不严时，应查明原因进行处理；使用螺杆启闭机的，应采用手动关闭。

7. 采用计算机自动监控的水闸，应根据工程的具体情况，制定相应的运行操作和管理规程。

二、河道调度运用

河道调度通过河道内闸（坝）进行调度运用。

（一）一般规定

1. 水闸管理单位应根据水闸规划设计要求和本地区防汛抗旱调度方案制订水闸控制运

用原则或方案，报上级主管部门批准。水闸的控制运用应服从上级防汛指挥机构的调度。

2. 水闸的控制运用应符合下列原则：

（1）局部服从全局、兴利服从抗灾，统筹兼顾。

（2）综合利用水资源。

（3）按照有关规定和协议合理运用。

（4）与上、下游和相邻有关工程密切配合运用。

3. 水闸管理单位应根据规划设计的工程特征值，结合工程现状确定下列有关指标，作为控制运用的依据：

（1）上、下游最高水位、最低水位。

（2）最大过闸流量，相应单宽流量及上下游水位。

（3）最大水位差及相应的上下游水位。

（4）上、下游河道的安全水位和流量。

（5）兴利水位和流量。

4. 需制订控制运用计划的水闸管理单位，应按年度或分阶段制订控制运用计划，报上级主管部门批准后执行。

5. 水闸的控制运用，应按照批准的控制运用原则、用水计划或上级主管部门的指令进行，不得接受其他任何单位和个人的指令。对上级主管部门的指令应详细记录、复核；执行完毕后，应向上级主管部门报告。承担水文测报任务的管理单位还应及时发送水情信息。

6. 当水闸确需超标准运用时，应进行充分的分析论证和复核，提出可行的运用方案，报上级主管部门批准后施行。运用过程中应加强工程观测，发现问题及时处理。

（二）各类水闸的控制运用

1. 节制闸的控制运用应符合下列要求：

（1）根据河道来水情况和用水需要，适时调节上下游水位和下泄流量。

（2）当出现洪水时，及时泄洪；适时拦蓄尾水。

2. 分洪闸的控制运用应符合下列要求：

（1）当接到分洪预备通知后，应立即做好开闸前的准备工作。

（2）当接到分洪指令后，必须按时开闸分洪。开闸前，鸣笛预警。

（3）分洪初期，应严格按照实施细则的有关规定进行操作，并严密监视消能防冲设施的安全。

（4）分洪过程中，应做好巡视检查工作，随时向上级主管部门报告工情、水情变化情况，及时执行调整水闸泄量的指令。

3. 排水闸的控制运用应符合下列要求：

（1）冬春季节控制适宜于农业生产的闸上水位；多雨季节遇有降雨天气预报时，应适时预降内河水位；汛期应充分利用外河水位回落时机排水。

（2）双向运用的排水闸，在干旱季节，应根据用水需要适时引水。

（3）蓄滞洪区的退水闸应按上级主管部门的指令按时退水。

4. 引水闸的控制运用应符合下列要求：

（1）根据需水要求和水源情况，有计划地进行引水；如外河水位上涨，应防止超标准引水。

（2）水质较差或河道内含沙量较高时，应减少引水流量直至停止引水。

5. 挡潮闸的控制运用应符合下列要求：

（1）排水应在潮位落至与闸上水位相平后开闸，在潮位回涨至接近闸上水位时关闸，防止海水倒灌。

（2）根据各个季节供水与排水等不同要求，应控制适宜的内河水位，汛期有暴雨预报时应适时预降内河水位。

（3）汛期应充分利用泄水冲淤。非汛期有冲淤水源的，宜在大潮期冲淤。

6. 橡胶坝的控制运用应符合下列要求：

（1）严禁坝袋超高、超压运用，即充水（充气）不得超过设计内压力。单向挡水的橡胶坝严禁双向运用。

（2）坝顶溢流时，可改变坝高调节溢流水深，从而避免坝袋发生振动。

（3）充水式橡胶坝冬季宜坍坝越冬；若不能坍坝越冬，应在临水面采取防冻破冰措施；冬季冰冻期间，不得随意调节坝袋；冰凌过坝时，对坝袋应采取保护措施。

（4）橡胶坝挡水期间，在高温季节为降低坝袋表面温度，可将坝高适当降低，在坝顶上面短时间保持一定的溢流水深。

第五章　水利工程建设监理理论

第一节　水利工程建设监理概述

一、水利工程建设项目管理

（一）水利工程建设项目

建设项目即基本建设项目，是指将一定量（限额以上）的投资，在一定的条件下（时间、资源、质量），按照科学的程序，经过决策和实施（勘察、设计、施工、竣工、验收、使用），最终形成固定资产特定目标的一次性建设任务。水利基本建设项目是通过固定资产投资形成水利固定资产并发挥社会和经济效益的水利项目。

水利基本建设项目按其功能和作用分为公益性、准公益性、经营性三类。公益性项目指具有防洪、排涝、抗旱和水资源管理等社会公益性管理与服务功能，自身无法得到相应经济回报的水利项目，如堤防工程、河道整治工程、蓄滞洪区安全建设、除涝、水土保持、生态建设、水资源保护、贫困地区人畜饮水、防汛通信、水文设施等。准公益性项目指既有社会效益又有经济效益的水利项目，其中大部分以社会效益为主，如综合利用的水利枢纽（水库）、工程、大型灌区节水改造工程等。经营性项目指以经济效益为主的水利项目，如城市供水、水力发电、水库养殖、水上旅游及水利综合经营等。

水利基本建设项目按其对社会和国民经济发展的影响分为中央水利基本建设项目（以下简称中央项目）和地方水利基本建设项目（以下简称地方项目）。中央项目是指对国民经济全局、社会稳定和生态环境有重大影响的防洪、水资源配置、水土保持、生态建设、水资源保护等项目或中央认为负有直接建设责任的项目。中央项目应在规划中界定，在审批项目建议书或可行性研究报告时明确。中央项目由水利部（或流域机构）负责组织建设并承担相应责任。地方项目是指局部受益的防洪除涝。城市防洪、灌溉排水、河道整治、供水、水土保持、水资源保护、中小型水电建设等项目。地方项目应在规划中界定，在审批项目建议书或可行性研究报告时明确。地方项目由地方人民政府负责组织建设并承担相应责任。

水利基本建设项目根据其建设规模和投资额分为大中型项目和小型项目。大中型项目是指满足下列条件之一的项目：

1. 堤防工程：一、二级堤防。

2. 水库工程：总库容 1 亿 m^3 以上（含 1 亿 m^3，下同）。

3. 水电工程：电站总装机容量 5 万 kW 以上。

4. 灌溉工程：灌溉面积 2 万 hm^2 以上。

5. 供水工程：日供水 10 万吨以上。

6. 总投资在国家规定限额以上的项目。非经营性项目投资额在 3000 万元以上（含 3000 万元）、经营性项目投资额在 5000 万元以上（含 5000 万元）的为大中型项目；其他项目为小型项目。

（二）水利工程项目建设管理体制

随着社会主义市场经济体制的建立和发展，传统的建设与管理模式的弊端日趋显现。我国在工程建设领域进行了一系列的重大改革，从以前在工程设计和施工中采用行政分配，缺乏活力的计划管理方式，改变为以项目法人为主体的工程招标发包体系，以设计、施工和材料设备供应为主体的投标承包体系，以建设监理单位为主体的技术咨询服务体系，构筑了当前我国建设项目管理体制的基本格局。

这种由“三方”构成的建设管理体制是目前绝大多数国家公认的工程项目建设的重要原则，被誉为“合理使用资金和满足物质文明需要的关键”。

1. 项目法人（业主）责任制

法人是具有权利能力和行为能力，依法独立享有民事权利和承担民事义务的组织。项目法人是建设项目的投资者、项目投资风险的承担者、贷款建设项目的负债者、项目建设与运行的决策者、项目投产或使用效益的受益者、建成项目资产的所有者。项目法人责任制的前身是项目业主责任制，项目业主责任制是西方国家普遍实行的一种项目组织管理方式。我国于 1994 年提出项目法人责任制，是建立社会主义市场经济的需要，是转换建设项目投资经营机制、提高投资效益的一项重要改革措施。建立、健全水利工程建设项目法人责任制，是推进工程建设管理体制改革的关键。

项目法人责任制是为了建立建设项目的投资约束机制，规范项目法人的有关建设行为，明确项目法人的责、权、利，提高投资效益，保证工程建设质量和建设工期。实行项目法人责任制对于生产经营性水利工程建设项目来说，由项目法人对项目的策划、资金筹措、建设实施、生产经营、债务偿还和资产的保值增值，实行全过程负责。

1995 年 4 月，水利部《水利工程建设项目实行项目法人责任制的若干意见》（水建〔1995〕129 号）文件规定：生产经营性项目原则上都要实行项目法人责任制其他类型的项目应积极创造条件，实行项目法人责任制。2000 年 7 月，国发〔2000〕20 号文件批准转发了国家计委、财政部、水利部、建设部《关于加强公益性水利工程建设管理的若干意见》。文件规定：中央项目由水利部（或流域机构）负责组织建设并承担相应责任，地方项目由地方人民政府组织建设并承担相应责任。项目的类别在审批项目建议书或可行性研究报告时确定。中央项目由水利部（或流域机构）负责组建项目法人，任命法人代表。地方项目由项目所在地的县级以上地方人民政府组建项目法人，任命法人代表，其中总投资在2亿元以上的地方大型水利工程项目，由项目所在地的省（自治区、直辖市及计划单列市）人民政府负责或委托组建项目法人，任命法人代表。项目法人的主要职责为：

（1）负责组建项目法人在现场的建设管理机构；

（2）负责落实工程建设计划和资金；

（3）负责对工程质量、进度、资金等进行管理、检查和监督；

（4）负责协调项目的外部关系。

项目法人应当按照《合同法》和《建设工程质量管理条例》的有关规定，与勘察设计单位、施工单位、工程监理单位签订合同，并明确项目法人、勘察设计单位、施工单位、工程监理单位质量终身责任制人及其所应负的责任。

2. 招标、投标制

招标、投标制是指通过招标投标的方式，选择工程建设的勘察设计、施工、监理、材料设备供应等单位。招标是指工程建设单位（法人）或其委托的招标代理人就拟建工程发布招标公告（或信函邀请）以吸引潜在投标人来购买招标文件并进行投标，通过评标择优选择承包商，并与之签订工程承包合同的过程。投标是指投标人在同意建设单位拟定的招标文件中所列各项条件的前提下，在规定的时间内对招标项目进行报价并提出合适的实施方案，争取中标的过程。

工程建设招标、投标是为了适应社会主义市场经济体制的需要，是建设单位和施工企业进入建设工程市场，进行公平交易、平等竞争，从而达到降低工程造价、提高投资效益的目的。招标、投标是国际建筑市场中项目法人选择承包商的基本方式。工程建设招标、投标提高了我国水利工程建设的管理水平，促进了我国水利水电建设事业的发展。

（1）促进基本建设工作按程序办事。根据招标、投标的有关规定，工程项目的建设单位只有具备了招标条件后才能发招标通知书，而招标条件中很大一部分工作是基本建设的准备工作，故此有效地促进建设单位必须按基本建设程序办事，促进施工准备工作的完善，有效地减少了“三边”（边勘察、边设计、边施工）工程。

（2）有利于降低工程造价和提高投资效益。实行建设项目的招标、投标基本形成了由市场定价的价格机制，使工程价格更趋于合理。其最明显的表现是若干投标人之间出现激烈竞争（相互竞标），这种市场竞争最直接、最集中的表现就是在价格上的竞争。通过竞争确定工程价格，使其趋于合理或下降，这将有利于节约投资、提高投资效益。

（3）有利于促进企业的技术进步。实行建设项目的招标、投标能够不断降低社会平均劳动消耗水平，使工程价格得到有效控制。在建筑市场中，不同投标者的个别劳动消耗水平是有差异的。通过推行招标、投标，最终使那些个别劳动消耗水平最低或接近最低的投标者获胜，这样便实现了生产力资源较优配置，也对不同投标者实行了优胜劣汰。面对激烈竞争的压力，为了自身的生存与发展，每个投标者都必须切实在降低自己个别劳动消耗水平上下功夫，这样将逐步而全面地降低社会平均劳动消耗水平，促使企业技术进步。

（4）有利于促进公平竞争，促进建筑市场健康有序地发展。建设工程招标投标的目的就是希望建立规范合理的招标投标市场，通过市场良性的竞争，选出优秀的企业承担建设工程的施工任务，保证建设工程的质量，也保证企业的健康发展。而建设工程招标、投标的原则是公开、公平、公正和诚实信用。在建设工程的招标、投标过程中，要严格遵循这些原则进行，招标单位必须实行招标的透明化，招标的过程由市场发挥主导作用，让市场的自由竞争来完成投标的竞争，既保证招标的科学合理，也保证市场竞争的公平进行。对竞标单位而言，在公开、公平、公正和诚实信用的原则下，要在激烈的竞争中脱颖而出，就必须依靠企业自身良好的行业声誉、建设能力、管理能力、资金能力来取得竞争的优势，由此才可以实现市场竞争下的胜利。招标、投标的公开、公平、公正和诚实信用促进市场优胜劣汰法则的实施，有利于企业提升管理能力，促进建筑市场健康发展。

《水利工程建设项目招标投标管理规定》（水利部〔2002〕第14号令）规定，符合下列具体范围并达到规模标准之一的水利工程建设项目必须进行招标。

具体范围：①关系社会公共利益、公共安全的防洪、排涝、灌溉、水力发电引（供）水、滩涂治理、水土保持、水资源保护等水利工程建设项目；②使用国有资金投资或者国家融资的水利工程建设项目；③使用国际组织或者外国政府贷款、援助资金的水利工程建设项目。

规模标准：①施工单项合同估算价在200万元人民币以上的；②重要设备、材料等货物的采购，单项合同估算价在100万元人民币以上的；③勘察设计、监理等服务的采购，单项合同估算价在50万元人民币以上的；④项目总投资额在3000万元人民币以上，但分标单项合同估算价低于本项第①、②、③项规定的标准的项目原则上都必须招标。

3. 建设监理制

建设监理是指建设监理单位受项目法人的委托，依据国家有关工程建设的法律、法规和批准的项目建设文件、工程建设合同及工程建设监理合同，对工程建设实行的管理。建设监理制是我国实行项目法人责任制、招标投标制而配套推行的一项建设管理的科学制度。它的推行，使我国的工程建设项目管理体制由传统的自筹、自建、自管的小生产管理模式，开始向社会化、专业化、现代化的管理模式转变。在我国建立和实施建设监理制具有以下几个方面的意义：

（1）实施建设监理制满足了社会主义市场经济条件下投资者对工程技术服务的社会需求。建设监理制的提出和推行与我国的改革开放密不可分。按照国际通行做法，将工程项目建设的微观管理工作，由业主委托和授权给社会化、专业化的工程监理单位承担，产生了很好的效果。20世纪80年代以来，外资、中外合资、利用国外贷款的工程项目逐渐多了起来，这些项目在管理方面的共同特点是实施工程招标，选择承建商，聘请监理工程师实施监理。采用这种方式进行工程建设，使业主从他所不熟悉的工程项目管理的日常工作中解脱出来，专心致力于必须由他自己做出的决策事务，让专长于工程项目管理的监理工程师为其提供技术和管理服务，专业化的监理工程师有着丰富的知识和经验从事这项工作。特别是当前建设项目规模越来越大，技术越来越复杂，由此带来了项目实施时间延长、建设费用迅速增加和工程质量方面的种种问题，使业主迫切需要解决技术服务需求问题。建设监理的出现，正是解决这一需求的最好方法。

（2）实施建设监理制有利于实现政府在工程建设中的职能转变。20世纪80年代中期，特别是《中共中央关于经济体制改革的决定》做出后，明确提出转变政府职能，实行政企分开，简政放权；明确提出政府在经济领域的职能要转移到“规划、协调、监督、服务”上来；明确提出在进行各项管理制度改革的同时，应加强经济立法和司法，加强经济管理和监督。在工程建设领域，通过建立和实施建设监理制来具体贯彻我国经济体制改革的决策具有重要的现实意义。它是实现政企分开的一项必要措施，是政府职能转变后的重要补充和完善措施，是在工程建设领域加强法制和经济管理的重大措施。

（3）实施建设监理制有助于培育、发展和完善我国建筑市场。由于建设监理制的实施，我国工程建设管理体制开始形成以项目法人、监理单位和承建商直接参加的，在政府有关部门监督管理之下的新型管理，我国建筑市场的格局也开始发生结构性变化。以法人为主的工程发包体系，以工程设计、施工和设备材料供应单位为主的工程承包体系，以监理单位为主的技术服务体系的三元建筑市场体系正在形成。作为连接项目法人责任制、工程招标投标制和加强政府宏观管理的中间环节，建设监理制使它们联系起来，形成一个有机整体，对发挥市场机制作用是有利的。如果没有建设监理制，就没有监理单位提供的高水平技术服务，项目法人责任制就难以实行；如果没有建设监理制，就难以利用竞争机制公开、公正、公平地择优选定承建商，工程招标投标制就难以有效且规范地实施；如果没有建设监理制，就没有社会化、专业化的监理单位为工程项目建设提供微观项目管理服务，政府部门也难以进行有效的宏观监督管理。

大力推行建设监理制，是我国工程建设领域中项目管理体制的一项重大改革，也是推进生产关系改革和促进生产力发展的一项有益实践与成功之路。实践证明，实行建设监理制，有利于提高工程质量，有利于保障工期，有利于控制投资，有利于增进效益，是建设领域实现速度与效益、数量与质量有机结合的重要途径。

《水利工程建设监理规定》（水利部〔2006〕第28号令）规定，水利工程建设项目依法实行建设监理。总投资200万元以上且符合下列条件之一的水利工程建设项目，必须实行建设监理：关系社会公共利益或者公共安全的；使用国有资金投资或者国家融资的；使用外国政府或者国际组织贷款援助资金的。铁路、公路、城镇建设、矿山、电力、石油天然气、建材等开发建设项目的配套水土保持工程，符合前款规定条件的，应当按照本规定开展水土保持工程施工监理。其他水利工程建设项目可以参照本规定执行。

（三）工程建设管理各方的关系

水利工程建设实行“政府监督、项目法人负责、社会监理、企业保证”的管理模式。这一新型工程建设管理体制就是在政府有关部门的监督管理之下，由项目法人、承建商监理单位直接参加的“三方”管理体制，如图 5-1 所示。这种管理体制的建立，使我国的工程项目建设管理体制与国际惯例实现接轨。

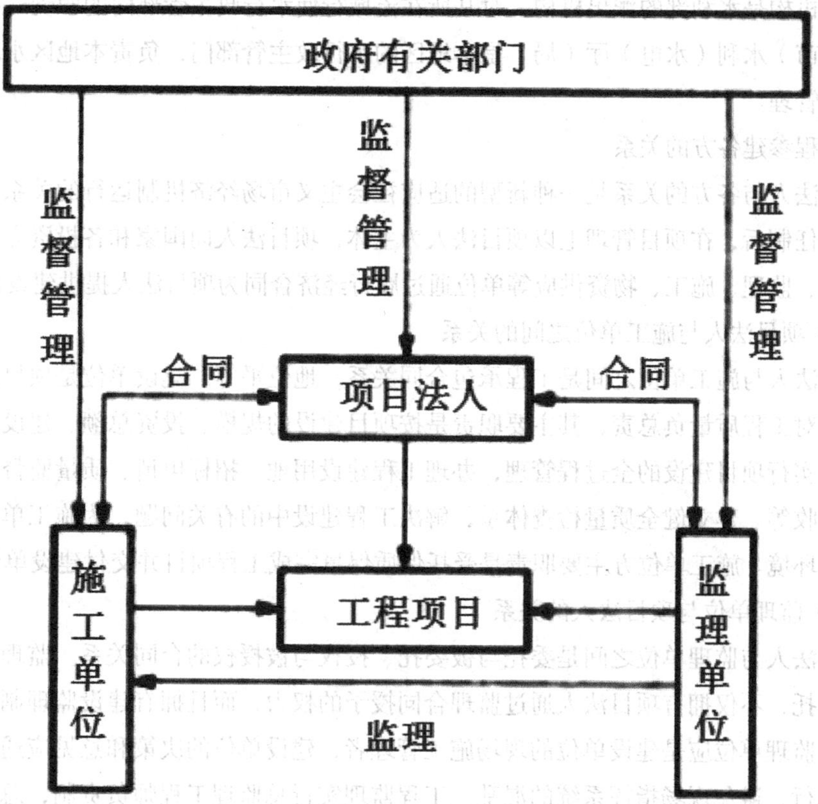

图 5-1　工程建设管理模式

1. 行政主管部门与项目建设各方的关系

建设主管部门和工程项目建设各方应该是服务和被服务、监管和被监管的关系。政府部门要依法对项目进行监督、协调和管理，并为项目建设和生产经营创造良好的外部环境，帮助项目法人协调解决征地拆迁、移民安置和社会治安等问题。

在项目准备阶段，项目管理各方发挥熟悉流程和建设法规的专业优势，向对口建设主管部门拿批文、报环评、测红线图、办许可证等手续；在项目实施阶段，工程建设项目又受到建设主管部门的监督、检查和验收。

水利部是国务院水行政主管部门，对全国水利工程建设实行宏观管理。其主要管理职责有以下几种：

（1）贯彻执行国家的方针政策，研究制定水利工程建设的政策法规，并组织实施；

（2）对全国水利工程建设项目进行行业管理；

（3）组织和协调部属重点水利工程的建设；

（4）积极推行水利建设管理体制的改革，培育和完善水利建设市场；

（5）指导或参与省属重点大中型工程、中央参与投资的地方大中型工程建设的项目管理。

流域机构是水利部的派出机构，对其所在流域行使水行政主管部门的职责。省（自治区、直辖市）水利（水电）厅（局）是本地区的水行政主管部门，负责本地区水利工程建设的行业管理。

2. 工程参建各方的关系

项目法人与各方的关系是一种新型的适应社会主义市场经济机制运行的关系。实行项目法人责任制后，在项目管理上以项目法人为主体，项目法人向国家和各投资方负责，咨询、设计、监理、施工、物资供应等单位通过履行经济合同为项目法人提供建设服务。

（1）项目法人与施工单位之间的关系

项目法人与施工单位之间是工程承包合同关系，地位平等。建设单位是项目建设的责任主体，对工程质量负总责，其主要职责是按项目建设的规模、投资总额、建设工期、工程质量，实行项目建设的全过程管理，办理工程建设用地、招标申请、质量监督手续，组织工程验收等。建立健全质量检查体系，解决工程建设中的有关问题，为施工单位创造良好的外部环境。施工单位方主要职责是受托保质保量完成工程项目并交付建设单位。

（2）监理单位与项目法人的关系

项目法人与监理单位之间是委托与被委托、授权与被授权的合同关系。监理单位受项目法人委托，不仅拥有项目法人通过监理合同授予的权力，而且拥有建设监理制赋予的基本权力。监理单位应是建设单位的现场施工管理者，建设单位的决策和意见应通过监理单位贯彻执行，避免现场指挥系统的混乱。工程监理实行总监理工程师负责制，总监理工程师受监理单位法人代表的全权委托，负责监理合同的全面履行，对内向监理单位负责，对外向业主负责。

（3）监理单位与施工单位的关系

监理单位与施工单位之间是监理与被监理的关系。按照建设监理制度，在工程建设的三方关系中，监理单位与施工单位之间不是合同关系，他们之间不得签订任何合同或协议。两者之间的关系是通过施工合同确立的，合同中明确授权了监理单位监督管理的权力。监理单位依照国家、部门颁发的有关法律、法规技术标准及批准的建设计划、施工合同等进行监理。施工单位在执行施工合同的过程中，必须自觉接受监理单位的监督、检查和管理，并为监理工作的开展提供合作与方便，按规定提供完整的技术资料。施工单位应按照施工合同和监理工程师的要求施工。监理单位按照建设单位的委托权限，并在这个权限范围内检查施工单位是否履行合同职责，是否按合同规定的技术、进度和投资要求进行施工建设。

在工程建设中，监理单位要注意维护施工单位的合法利益，正确处理工程款支付、验收签证、索赔和工程设计变更等问题。

（4）监理单位与设计单位的关系

设计单位的主要职责是受建设单位的委托，向建设单位提供设计文件、图纸和其他资料，派驻设计代表参与工程项目的建设，进行设计交底和图纸会审，及时签发工程变更通知单，参与工程验收并提交设计报告。在建设单位委托监理单位进行设计监理时，监理单位与设计单位之间的关系是监理与被监理的关系；在没有委托设计监理时，是分工合作的关系。在监理过程中，监理单位应及时按照合同和有关规定处理设计变更，设计单位的有关通知、图纸、文件等需通过监理单位下发到施工单位。施工单位需要修改设计时，也必须通过监理单位、建设单位向设计单位提出设计变更申请或修改。

（四）工程建设监理与政府工程质量监督的区别

质量监督与建设监理都属于工程建设领域的监督管理活动，两者之间的关系是监督与被监督的关系。政府工程质量监督是一种强制性的政府监督行为，建设监理是一种委托性的服务活动，属于社会行为。建设监理是发生在项目组织系统范围内平等主体之间的横向监督管理；质量监督是项目组织系统外监督管理主体对项目系统内建设行为主体进行的一种纵向监督管理行为。两者的性质、职责、权限、工作内容有原则性的区别。

从性质上看，质量监督是代表政府，从保障社会公共利益和国家法规执行角度对工程质量进行第三方认证，其工作体现了政府对建设项目管理的职责。水利工程质量监督机构是由政府水行政部门授权，代表政府对工程质量实行强制性监督的专职机构。其主要职责是复核监理、设计，施工及有关产品制造单位的资质，监督参建各方质量体系的建立和运行情况，监督设计单位的现场服务，认定工程项目划分，监督检查技术规程、规范和质量标准的执行情况及施工、监理、建设单位对工程质量的检验和评定情况。对工程质量等级进行核定，编制工程质量评定报告，并向验收委员会提出工程质量等级建议。

建设监理是一种委托性的服务活动，是在建设单位授权范围内进行现场目标控制。从工作范围和内容上看建设监理所进行的质量控制包括对项目质量目标进行详细规划，实施一系列主动控制措施。在控制过程中既要做到全面控制，又要做到事前、事中、事后控制，这种控制贯穿于项目建设的整个过程中。

二、水利工程建设监理制度

（一）建设监理的性质

建设监理与其他工程建设活动有着明显的区别和差异。这些区别和差异使得工程建设监理与其他工程建设活动之间划出了清楚的界限。建设监理具有服务性、独立性、公正性、科学性等性质。

1. 服务性

建设监理既不同于承包人的直接生产活动，也不同于项目法人的直接投资活动。它既不是工程承包活动，也不是工程发包活动；它不需要投入大量资金、材料、设备、劳动力。监理单位既不向项目法人承包工程造价，也不参与承包单位的盈利分成；它既不需要拥有大量的机具、设备和劳务力量，一般也不必拥有雄厚的注册资金。它只是在工程项目建设过程中，利用自己在工程建设方面的专业技术知识、技能和经验，为项目法人提供高智能的监督管理服务，以满足项目法人对项目管理的需要。它所获得的报酬也是技术服务性的报酬。这种服务性的活动是按建设监理合同来进行的，是受法律约束和保护的。

2. 独立性

从事工程建设监理活动的监理单位是直接参与工程项目建设的当事人之一。在工程项目建设中，监理单位是独立的一方。我国的有关法规明确指出，监理单位应按照独立、自主的原则开展工程建设监理工作。因此，监理单位在履行监理合同义务和开展监理活动的过程中，要建立自己的组织，确定自己的工作准则，运用自己掌握的方法和手段，根据自己的判断，独立地开展工作。监理单位既要认真、勤奋、竭诚地为委托方服务，协助项目法人实现预定目标，也要按照公正、独立、自主的原则开展监理工作。

建设监理的独立性是与监理单位是建设市场上的独立主体和独立的行业性质分不开的。监理单位是具有独立性、社会化、专业化特点的单位。它们专门为项目法人提供专业化技术服务。它们所运用的思想、理论、方法、手段，以及开展工作的内容都与工程建设领域其他行业有所不同。同时，由于其在工程建设中的特殊地位以及因此而构成的与其他建设行为主体之间的特殊关系，其与设计、施工、材料和设备供应等行业有着明显的界限。因此，为了保证工程建设监理行业的独立性，从事这一行业的监理单位和监理工程师必须与某些行业或单位脱离人事上的依附关系以及经济上的隶属或经营关系。

3. 公正性

监理单位和监理工程师在工程建设过程中，一方面应当作为能够严格履行监理合同各项义务，竭诚地为客户服务的“服务方”，另一方面也应当成为“公正的第三方”。也就是在提供监理服务的过程中，监理单位和监理工程师应当排除各种干扰，以公正的态度对待委托方和被监理方，特别是当项目法人和被监理方发生利益冲突或矛盾时，能够以事实为依据，以有关法律、法规和双方所签订的工程建设合同为准绳，站在第三方立场上公正地加以解决和处理，做到“公正地证明、决定或行使自己的处理权”。

公正性是监理行业的必然要求，是社会公认的职业准则，也是监理单位和监理工程师的基本职业道德准则。因此，我国建设监理制把“公正”作为从事工程建设监理活动应当遵循的重要准则。

4. 科学性

科学性是建设监理单位区别于其他一般性服务机构的重要特征，也是其赖以生存的重要条件。社会监理单位的科学性来源于它所拥有的监理人员的高素质。监理工程师必须具有相当的学历，有长期从事工程建设工作的丰富经验，通晓相关的技术、经济、管理和法律。社会监理单位依靠相当数量合格的人员，成为技术密集型高智能服务性机构，具有能发现建设过程中设计、施工技术、管理和经济方面问题并加以科学、合理解决的能力，而且能够提供高水平的专业服务，具有在竞争中生存、发展的强劲生命力。

（二）建设监理的主要任务

参照国际惯例，结合我国实际，建设监理的主要任务是进行建设工程的合同管理，按照合同控制工程建设的投资、工期和质量，并协调建设各方的工作关系。采取组织管理、经济、技术、合同和信息管理措施，对建设过程及参与各方的行为进行监督、协调和控制。

1. 投资控制

投资控制的主要任务，是在建设前期进行可行性研究，协助项目法人做出正确的投资决策，控制好投资估算总额；在设计阶段对设计方案、设计标准、总概算进行审核；在建设准备阶段协助项目法人确定标底；在施工阶段，严格计量与支付管理和审核工程变更，进行工程进度款签证和控制索赔；在工程完工阶段审核工程结算。

2. 工期控制

工期控制首先要在建设前期通过周密分析研究确定合理的工期目标，并在施工前将工期要求纳入承包合同；在建设实施期通过运筹学、网络计划技术等科学手段审查、修改施工组织设计和进度计划，并在计划实施中紧密跟踪，做好协调与监督，排除干扰，使单项工程及其分阶段目标工期逐步实现，最终保证项目建设总工期的实现。

3. 质量控制

质量控制要贯穿于项目建设从可行性研究、设计、建设准备、施工、完工及保修等全过程。主要包括组织设计方案竞赛与评比；进行设计方案磋商及图纸审核；控制设计变更；在施工前通过检查建筑物所用材料、构配件设备质量和审查施工组织设计等实施质量预控；在施工中通过重要技术复核、工序操作检查、隐蔽工程验收和工序成果检查签证，监督标准、规范的贯彻；通过阶段验收和完工验收把好质量关，等等。

4. 施工安全与环境保护管理

监理机构应根据施工合同文件的有关约定，协助发包人进行施工安全的检查、监督。工程开工前，监理机构应督促承包人建立健全施工安全保障体系和安全管理规章制度，对职工进行施工安全教育和培训；对施工组织设计中的施工安全措施进行审查。在施工过程中，监理机构应对承包人执行施工安全的法律、法规和工程建设强制性标准及施工安全措施的情况进行监督、检查。发现不安全因素和安全隐患时，应指示承包人采取有效措施予以整改。当监理机构发现存在重大安全隐患时，应立即指示承包人停工，做好防范措施，并及时向发包人报告；如有必要，应向政府有关主管部门报告。当发生施工安全事故时，监理机构应协助发包人进行安全事故的调查处理工作。

工程项目开工前，监理机构应督促承包人按施工合同约定、编制施工环境管理和保护方案，并对落实情况进行检查。在施工过程中，监理机构应监督承包人避免对施工区域的植物、生物和建筑物的破坏。监理机构应监督承包人严格执行有关规定，加强对噪声、粉尘、废气、废水、废油的控制，并按施工合同约定进行处理。监理机构应要求承包人保持施工区和生活区的环境卫生，及时清除垃圾和废弃物，并运至指定地点进行处理。工程完工后，监理机构应监督承包人按施工合同约定拆除施工临时设施，清理场地，做好环境恢复工作。

5. 合同管理

合同管理是进行投资控制、工期控制和质量控制的手段。因为合同是监理单位站在公正立场采取各种控制、协调与监督措施、履行纠纷调解职责的依据，也是实施三大目标控制的出发点和归宿。

6. 信息管理

信息管理是建设项目监理的重要手段。只有及时、准确地掌握项目建设中的信息，严格、有序地管理各种文件、图纸、记录、指令、报告和有关技术资料，完善信息资料的接收、签发归档和查询程序与制度，才能使信息及时、完整、准确和可靠地为建设监理提供工作依据，以便及时采取措施，有效地实现合同目标，完成监理任务。

7. 组织协调

在工程项目实施过程中，存在着大量组织协调工作，项目法人和承包单位之间由于各自的经济利益和对问题的不同理解，经常会产生各种矛盾；在项目建设过程中，多部门、多单位以不同的方式为项目建设服务，他们难以避免地会发生各种冲突。因此，监理单位及时、公正、合理地做好协调工作，是项目顺利进行的重要保证之一。

（三）工程监理的主要依据

工程监理的主要依据可以概括为以下四个方面的内容：

1. 国家和水利部有关工程建设的法律、法规、规章和强制性条文。

2. 技术规范、技术标准，主要包括国家有关部门颁发的设计规范、技术标准、质量标准及各种施工规范、施工操作规程等。

3. 政府建设主管部门批准的建设文件、设计文件。

4. 依法签订的合同，主要包括工程设计合同、工程施工承包合同、物资采购合同及监理合同等。

（四）监理的基本工作程序

依据《水利工程施工监理规范》（SL288—2014），监理的基本工作程序如下：

1. 依据监理合同，组建监理机构，选派总监理工程师、监理工程师，以及监理员和其他工作人员。

2. 熟悉工程建设有关法律、法规、规章以及技术标准，熟悉工程设计文件、施工合同文件和监理合同文件。

3. 制订项目监理规划。

4. 进行监理工作交底。

5. 编制监理实施细则。

6. 实施施工监理工作。

7. 整理监理工作档案资料。

8. 参加工程验收工作，参加发包人与承包人的工程交接和档案资料移交。

9. 按合同约定，实施缺陷责任期的监理工作。

10. 结清监理报酬。

11. 向发包人提交有关档案资料、监理工作报告。

12. 向发包人移交其所提供的文件资料和设施设备。

（五）监理的主要工作方法

1. 现场记录。监理机构记录每日施工现场的人员、原材料中间产品、工程设备、施工设备、天气、施工环境、施工作业内容、存在的问题及其处理情况等。

2. 发布文件。监理机构采用通知、指示、批复、确认等书面文件开展施工监理工作。

3. 旁站监理。监理机构按照监理合同约定和监理工作需要，在施工现场对工程的重要部位和关键工序的施工作业实施连续性的全过程监督、检查和记录。

4. 巡视检查。监理机构对所监理工程的施工进行定期或不定期的监督与检查。

5. 跟踪检测。监理机构对承包人在质量检测中的取样和送样进行监督。跟踪检测费用由承包人承担。

6. 平行检测。在承包人对原材料、中间产品和工程质量进行自检的同时，监理机构按照监理合同约定独立进行抽样监测，核验承包人的检测结果。平行检测费用由发包人承担。

7. 协调。监理机构依据合同约定对施工合同双方之间的关系以及工程施工过程中出现的问题和争议进行沟通、协商和调解。

（六）监理的主要工作制度

1. 技术文件核查、审核、审批制度。根据施工合同约定由发包人或承包人提供的施工图纸、技术文件以及承包人提交的开工申请、施工组织设计、施工措施计划、施工进度计划、专项施工方案安全技术措施、度汛方案和灾害应急预案等文件，均应通过监理机构核查、审核或审批后方可实施。

2. 原材料、中间产品和工程设备报验制度。监理机构应对发包人或承包人提供的原材料、中间产品和工程设备进行核验或验收。不合格的原材料，中间产品和工程设备不得投入使用，其处置方式和措施应得到监理机构的批准或确认。

3. 工程质量报验制度。承包人每完成一道工序或一个单元工程，都应经过自检。承包人自检合格后方可报监理机构进行复核检验。上道工序或上一单元工程未经复核或复核不合格，不得进行下道工序或下一单元工程施工。

4. 工程计量付款签证制度。所有申请付款的工程量、工作均应进行计量并经监理机构确认。未经监理机构签证的付款申请，发包人不得支付。

5. 会议制度。监理机构应建立会议制度，包括第一次监理工地会议、监理例会和监理专题会议。会议由总监理工程师或由其授权的监理工程师主持。工程建设有关各方应派员参加。会议应符合下列要求：

（1）第一次工地会议。第一次监理工地会议应在监理机构批复合同工程开工前举行，会议内容应包括介绍各方组织机构及其负责人、沟通相关信息、进行首次监理工作交底、合同项目开工准备检查情况。会议的具体内容可由有关各方会前约定。会议由总监理工程师主持召开。

（2）监理例会。监理机构应定期主持召开由参建各方现场负责人参加的会议，会上应通报工程进展情况，检查上次监理例会中有关决定的执行情况，分析当前存在的问题，提出问题的解决方案或建议，明确会后应完成的任务及其责任方和完成时限。

（3）监理专题会议。监理机构应根据需要，主持召开监理专题会议。会议专题包括施工质量、施工方案、施工进度、技术交底变更、索赔、争议及专家咨询等方面。

（4）总监理工程师或授权副总监理工程师组织编写由监理机构主持召开会议的纪要，并分发给与会各方。

6. 紧急情况报告制度。当施工现场发生紧急情况时，监理机构应立即指示承包人采取有效紧急处理措施，并向发包人报告。

7. 工程建设标准强制性条文（水利工程部分）符合性审核制度。监理机构在审核施工组织设计、施工措施计划、专项施工方案、安全技术措施、度汛方案和灾害应急预案等文件时，应对其与工程建设标准强制性条文（水利工程部分）的符合性进行审核。

8. 监理报告制度。监理机构应及时向发包人提交监理月报、监理专题报告；在工程验收时，提交工程建设监理工作报告。

9. 工程验收制度。在承包人提交验收申请后，监理机构应对其是否具备验收条件进行审核，并根据有关水利工程验收规程或合同约定，参与或主持工程验收。

（七）组织协调

项目建设组织管理是一个复杂、开放的系统，项目法人与承包商、各个承包商之间、现场施工进度与物资供应方面、现场施工与周围环境之间等存在着多种界面。因此，协调工作贯穿于工程项目建设的全过程，渗透到项目建设的每一个环节。工程建设的每个过程、每个环节都存在着不同程度的矛盾、干扰，甚至冲突，需要不同层次的机构和人员去协调。在工程建设监理过程中，协调的主要内容有以下几个方面。

1. 协调项目法人和承包单位的关系

在合同实施中，由于合同文件约定的不够明确或约定不够准确和完整、法律法规后续变更、工程变更、现场施工条件变化、不可预见事件的发生和索赔事件发生等，经常需要商议确定某些事宜。然而，由于项目法人和承包单位双方的合同地位不同、参与建设的目的不同、经济利益不同，可能经常存在对某些具体问题的不同理解。这就需要监理单位从独立、公正的立场，合理提出建议，增进沟通，友好协商，逐步减小意见差别，化解矛盾，解决问题。

2. 协调各承包单位在建设过程中的干扰和协作配合关系

在工程建设中，经常出于不同的目的，将施工任务分成几个标进行发包。各承包单位之间可能经常由于工作交接、施工场地交接或交叉、交通干扰、相互间作业干扰等原因，发生冲突；有时也可能为了完成合同任务，必须使用其他承包单位的设施。监理单位应利用合同赋予的权利，根据具体情况，做出最有利于工程总体进展的协调工作。同时，应根据合同，对由此造成损失的承包单位给予补偿。

3. 协调施工进度与资源的供给与分配

施工进度是靠相关的资源保证的。这里的资源是一个广泛的概念，如设施、设备、场地、图纸、劳动力、资金等。在资源供给不能满足施工进度的条件下，监理单位应根据工程的具体情况，做好协调工作，力争使这种影响造成的损失最小，并公正、合理地处理有关费用补偿问题。对于承包人应当提供的设备、劳动力等情况，监理单位的主要任务是督促。

4. 协调由于设计变更引起的施工组织、施工方案调整

有时，由于设计变更引起施工组织设计、施工方案的较大变化，现场的资源可能不能满足施工的要求，从而影响工程的顺利实施，且有可能对相关的某一方造成损失。因此，监理单位应组织实施方案商定的协调工作，并对遭受损失的当事人进行合理补偿。

5. 监理机构内部的工作协调

在监理工作过程中，监理机构各部门或监理人员个人，经常由于分工与协作配合、职责与权利、责任与成绩及利益的分配等原因，造成工作冲突、不连续、互相推诿或相互之间的隔阂，影响监理工作的整体效果。因此，各级监理负责人应及时发现这些问题，并及时、合理地疏导解决，保证监理机构内部各部门、各监理人员在良好的团队精神下，顺利开展监理工作。

第二节　水利工程建设监理单位

一、水利工程建设监理单位的设立与管理

工程建设监理单位是我国推行建设监理制之后才逐渐兴起的一种企业。依据水利部《水利工程建设监理规定》，从事水利工程建设监理的监理单位必须取得水利工程建设监理单

位资格等级证书，方可从事水利工程建设监理业务。监理单位的责任主要是向工程业主提供高智能的技术服务，对工程项目的建设投资、建设工期和质量等方面进行监督管理。

（一）监理单位的概念

监理单位，一般是指具有法人资格，取得监理资格等级证书，主要从事工程建设监理工作的监理公司、监理事务所等；也包括具有法人资格的单位下设的专门从事工程建设监理的二级机构。这里所说的“二级机构”是指企业法人中专门从事工程建设监理工作的内设机构，如设计单位中的“监理部”等。根据《水利工程施工监理规范》（SL 288—2014），监理单位是指具有企业法人资格，取得水利工程建设监理资格等证书，并与发包人签订了监理合同，提供监理服务的单位。监理单位必须拥有自己的名称、组织机构和场所，有与承担监理业务相适应的经济、法律、技术及管理人员，完善的组织章程和管理制度，并应具有一定数量的资金和设施。符合条件的建设监理单位经申请取得监理资格等级证书，并经工商注册取得营业执照后才可承担监理业务。

一个发育完善的市场，不仅要有法人资格的交易双方，还要有协调交易双方，为交易双方提供交易服务的第三方。就建筑市场而言，项目法人和承建商是买卖双方。承建商（包括工程建设的勘察、规划、设计、建筑构配件制造施工单位，就具体的交易活动来说，承建商可以是其中之一也可能是指几个单位，甚至是指上述所有单位）以物的形式出卖自己的劳动，是卖方。项目法人以支付货币的形式购买承建商的产品，是买方。一般来说，建筑产品的买卖交易不是霎时就可以完成的，往往经历较长的时日。交易的时间越长，或者说，阶段性交易的次数越多，买卖双方产生矛盾的概率就越高、需要协调的问题就越多。随着市场经济体制的建立与深化，交易的范围越来越广，交易活动的科学性越来越强，交易活动的技巧越来越高。由此，中介服务组织便应运而生，成为为交易活动提供服务的专业机构。在建筑市场中，监理单位就是这种专业服务机构的主要代表。监理单位都是技术密集的群体，在工程建设活动中发挥着智囊团的作用。总之，项目法人、监理单位和承建商构成了建筑市场的三大主体，三者缺一不可。

（二）监理单位的分类

1. 按经济性质分

（1）全民所有制监理单位。这类企业成立较早，一般是在公司法颁布实施之前批准成立的，其人员从已有的全民所有制企业中分离出来，由原有企业或原有企业的上级主管部门负责组建。该类监理单位在其开展监理经营活动的初期往往还依附于原来企业，由原来企业给予经济上和物质上等多方面的支持。当然，这是一种暂时的现象，随着建设监理事业的发展，全民所有制单位会发展成为真正具有独立法人资格的企业法人。同时，会像其他全民所有制企业一样，在企业现代化的过程中按照公司法的规定，改建为新型的企业。

（2）集体所有制监理单位。作为法规允许成立集体所有制的监理单位。但实际上，多年来申请设立这类经济性质的监理单位很少。

（3）私有监理单位。私有监理单位承揽监理业务，属于“无限责任”经营，一旦发生监理事故，私有制单位要赔偿所有因自己的责任而产生的直接损失，甚至要赔偿间接的损失。

2. 按照组建方式分

（1）有限责任公司。以其出资额为限，对公司承担责任，公司以其全部资产对公司的债务承担责任。公司股东。按其投入公司资本额的多少享有大小不同的资产受益权、重大决策参与权和对管理者的选择权。公司享有由股东投资形成的全部法人财产权，依法享有民事权，并承担民事责任。

（2）股份有限公司。其全部资本分为等额股份，股东以其所持股份为限对公司承担经济责任，同时，以所持股份的多少，享有相应份额的资产受益权、重大决策参与权和选择管理者的权利，公司则以其全部资产对公司的债务承担责任。另外，与有限责任公司一样，股份有限公司享有股东投资形成的全部法人财产权，依法享有民事权利，承担民事责任。

有限责任公司和股份有限公司的区别有以下几点：

（1）有限责任公司属于“人资两合公司”，其运作不仅是资本的结合，而且是股东之间的信任关系；股份有限公司完全是资合公司，是股东的资本结合，不基于股东间的信任关系。

（2）有限责任公司的股东人数有限制，为 2 人以上、50 人以下，而股份有限公司股东人数没有上限，只要不少于 5 人就可以有限责任公司的股东向股东以外的人转让。出资有限制，需要经过全体股东过半数同意，而股份有限公司的股东向股东以外的人转让出资没有限制，可以自由转让。

（3）有限责任公司不能公开筹集股份，不能公开发行股票，而股份有限公司可以公开发行股票。

（4）有限责任公司不用向社会公开披露财务、生产、经营管理的信息，而股份有限公司需要向社会公开其财务状况。

3. 按资质等级分

水利工程建设监理单位资质分为水利工程施工监理、水土保持工程施工监理、机电及金属结构设备制造监理、水利工程建设环境保护监理 4 个专业。其中，水利工程施工监理、水土保持工程施工监理专业资质等级分为甲级、乙级、丙级 3 个等级，机电及金属结构设备制造监理专业资质分为甲级、乙级 2 个等级，水利工程建设环境保护监理专业资质暂不分级。

（三）监理单位的设立

1. 甲级监理单位资质条件

（1）具有健全的组织机构、完善的组织章程和管理制度。技术负责人具有高级专业技术职称，并取得总监理工程师岗位证书。

（2）专业技术人员。监理工程师以及其中具有高级专业技术职称的人员、总监理工程师，均不少于规定的人数。水利工程造价工程师不少于3人。

（3）具有5年以上水利工程建设监理经历，且近三年监理业绩分别为：

①申请水利工程施工监理专业资质，应当承担过（含正在承担，下同）1项Ⅱ等水利枢纽工程，或者2项Ⅱ等（2级堤防）其他水利工程的施工监理业务；该专业资质许可的监理范围内的近三年累计合同额不少于600万元。承担过水利枢纽工程中的挡、泄、导流、发电工程之一的，可视为承担过水利枢纽工程。

②申请水土保持工程施工监理专业资质，应当承担过2项Ⅱ等水土保持工程的施工监理业务；该专业资质许可的监理范围内的近三年累计合同额不少于350万元。

③申请机电及金属结构设备制造监理专业资质，应当承担过4项中型机电及金属结构设备制造监理业务；该专业资质许可的监理范围内的近三年累计合同额不少于300万元。

（4）能运用先进技术和科学管理方法完成建设监理任务。

（5）注册资金不少于200万元。

2. 乙级监理单位资质条件

（1）具有健全的组织机构、完善的组织章程和管理制度。技术负责人具有高级专业技术职称，并取得总监理工程师岗位证书。

（2）专业技术人员。监理工程师以及其中具有高级专业技术职称的人员、总监理工程师，均不少于规定的人数。水利工程造价工程师不少于2人。

（3）具有3年以上水利工程建设监理经历，且近三年监理业绩分别为：

①申请水利工程施工监理专业资质，应当承担过3项Ⅰ等（3级堤防）水利工程的施工监理业务；该专业资质许可的监理范围内的近三年累计合同额不少于400万元。

②申请水土保持工程施工监理专业资质，应当承担过4项Ⅰ等水土保持工程的施工监理业务；该专业资质许可的监理范围内的近三年累计合同额不少于200万元。

（4）能运用先进技术和科学管理方法完成建设监理任务。

（5）注册资金不少于100万元。

首次申请机电及金属结构设备制造监理专业乙级资质，只需满足第（1）、（2）、（4）、（5）项；申请重新认定、延续或者核定机电及金属结构设备制造监理专业乙级资质，还需该专业资质许可的监理范围内的近三年年均监理合同额不少于30万元。

3. 丙级和不定级监理单位资质条件

（1）具有健全的组织机构、完善的组织章程和管理制度。技术负责人具有高级专业技术职称，并取得总监理工程师岗位证书。

（2）专业技术人员。监理工程师以及其中具有高级专业技术职称的人员、总监理工程师，均不少于规定的人数。水利工程造价工程师不少于 1 人。

（3）能运用先进技术和科学管理方法完成建设监理任务。

（4）注册资金不少于 50 万元。

申请重新认定、延续或者核定丙级（或者不定级）监理单位资质，还需专业资质许可的监理范围内的近三年年均监理合同额不少于 30 万元。

4. 设立建设监理单位的申请

根据《水利工程建设监理规定》，取得水利工程建设监理单位资质，需向有管辖权的受理机构提出资质申请并经初审后，由国务院水行政主管部门认定并颁发《水利工程建设监理单位资质等级证书》。

5. 申请程序

新设立的监理单位，需先向单位所在地工商行政管理部门进行企事业法人预登记，取得营业核准书后，按申请水利工程建设监理单位资质的程序报水利部，取得《水利工程建设监理单位资质等级证书》后再进行正式工商企事业法人登记。

新申请建设监理资质等级的监理单位，条件符合上述丙级资质标准中 1、2、4、5 款，先定为丙级（暂定），一年后年检期间，具备了丙级资质标准中规定的监理业务经历要求后，方可正式定为丙级。

6. 申请书内容

符合以上条件的单位，可填写《水利工程建设监理单位资质申请书》。申请书包括以下内容：

（1）监理单位的名称和地址。

（2）法人代表或负责人的姓名、年龄、文化程度、专业、职称和简历。

（3）技术负责人的姓名、年龄、文化程度、专业、职称和简历。

（4）监理工程师一览表，内容包括姓名、年龄、文化程度、专业、职称和简历并附资格证书复印件。

（5）监理单位的所有制性质。

（6）拟申请的监理业务范围、资质等级。

新申请监理单位资质等级除填写《水利工程建设监理单位资质等级申请表》外，还必须出具以下证明材料：

（1）单位营业执照原件或工商行政管理部门颁发的营业核准书；

（2）注册资金证明（验资报告）；

（3）单位法人代表、技术负责人任职文件、专业技术职务任职资格证书和水利工程建设监理工程师资格证书及岗位证书复印件；

（4）《水利工程建设监理工程师注册批准书》；

（5）《业务手册》或监理业绩及其证明材料；

（6）单位组织章程；

（7）其他附件。

7. 建设监理单位的申报

审批程序一般分为三步：一是按照申报的要求，准备好各种材料，向建设监理行政主管部门申请设立；二是建设监理行政主管部门审查其资质；三是审查资质合格者到工商行政管理机关申请登记注册，领取营业执照。

建设监理行政主管部门对申报设立监理单位的资质审查，主要是看它是否具备开展监理业务的能力；同时，要审查它是否具备法人资格的基本条件。在达到上述两项条件的基础上，核定它开展建设监理业务活动的经营范围，并提出资质审查合格的书面材料。

没有建设监理行政主管部门签署的资质审查合格的书面意见，监理单位不得到工商行政管理部门申请登记注册，工商行政管理部门不得受理没有建设监理行政主管部门签署资质审查合格书面材料的监理单位的登记注册申请。

工商行政管理部门对申请登记注册监理单位的审查，主要是按企业法人应具备的条件进行审理。经审查合格者，给予登记注册并填发营业执照。登记注册是对法人成立的确认。没有获准登记注册的不得以申请登记注册的法人名称进行经营活动。

8. 监理单位的审批

申请水利工程建设监理单位资格的单位，应将《水利工程建设监理单位资质等级申请表》及必须出具的证明材料，按隶属关系送流域机构或省、自治区、直辖市水利（水电）厅（局），经初审后，报送水利部。

水利部水利工程建设监理资格评审委员会负责审定申请单位的业务范围和资格等级，由水利部颁发《水利工程建设监理单位资质等级证书》。

（四）监理单位的资质管理

监理单位的资质主要体现在监理能力及其监理效果上。所谓监理能力，是指能够监理多大规模和多大复杂程度的工程建设项目。所谓监理效果，是指对工程建设项目实施监理后，在工程投资控制、工程质量控制、工程进度控制等方面取得的成果。监理单位监理的“大”“难”的工程项目数量越多、成效越大，表明其资质越高。资质高的监理单位，其社会知名度也大，取得的监理成效也会越显著。

监理单位的监理能力和监理效果主要取决于监理人员素质、专业配套能力、技术装备、监理经历和管理水平等。我国的建设监理法规规定，按照这些要素的状况来划分与审定监理单位的资质等级。

1. 监理人员素质

监理单位是智能型企业，监理单位的产品是高智能的技术服务。所以，工作性质决定了监理单位是高智能的人才库。尤其较之一般物质生产企业来说，监理单位对人才的专业技术素质的要求是相当高的。

关于监理人员的素质有以下几个方面的要求：一是监理人员要具备较高的工程技术组织或经济专业知识；二是监理人员要具有较强的组织协调能力；三是监理人员要具备高尚的职业道德；四是要拥护中国共产党的领导，热爱祖国；五是身体健康，能胜任监理工作的需要。

对监理单位负责人的素质要求则更高一些：在技术方面，应当具有高级职业技术职称；应具有较强的组织协调和领导才能；应当取得国家认证的监理工程师资格证书。

关于对监理人员专业知识的要求，主要体现在其学历和技术职称等方面。一般说来，从事监理工作的人员都应具有大专以上（含大专）的学历。对一个监理单位来说，具有大学本科以上（含本科）学历的人员是大多数。在专业职称方面，具有高级职称的人员拟有 20% 左右、中级职称的人员拟有 50% 左右、具有初级职称的人员拟有 20% 左右，其余 10% 以下的人员可不要求具备专业职称，如汽车司机、生活服务人员、后勤管理人员等。对于甲级资质监理单位来说，最好还应有与主要经营范围相应的具有较高权威的专家。

2. 专业配套能力

任何一项工程建设，都需要多种专业人员协同工作。在现代化建设中，如水利水电工程建设、石油化工工程建设、高层住宅建设等，其生产工艺十分复杂，涉及的学科知识也相当广泛。因此现代化工程建设监理工作，需要多专业的人员共同来完成。例如，承担水电工程建设监理业务的监理单位，还要配备地质、水工、水电机械设备、工业电力等专业方面的监理人员。一个监理单位按照它所从事的监理业务范围的要求，配备的专业监理人员是否齐全，在很大程度上决定了它的监理能力的强弱。

3. 监理单位的技术装备

监理单位的技术装备也是其资质要素之一。尽管工程建设监理是一门管理性的专业，但是，也少不了一定的技术装备，作为机械科学管理的辅助手段，在科学发达的今天，如果没有较先进的技术装备辅助管理，就不称其为科学管理，甚至都谈不上管理。综合国内外监理单位的技术装备内容，大体上有以下几项：

（1）计算机。主要用于电算、各种信息和资料的收集整理及分析，用于各种报表、文件、资料的打印等办公自动化管理，更重要的是要开发计算机软件辅助监理管理。

（2）工程测量仪器设备。主要用于对建筑物（构筑物）的平面位置、空间位置和几何尺寸及有关工程实物的测量。

（3）检测仪器设备。主要用于确定建筑材料、建筑机械设备、工程实体方面的质量状况，如混凝土强度回弹仪、焊接部件无损探伤仪、混凝土灌注桩质量测定仪及相关的化验、试验设备等。

（4）交通、通信设备。主要包括常规的汽车、摩托车等交通工具，以及电话、电传、传呼机、步话机等通讯工具。装备这类设备主要是为了适应高效、快速现代化工程建设的需要。

（5）照相、录像设备。工程建设活动是不可逆转的，而且中间的产品（或叫过程产品）

随着过程建设活动的进展，也绝大部分被隐蔽起来。为了相对真实地记载工程建设过程中重要活动及其产品的情况，为事后分析、查证有关问题，以及为以后的工程建设活动提供借鉴等，有必要进行照相或录像加以记载。

4. 监理单位的管理水平

管理是一门科学。对于企业来说，管理包括组织管理、人事管理、财务管理、设备管理、生产经营管理、科技管理和档案文书管理等多方面的内容。

一般情况下，监理单位应建立以下几种管理制度：

（1）组织管理制度，包括关于机构设置和各种机构职能划分、职责确定及组织发展规划等。

（2）人事管理制度，包括职员录用制度、职员培训制度、职员晋升制度、工资分配制度、奖励制度等激励机制。

（3）财务管理制度，包括职员录用制度、财务计划管理、投资管理、资金管理、财务审计管理制度等。

（4）生产经营管理制度，包括企业的经营规划（经营目标、方针战略、对策等）、工程项目激励机构的运行办法、各项监理工作的标准及检查评定办法、生产统计办法等。

（5）设备管理制度，包括设备的购置办法，以及设备的使用、保养规定等。

（6）科技管理制度，包括科技开发规划、科技成果评审办法、科技成果汇编和推广应用办法等。

（7）档案文书管理制度，包括档案的整理和保管制度及文件和资料的使用管理办法等。

另外，还有会议制度、工作报告制度，以及党、团、工会工作的管理制度等。

5. 监理单位的经历和成效

监理单位的经历是指监理单位成立之后，从事监理单位的历程。一般情况下，监理单位从事监理工作的年限越长，监理的工程项目就可能越大，监理的成效会越大，监理的经验也会越丰富。刚成立不久的监理单位，从事监理活动的经历短、实践少、资历浅，经验也不会多，其资历高低也就难以评定。显然，监理经历是确定经历单位资质的重要因素之一。

监理成效，主要是指监理活动在控制工程建设的投资、工期和保证工程质量等方面取得的效果。工程不竣工，这些效果很难得到最终的认定。有了认定的监理成效，才能评定一个监理单位的能力大小，才能确定其资质等级的高低。因此，在审定监理单位资质时，规定必须有一定数量竣工的工程。一般情况下，监理成效是一个监理单位人员素质、专业配套能力、技术装备状况、管理水平和监理经历的综合反映。同时，监理的工程规模越大，技术难度越大，监理成效越显著，就说明监理单位的资质越高。

此外，监理单位要有起码的经济实力，即要有一定数额的注册资金。

6. 监理单位资质等级的管理

按照有关法规规定，监理单位自领营业执照之日起，从事监理工作满 2 年后，可以向监理资质管理部门申请核定资质等级。刚成立的监理单位，不定资质等级，只能领取临时资质等级证书。

7. 资质等级审定内容

无论甲级、乙级或丙级资质监理单位，其资质等级的审定都是从以下四个方面考虑的：

（1）监理单位负责人的专业技术素质；

（2）监理单位的群体专业素质及专业配套能力；

（3）注册资金的数额；

（4）监理工程的等级和竣工的工程数量及监理成效。

8. 注意事项

核定监理单位资质等级时要注意以下四点：

（1）在程序上，必须坚持自愿申请、主管部门初审合格并推荐后，上一级资质管理部门再受理的原则（如申报乙级、丙级监理资质的，应由其业务主管部门审查后，再向省或部委建设行政主管部门申报）。因为其业务管理部门对其监理工作等各方面情况了解得比较详细深透。这也是广泛征询意见、合理地评定资质等级的有效方式。

（2）考核的内容重点是审查监理业绩。监理业绩包括监理的工程类别、数量，监理的范围和深度，监理的成效等方面。

（3）核审的方法，主要是把各项条款再进一步细化、量化，然后进行综合评定，必要时要进行核查。

（4）评定资质等级的同时，要根据单位专业技术人员的构成，核定其业务范围。一般说来，一个监理单位的业务范围不宜过大。每项监理业务范围，必须要有与之相应的专业人员。监理单位的主要监理专业队伍中，必须有 2 名以上具有高级专业技术职称的监理人员。

9. 监理单位的资质检查

（1）检查方式

水利工程建设监理单位资质等级每年年检一次，每 4 年复查一次。年检结论分合格、基本合格和不合格 3 种，具体条件由水利部另行规定。对基本合格单位发黄牌警告，限期整改，对不合格单位做降级处理。

凡年检或复查时被核定降级或在工程监理中发生重大质量、安全事故的监理单位，由年检或复查单位提出资质降级鉴定报告，报水利部批准，收缴原资格证书，并核发新的资质证书。

凡执业成绩优异，获得良好社会信誉，达到上一资质等级标准的监理单位可按规定申报正式定级或升级；正式定级或升级与年检同时进行，资质等级不能越级申报。

（2）检查机构

甲级监理单位及水利部直属监理单位资质等级的年检工作由水利部负责。乙、丙级监理单位资质等级的年检工作按隶属关系由各流域机构，各省、自治区、直辖市水利（水电）厅（局）负责，年检结果报水利部备案。监理单位资质的复查工作由水利部或委托流域机构负责。

（五）监理单位从业守则

水利工程建设监理单位应严格遵守法律法规的规定，开展监理工作，监理单位应遵守以下准则：

1. 申请监理单位资质等级不得隐瞒有关情况或者提供虚假材料；不得以欺骗、贿赂等不正当手段取得监理单位资质等级证书。

2. 监理单位不得涂改、倒卖、出租、出借、伪造资质等级证书，或者以其他形式非法转让资质等级证书。

3. 监理单位不得超越本单位资质等级许可的范围或以其他监理单位的名义承揽水利工程建设监理业务。

4. 监理单位不得允许其他单位或者个人以本单位名义承揽工程建设监理业务。

5. 监理单位不得转让监理业务。

6. 监理单位不得以回扣、贿赂、串通、欺诈胁迫等不正当竞争手段承揽工程建设监理业务。

7. 监理单位不得与建设单位或者施工单位（被监理单位）串通，弄虚作假、降低工程质量；不得将不合格的建设工程、建筑材料、建筑构配件和设备按照合格签字。

8. 监理单位应当对施工组织设计中的安全技术措施或者专项施工方案进行审查；在施工过程中发现安全事故隐患应当及时要求施工单位整改或者暂时停止施工，施工单位拒不整改或者不停止施工，应及时向有关主管部门报告；应依照法律法规和工程建设强制性标准实施监理。

9. 监理单位不得与建设单位或者施工单位串通，弄虚作假，降低环境保护标准；应严格对施工组织设计中的施工区环境保护措施进行审查；当发现环境保护措施不符合要求或存在生态破坏、环境污染隐患，应及时要求施工单位整改或者暂时停止施工。

10. 监理单位不得聘用无水利工程建设监理人员资格证书（或未经注册）的人员从事水利工程建设监理活动；在开展工程建设监理业务中，不得隐瞒有关情况，提供虚假材料或者拒绝提供反映其活动的真实材料。

11. 监理单位不得利用工作便利与建设单位、施工单位以及建筑材料、建筑构配件和设备供应单位勾结，谋取不正当利益或损害他人利益。

二、水利工程建设监理单位的经营

按照市场经济体制的观念，项目法人把监理业务委托给哪家监理单位是项目法人的自由，愿意接受哪个项目法人的监理委托是监理单位的权利。自由交易是市场经济的基本规律。监理单位在建筑市场中开展经营活动，也必须遵守这个规律。另外，自由竞争是市场经济的基本规律之一。监理单位必须参与市场竞争，通过竞争承揽业务，在竞争中求生存、求发展。

（一）监理单位资质等级许可的业务范围

1. 水利工程施工监理专业资质

（1）甲级：可以承担各等级水利工程建设监理业务。

（2）乙级：可以承担Ⅱ等（堤防2级）及以下等级水利工程建设监理业务。

（3）丙级：可以承担Ⅱ等（堤防3级）及以下等级水利工程建设监理业务。

2. 水土保持工程施工监理专业资质

（1）甲级：可以承担各等级水土保持工程的施工监理业务。

（2）乙级：可以承担Ⅱ等及以下水土保持工程的施工监理业务。

（3）丙级：可以承担Ⅲ等及以下水土保持工程的施工监理业务。

同时具备水利工程施工监理专业资质和乙级以上水土保持工程施工监理专业资质的，方可承担淤地坝中的骨干坝施工监理业务。

适用于建设监理的水土保持工程等级划分标准见《水利工程建设监理单位资质管理办法》（水利部令第29号）。

3. 机电及金属结构设备制造监理专业资质

（1）甲级：可以承担水利工程中的各类型机电及金属结构设备制造监理业务。

（2）乙级：可以承担水利工程中的中、小型机电及金属结构设备制造监理业务。

适用建设监理的机电及金属结构设备等级划分标准见《水利工程建设监理单位资质管理办法》（水利部令第29号）。

4. 环境保护监理专业资质

水利工程建设环境保护监理专业资质可以承担各类、各等级水利水电工程建设的环境保护监理业务。

（二）监理单位获取监理业务的途径

1. 业主选择监理单位考虑的主要因素

选择一个理想而又合适的监理单位，对工程建设项目举足轻重。业主选择监理单位应考虑以下主要因素：

（1）必须选择依法成立的监理单位。即选择取得监理单位资质证书，具有法人资格的专业化监理单位或兼承监理业务的工程咨询、设计、科研等单位。

（2）被选择的监理单位的人员应具有较好的素质，具有足够的可以胜任建设项目监理业务的技术、经济、法律、管理等各类工作人员。

（3）被选择的社会监理单位，应具有良好的工程建设监理业务的技能和工程建设监理的实践经验，能提供良好的监理服务。

（4）被选择的监理单位应具有较高的工程建设管理水平。

（5）被选择的监理单位应有良好的社会信誉及较好的监理业绩。监理单位在科学、守法、公正、诚实方面有良好的声誉，以及在以往工程项目监理中有较好业绩，监理单位能全心全意地与业主和承包商合作。

（6）合理的监理费用。

2. 监理单位获取监理业务的方式

监理单位承揽监理业务的表现形式有两种：一是通过投标竞争取得监理业务；二是由业主直接委托取得监理业务。通过投标取得监理业务，这是市场经济体制下比较普遍的形式。业主一般通过招标、投标的方式择优选定监理单位。在不宜公开招标的机密工程或没有投标竞争对手等情况下，或者是工程规模比较小、比较单一的监理业务，或者是对原监理单位的续用等情况下，业主可以直接委托监理单位。

一般对于大中型项目或国际金融组织贷款项目，或属于国际承包工程项目等，多数采用竞争性委托方式。一个工程项目的成败，原因固然不一，但是监理单位的素质和管理水平对此有很大影响。如何能够选择一个最合适的公司来承担本项目的监理工作，则是至关重要的。因此，需要经过一个选择的过程，最终能够确认这家公司有经验、有人才、有方法、有手段、有信誉，能够把工程项目目标顺利实现，这是完全必要的。

无论是通过投标承揽监理业务，还是由业主直接委托取得监理业务，都有一个共同的前提，即监理单位的资质能力和社会信誉得到业主的认可。从这个意义上讲，在市场经济发展到一定程度，企业的信誉比较稳固的情况下，业主直接委托监理单位承担监理业务的做法会有所增加。

3. 业主委托监理的方式

业主采用竞争方式委托监理时，可采用公开招标和邀请招标两类。

（1）公开招标

公开招标又称无限竞争性招标。招标人通过报刊、信息网络或其他媒介，向社会公开发布招标公告。凡具备相应资质符合招标条件的法人或组织均可自愿参加投标。其优点是能充分体现公开、公平、公正、竞争择优的原则，招标人选择范围广，有利于提高工程质量，缩短工期，降低造价，得到合理的利益回报。其缺点是投标人多，招标人审查投标人的资格、投标文件及评标工作量大、时间长、耗资多。

（2）邀请招标

邀请招标又称有限竞争性招标或选择性招标。由招标人根据对监理市场的了解，选择一定数目的监理企业（不少于3家），向他们发出投标邀请。被邀请者可自愿参与投标竞争。这种招标方式的优点是不需发布招标公告和设置资格预审程序，节约招标费用与时间。由于对投标人以往的业绩和履约能力比较了解，减小了合同履行过程中的风险。其缺点是邀请范围小、选择面窄，竞争的激烈程度相对较差。

4. 邀请招标委托监理的程序

（1）确定委托监理服务的范围

业主根据本项目的特点及自己项目管理的能力，确定在哪些阶段委托监理；在这些阶段中，将哪些工作委托给社会监理单位，这是业主在开始委托时考虑的首要问题，也就是确定自己的监理需求。

（2）编制监理费用概算

建设监理是有偿的服务活动。为了使监理单位顺利地开展监理工作，完成业主委托的任务，并达到满意的程度，必须付给监理单位一定的报酬，以补偿其在监理服务中的直接成本和各项开支、利润和税金。这是监理企业赖以生存和发展的基本条件。同时，作为委托方，业主需要为开展监理工作提供各种方便条件和后勤支持，也需要一定的费用。所有这些费用必须事先进行估算或概算，做好财务上的准备及谈判的准备。

（3）成立委托组织机构

业主着手委托之前，应当预先成立专门的委托机构，由这个机构直接进行委托方面的一系列事务性工作，并由其及时与领导沟通，便于领导决策。这个机构人员宜少而精，所有成员必须在三个方面具备基本条件，即他们十分熟悉本工程项目的情况；了解有关监理方面的基本知识和业务及行业情况；能够秉公办事，有一定的公关能力。

（4）收集并筛选监理单位，确定参选名单

国际上一个公认的经验是，在选择监理单位时，参选名单的长短，应按取短不取长的原则办，即形成一个所谓的“短名单”。一是数量多则评审监理投标书的时间太长，甚至因为数量大，反而造成差异过小，以至于影响质量的辨别；二是参选单位过多，影响实力雄厚信誉卓著的监理单位参加的积极性，使他们拒绝参加或不尽力提高监理大纲质量；三是大量公司投入竞争，又大量地被淘汰，使得这些被淘汰的公司造成资金损失，这笔费用迟早要在今后的监理合同中补偿回来，最终会使监理费提高，对业主和监理单位都是不利的。

按国际通行做法，参选公司数量以3~6家为宜。对于像世界银行这样的国际金融组织，他们在选择“咨询人”时，还有其他一些政策应当遵守。例如，要求来自同一国家的监理单位数量以不超过两家为宜，应考虑至少一家来自发展中国家，鼓励借款人将本国监理单位列入参选行列等。

（5）确定评标方式

业主选择监理单位的方式有两种。第一种是根据监理单位的监理投标书的质量、配备监理人员的素质，以及监理单位的工程监理经验和业绩来选择。即先进行单纯技术评审，技术评审合格者再进行监理费用的评审。第二种就是进行综合评审，既考虑技术评审内容，又考虑监理费用报价。如果采用综合评审方式，最好要求技术评审内容与监理费用评审内容分别单独密封，在评审时，先评审技术部分，然后再评审监理费用报价的内容，以避免费用报价的高低给技术评审造成影响。

具体采用哪种方式，主要取决于工程项目的复杂性和难易程度，以及业主对社会监理单位的期望。但无论采用哪一种选择方式，都应反映和体现一个基本事实，即选择工程监理单位注重它的监理水平、监理经验、社会信誉和投入监理的主要人员的素质。而监理费用则是评审的第二位因素。因为选择一个理想的监理单位和监理工程师，可以优化实施项目，在经济方面产生良好的效益，所带来的好处远比支付的监理费要大。

（6）发出邀请信

邀请信的内容一般包括以下基本内容：

①工程项目简介。

②拟委托服务的范围、内容、职责、合同条件及其他补充资料等。

③监理费用计价方式。

④监理投标书编制格式、要求、内容。

⑤监理投标书编制的时间要求。

⑥监理投标书有效期规定，即在此期间不允许改变监理人员配置方案和监理报价等。

⑦提交投标书的地点、方式和日期。

⑧开始监理的时间。

⑨业主可提供的人员、设施、交通、通信和生活设施等。

⑩其他。如有关纳税规定、当地有关法律、其他被邀监理单位名单、被邀方接受邀请的回复办法等。

（7）评审

接受监理投标书并评审，确定选择对象，准备谈判。

评审包括三个方面的基本内容：监理单位的监理经验和业绩、监理大纲、监理人员的素质和水平。但对以上三个方面的评审并非等同对待，其重要程度依次为监理人员的素质和水平、监理大纲、监理单位的监理经验和业绩。

监理单位的监理经验和业绩所占比例较小的原因主要是，在确定选择名单之前已经进行了一番评比和筛选，这个筛选过程就是对这些监理单位的一般经验的评价。评审阶段对监理单位侧重于本项目更直接的经验和特殊经验的要求方面。

对监理大纲的评审着重于该监理单位对项目委托任务的理解程度、有无创造性的设想，以及采用的监理方法和手段是否适当、是否科学、是否能满足对监理的需要。

评审对配备于本项目上的主要监理人员给予极大的重视，这是由监理工作的特点所决定的。一个工程项目监理的好坏取决于实际投入的监理工程师的素质水平和他们的努力程度，尤其是关键性人物，如总监理工程师和监理各部门的主要负责人。监理人员方面的评审内容侧重三个方面：一般资格，包括学历、专业成绩、任职经历等；对本项目适应情况，包括与本项目类似的工程监理经验，以及拟议中所承担的工作是否与他的专业特长和经验相符合等；项目所在地的工作经验，主要指对项目外部环境的熟悉程度，这是十分必要的经验。

（8）签订监理委托合同

与中选监理单位谈判，签订监理委托合同。

业主在选择监理单位的过程中，通常监理费用不是选择监理单位的主要考虑因素，这是监理单位的选择与一般性质的工程招标、投标及货物采购的主要区别。

（三）监理单位经营活动基本准则

监理单位从事工程建设监理活动应当遵循“守法、诚信、公正、科学”的准则。

1. 守法

守法，这是任何一个具有民事行为能力的单位或个人最起码的行为准则，对于监理单位来说，守法，就是要依法经营。依法经营主要包括以下几个方面：

（1）监理单位只能在核定的业务范围内开展经营活动。

（2）监理单位不得伪造、涂改、出租、转让、出卖《资质等级证书》。

（3）工程建设监理合同一经双方签订，即具有一定的法律约束力（违背国家法律、法规的合同，即无效合同除外），监理单位应按照合同的规定认真履行，不得无故或故意违背自己的承诺。

（4）监理单位跨地域承接监理业务，要自觉遵守当地人民政府颁发的监理法规和有关规定，并要主动向监理工程所在地的省、自治区、直辖市建设行政主管部门备案登记，接受其指导和监督管理。

（5）遵守国家关于企业的其他法律法规的规定，包括行政的、经济的和技术的。

2. 诚信

所谓诚信，简单地讲，就是忠诚老实、讲信用。每个监理单位甚至每一个监理人员能否做到诚信，都会对这一事业造成一定的影响，尤其对监理单位、监理人员自己的声誉会带来很大影响。所以说，诚信是监理单位经营活动基本准则的重要内容之一。

3. 公正

所谓公正，主要是指监理单位在处理业主与承建商之间的矛盾和纠纷时，要做到“一碗水端平”，是谁的责任，就由谁承担；该维护谁的权益，就维护谁的权益。监理单位要做到公正，必须做到以下几点：

（1）要培养良好的职业道德，不为私利而违心地处理问题；

（2）要坚持实事求是的原则，对上级或业主的意见不唯命是从；

（3）要提高综合分析问题的能力，不为局部问题或表面现象而模糊自己的“视听”；

（4）要不断提高自己的专业技术能力，尤其是要尽快提高综合理解、熟练运用工程建设有关合同条款的能力，以便以合同条款为依据，恰当地协调、处理问题。

4. 科学

所谓科学，是指监理单位的监理活动要依据科学的方案，运用科学的手段，采取科学的方法。监理单位科学地进行监理工作主要体现在以下几个方面：

（1）科学的计划。就一个工程项目的监理工作而言，科学的方案主要是指监理细则。它包括该项目监理机构的组织计划，该项目监理工作的程序，各专业、各年度（含季度，甚至按天计算）的监理内容和对策，工程的关键部位或可能出现的重大问题的监理措施。

总之，在实施监理前，要尽可能地把各种问题都列出来，并拟订解决办法，使各项监理活动都纳入计划管理的轨道。更重要的是，要集思广益，充分运用已有的经验和智能，制定出切实可行、行之有效的监理细则，指导监理活动顺利地进行。

（2）科学的手段。单凭人的感官直接进行监理，这是最原始的监理手段。科学发展到今天，必须借助先进的科学仪器才能做好监理工作，如已普遍使用的计算机，各种检测、试验、化验仪器等。

（3）科学的方法。监理工作的科学方法主要体现在监理人员在掌握大量确凿的有关监理对象及其外部环境实际情况的基础上，适时、妥帖、高效地处理有关问题；体现在解决问题要用"事实说话""用书面文字说话""用数据说话"，尤其体现在要开发、利用计算机软件建立起先进的软件库。

（四）监理单位的经营内容

根据建立社会主义市场经济体制的总体目标和工程建设的客观需要，监理单位进行监理经营服务的内容主要包括工程建设决策阶段监理、工程建设设计阶段监理、工程建设施工阶段监理三大部分。这里仅对工程建设施工阶段的监理工作进行讲述。工程建设施工阶段是一个比较大的含义，它包括施工招标阶段的监理、施工监理和竣工后工程保修阶段的监理。由于施工招标阶段的监理工作量比较大，保修阶段的监理性质比较特殊，所以，有的学者把这两部分单独列出作为两个独立的阶段对待。这里把三者归并在一起表述。

1. 工程建设施工阶段的监理工作内容包括以下几个方面：

（1）编制工程施工招标文件。

（2）核查工程施工图设计、工程施工图预算。当工程总包单位承担施工图设计时，监理单位更要投入较大的精力搞好施工图设计审查和施工图预算审查工作。

（3）协助业主组织投标、开标、评标活动，向业主提出中标单位建议。

（4）协助业主与中标单位签订工程施工合同书。

（5）协助业主与承建商编写开工申请报告。

（6）查看工程项目建设现场，向承建商办理移交手续。

（7）审查、确认承建商选择的分包单位。

（8）制订施工总体计划，审查承建商的施工组织设计和施工技术方案，提出修改意见，下达单位工程施工开工令。

（9）审查承建商提出的建筑材料、建筑物配件和设备的采购清单。工业工程的业主往往为了满足连续施工的需求，在选定承建商之前就开始设备订货。

（10）检查工程使用的材料、构件、设备的规格和质量。

（11）检查施工技术措施和安全防护设施。

（12）主持协商业主或设计单位，或施工单位，或监理单位提出的设计变更。

（13）监督管理工程施工合同的履行，主持协商合同条款的变更，调解合同双方的争议，处理索赔事项。

（14）检查完成的工程量，验收分项分部工程，签署工程付款凭证。

（15）督促施工单位整理施工文件的归档准备工作。

（16）参与工程竣工预验收，并签署监理意见。

（17）检查工程结算。

（18）向业主提交监理档案资料。

（19）编写竣工验收申请报告。

（20）在规定的工程质量保修期内，负责检查工程质量状况，组织鉴定质量问题责任，督促责任单位维修。

监理单位除承担工程建设监理方面的业务外，还可以承担工程建设咨询方面的业务。

2. 工程建设咨询方面的业务有以下几个方面：

（1）工程建设投资风险分析。

（2）工程建设立项评估。

（3）编制工程建设项目可行性研究报告。

（4）编制工程施工招标标底。

（5）编制工程建设各种估算。

（6）各类建筑物（构筑物）的技术测验、质量鉴定。

（7）有关工程建设的其他专项技术咨询服务。

当然，对于一个监理单位来说，不可能什么都会干。工程建设业主往往把工程项目建设不同阶段的监理业务分别委托给不同的监理单位承担，甚至把同一阶段的监理业务分别委托给几个不同专业的监理单位监理。但是，作为一个行业，监理单位完全可以承担上述各项监理业务及各项咨询业务。

（五）水利工程监理费测算

建设监理是一种有偿的技术服务活动，而且是一种“高智能的有偿技术服务”。众所周知，工程建设是一个比较复杂且需花费较长时间才能完成的系统工程。要取得预期的、比较满意的效果，对工程建设的管理就要付出艰辛的劳动。业主为了使监理单位顺利地完成监理任务，必须付给监理单位一定的报酬，用以补偿监理单位在完成监理任务时的支出，包括监理人员的劳务支出、各项费用支出，以及监理单位缴纳各项税金和应提留的发展基金。所以，对于监理单位来说，收取的监理费用是监理单位得以生存和发展的血液。

监理费的构成：作为企业，监理单位要担负必要的支出，监理单位的经营活动应达到收支平衡，且略有节余。所以，监理费的构成是指监理单位在工程项目建设监理活动中所需要的全部成本，再加上应缴纳的税金和合理的利润。

1. 直接成本

直接成本是指监理单位在完成具体监理业务中所发生的成本。主要包括以下几个方面:

（1）监理人员和监理辅助人员的工资，包括津贴附加工资、奖金等。

（2）用于监理人员和监理辅助人员的其他专项开支，包括差旅费、补助费、书报费、医疗费等。

（3）用于监理工作的计算机等办公设施的购置使用费和其他仪器、机械的租赁费等。

（4）所需要的其他外部服务支出。

2. 间接成本

间接成本，有时称作日管理费，包括全部企业经营开支和非工程项目监理的特定开支。一般包括以下几个方面：

（1）管理人员、行政人员、后勤服务人员的工资，包括津贴、附加工资、奖金等。

（2）经营业务费，包括为招揽监理业务而发生的广告费、宣传费、有关契约合同的公证费和签证费等活动经费。

（3）办公费，包括办公用具、用品购置费，交通费，办公室及相关设施的使用（或租用）费、维修费，以及会议费、差旅费等。

（4）其他固定资产及常用工、器具和设备的使用费。

（5）垫支资金贷款利息。

（6）业务培训费，图书、资料购置等教育经费。

（7）新技术开发、研制、试用费。

（8）咨询费、专有技术使用费。

（9）职工福利费、劳动保护费。

（10）工会等职工组织活动经费。

（11）其他行政活动经费，如职工文化活动费等。

（12）企业领导基金和其他营业外支出。

3. 税金

税金是指按照国家规定，监理单位应缴纳的各种税金总额，如缴纳营业税、所得税等。监理单位属科技服务类，应享受一定的优惠政策。

4. 利润

利润是指监理单位的监理活动收入扣除直接成本、间接成本和各种税金之后的余额。监理单位是一种高智能群体，监理是一种高智能的技术服务，监理单位的利润应当高于社会平均利润。

5. 我国监理费计算方法

建设工程监理与相关服务收费根据建设项目性质不同情况，实行政府指导价或市场调节价。依法必须实行监理的建设工程施工阶段的监理收费实行政府指导价；其他建设工程施工阶段的监理收费和其他阶段的监理与相关服务收费实行市场调节价。实行政府指导价的建设工程施工阶段监理收费，其基准价根据《建设工程监理与相关服务收费标准》计算，浮动幅度为 20%。发包人和监理人应当根据建设工程的实际情况在规定的浮动幅度内协商确定收费额。实行市场调节价的建设工程监理与相关服务收费，由发包人和监理人协商确定收费额。

6. 施工监理服务收费基价

施工监理服务收费基价是完成国家法律法规、规范规定的施工阶段监理基本服务内容的价格。施工监理服务收费基价按表 5-1 确定计费额处于两个数值区间的，采用直线内插法确定施工监理服务收费基价。

表 5–1 施工监理服务收费基价表

序号	计费额	收费基价	序号	计费额	收费基价
1	500	16.5	9	60 000	991.4
2	1000	30.1	10	80 000	1 255.8
3	3 000	78.1	11	100 000	1 507.0
4	5 000	120.8	12	200 000	2712.5
5	8 000	181.0	13	400 000	4882.6
6	10 000	218.6	14	600 000	6 835.6
7	20 000	393.4	15	800 000	8658.4
8	40 000	708.2	16	1 000 000	10390.1

7. 施工监理服务收费的计费额

施工监理服务收费以建设项目工程概算投资额分档定额计费方式收费，其计费额为工程概算中的建筑安装工程费、设备购置费和联合试运转费之和，即工程概算投资额。对设备购置费和联合试运转费占工程概算投资额 40% 以上的工程项目，其建筑安装工程费全部计入计费额，设备购置费和联合试运转费按 40% 的比例计入计费额。但其计费额不应小于建筑安装工程费与其相同且设备购置费和联合试运转费等于工程概算投资额 40% 的工程项目的计费额。

工程中有利用原有设备并进行安装调试服务的，以签订工程监理合同时同类设备的当期价格作为施工监理服务收费的计费额；工程中有缓配设备的，应扣除签订工程监理合同时同类设备的当期价格作为施工监理服务收费的计费额；工程中有引进设备的，按照购进设备的离岸价格折换成人民币作为施工监理服务收费的计费额。

施工监理服务收费以建筑安装工程费分档定额计费方式收费的，其计费额为工程概算中的建筑安装工程费。

作为施工监理服务收费计费额的建设项目工程概算投资额或建筑安装工程费均指每个监理合同中约定的工程项目范围的投资额。

8. 其他规定

（1）发包人将施工监理服务中的某一部分工作单独发包给监理人，按照其占施工监理服务工作量的比例计算施工监理服务收费，其中质量控制和安全生产监督管理服务收费不宜低于施工监理服务收费总额的70%。

（2）建设工程项目施工监理服务由两个或者两个以上监理人承担的，各监理人按照其占施工监理服务工作量的比例计算施工监理服务收费。发包人委托其中一个监理人对建设工程项目施工监理服务总负责的，该监理人按照各监理人合计监理服务收费的4%~6%向发包人加收总体协调费。

第三节　监理人员

一、监理人员的素质和职业道德

（一）监理人员的概念及要求

1. 监理人员的概念

水利工程建设监理人员包括监理员、监理工程师、总监理工程师。总监理工程师实行岗位资格管理制度，监理工程师实行执业资格管理制度，监理员实行从业资格管理制度。

（1）监理员。监理员是指经过建设监理培训合格，经中国水利工程协会审核批准取得《水利工程建设监理员资格证书》且从事建设监理业务的人员。在监理机构中主要承担辅助、协助工作。

（2）监理工程师。水利工程建设监理工程师是指经全国水利工程建设监理工程师资格统一考试合格，经批准获得《水利工程建设监理工程师资格证书》，并经注册机关注册取得《水利工程建设监理工程师岗位证书》，且从事建设监理业务的人员。监理工程师系岗位职务，并非国家现有专业技术职称的一个类别，而是指工程建设监理的执业资格。监理工程师的这一特点，决定了监理工程师并非终生职务。只有具备资格并经注册上岗，从事监理业务的人员，才能成为监理工程师。

（3）总监理工程师。水利工程建设总监理工程师是指具有《水利工程建设监理工程师注册证书》，并经总监理工程师培训班的培训合格，取得《水利工程建设总监理工程师岗位证书》且在总监理工程师岗位上从事建设监理业务的人员。水利工程建设监理实行总监理工程师负责制。

总监理工程师是项目监理机构履行监理合同的总负责人，行使合同赋予监理单位的全部职责，全面负责项目监理工作。项目总监理工程师对监理单位负责，副总监理工程师对总监理工程师负责，部门监理工程师或专业监理工程师对副总监理工程师或总监理工程师负责。监理员对监理工程师负责，协助监理工程师开展监理工作。

上述资格证书有效期一般为3年。未取得上述资格证书和虽已取得监理工程师资格证书但未经注册的人员不得从事水利工程建设监理业务。监理工程师不得同时在两个以上监理单位申请注册。

2. 监理人员的基本素质要求

（1）监理员的基本素质要求

监理员应具有初级专业技术任职资格，掌握一定的水利工程建设专业技术知识，包括水工建筑、测量、地质、检验、机电等专业知识，并经过建设监理基本知识的专门培训。

（2）监理工程师的基本素质要求

对于一个监理工程师来说，要求有比较广泛的知识面、比较高的业务水平和比较丰富的工程实践经验，但是一个有经验的设计工程师或施工工程师，不一定能胜任监理工程师的工作。

①监理工程师应当具有较高的理论水平。

监理工程师作为从事工程监理活动的骨干人员，只有具有较高的理论水平，才能保证在监理过程中抓重点、抓方法、抓效果，把握监理的大方向和坚持正确的原则，才能起到权威作用。监理工程师的理论水平，来自本身的理论修养。这种理论修养应当是多方面的。首先是在工程建设方针、政策、法律、法规方面，应当具有较高的造诣，并能联系实际，从而使监理工作有根有据，扎实稳妥，这是使监理工作立于不败之地的基本保证。其次，应当掌握工程建设方面的专业理论，知其然并知其所以然，以解决实际问题时能够透过现象看本质，从根本上解决和处理问题。

②监理工程师应当具有较高的专业技术水平。

监理工程师要向项目法人提供工程项目的技术咨询服务，必须具有高于一般专业技术人员的专业技术知识和较丰富的工程建设实践经验。这里所说的技术是指为完成监理各项任务所需要的知识和技能，也就是指对理论知识的应用。监理工程师在开展监理业务整个过程中，都在应用各种技术来为客户解决工程技术问题，提供工程服务。只有经过工程实际的反复锻炼，才能使技术水平达到应有的高度。监理工程师面临的是一个工程项目从投入到产出的转化过程，在这个过程中，是什么力量使投入的人、财、物变为建筑产品的呢？正是掌握着科学技术的人们，而其中的工程监理活动，即是这种转化活动不可缺少的一环。因此，我们说，监理工程师必须要有较高的专业技术，而且在专业知识的深度与广度方面，应当掌握并达到能够解决和处理工程问题的程度。他们需要把建筑、结构、施工、材料、设备、工艺等方面的知识融于监理之中，去发现问题、提出方案、做出决策、确定细则、贯彻实施。所以，从事建设监理工作的监理工程师中，水工工程师、结构工程师以及其他专业工程师所占比例最大，工程项目建设处处离不开工程技术知识。

③监理工程师应当具有足够的管理知识。

监理单位在一个项目建设中应作为合同管理核心，要求监理工程师具备规划、控制和协调能力，其中组织协调和应变的能力，是衡量其管理能力的最主要的方面。对处于关键岗位的监理工程师更是如此。应变能力指能因人、因事、因时间、因空间、因环境、因目标的不同而采取不同的组织管理方法和领导方式，使之与实际情况尽量保持协调，从而使工程项目的监理工作有效能、有效益和有效率。因此，监理工程师要胜任监理工作，就应当有足够的管理知识和技能。其中，最直接的管理知识是工程项目管理。监理工程师为了能够协助项目法人在预定的目标内实现工程项目，他们所做的一系列工作都是在管理这条线上。诸如，风险分析与管理、目标分解与综合、动态控制、信息管理、合同管理、协调管理、组织设计、安全管理等。监理工程师所进行的管理工作，贯穿于整个项目。

④监理工程师应当熟知法律法规的知识。

监理工程师要协助项目法人组织招标工作，协助项目法人起草和商签承包合同，并进行工程承包合同实施的监督管理，特别是要熟知《合同法》和国家制定的有关招标投标的法规，同时还要具备工程建设合同管理方面的知识和经验。监理工程师要做项目法人与承包单位双方之间的合同纠纷调解工作，因此要求监理工程师必须懂得法律，必须具备较高的组织协调能力，同时，必须有高尚的品德，公正地处理承包合同过程中出现的问题，积极维护项目法人和承包单位双方的利益，不能偏袒任何一方。因此，监理工程师应当对工程建设的法律，法规不但熟悉而且掌握，尤其要通晓建设监理法规体系。建设监理是基于一个法制环境下的制度，建设监理法规是他们开展监理工作的依据，没有法律、法规作为监理的后盾，建设监理将一事无成。特别重要的一项知识是关于工程合同方面的。合同是监理工程师最直接的监理依据，它是一项工程实施的操作手册。每一位监理工程师不论他从事何种监理工作，其实都是在实施工程合同和监督管理工程合同。合同的重要性对监理工程师来说是不言而喻的，所以，法律和法规方面的知识以及工程合同知识，对监理工程师是必不可少的。

⑤监理工程师应当具备足够的经济方面的知识。

监理工程师还应当具备足够的经济方面的知识。因为从整体讲，工程项目的实现是一项投资的实现。从项目的提出到项目的建成乃至它的整个寿命期，资金的筹集、使用、控制和偿还都是极为重要的工作。在项目实施过程中，监理工程师需要做好各项经济方面的监理工作，他们要收集、加工、整理经济信息，协助项目法人确定项目或对项目进行论证，他们要对计划进行资源、经济、财务方面的可行性分析；对各种工程变更方案进行技术经济分析，以及概预算审核、编制资金使用计划、价值分析、工程结算等。经济方面的知识，是监理工程师不可缺少的一门专业知识。

⑥监理工程师应当具有较高的外语水平。

监理工程师如果从事国际工程的监理，则必须具有较高的专业外语水平，即具有专业会话、谈判、阅读（招标文件、合同条件、技术规范等）及写作（公司、合同、电传等）方面的外语能力。同时，还要具有国际金融、国际贸易和国际经济技术合作有关的法律等方面的基础知识。

3. 总监理工程师的素质要求

总监理工程师是监理单位派往项目执行组织机构的全权负责人。在国外，有的监理委托合同是以总监理工程师个人的名义与业主签订的。可见，总监理工程师在项目监理过程中，扮演着一个很重要的角色，承担着工程监理的最终责任。总监理工程师在项目建设中所处的位置，要求他是一个技术水平高、管理经验丰富、能公正执行合同，并已取得政府主管部门核发的资格证书和注册证书的监理工程师，在整个施工阶段，总监理工程师人选不宜更换，以利于监理工作的顺利开展。

（1）专业技术知识的深度

总监理工程师必须精通专业知识，其特长应和项目专业技术对口。作为总监理工程师，如果不懂专业技术，就很难在重大技术方案、施工方案上勇于决断，更难以按照工程项目的工艺逻辑、施工逻辑开展监理工作，鉴别工程施工技术方案、工程设计和设备选型等的优劣。

当然，不能要求总监理工程师对所有的技术都很精通，但必须熟悉主要技术，再借助技术专家和各专业工程师，就可以应付自如，胜任职责。例如，从事水利水电工程建设的总监理工程师，要求必须是精通水电专业知识，其专业特长应和监理项目专业技术相“对口”。水利水电工程尤其是大、中型工程项目，其工艺、技术、设备专业性很强。作为总监理工程师，如果不懂水电专业技术，就很难胜任水利水电工程建设项目的监理工作。

（2）管理知识的广度

监理工作具有专业交叉渗透、覆盖面宽等特点。因此，总监理工程师不仅需要一定深度的专业知识，更需要具备管理知识和才能。只精通技术，不熟悉管理的人不宜做总监理工程师。

（3）领导艺术和组织协调能力

总监理工程师要带领监理人员圆满实现项目目标，要与上上下下的人合作共事，要与不同地位和知识背景的人打交道，要把各方面的关系协调好。这一切都离不开高超的领导艺术和良好的组织协调能力。

4. 总监理工程师的理论修养

现代化行为科学和管理心理学，应作为总监理工程师研究和应用的理论武器。其中的组织理论、需求理论、授权理论、激励理论，应作为总监理工程师潜心研究的理论知识，结合工程项目组织设计，选择下属人员及其使用、奖惩、培训、考核等，提高自身理论修养水平。

5. 总监理工程师的榜样作用

作为监理工程师班子的带头人，总监理工程师榜样作用的本身就是无形的命令，具有很强的号召力。这种榜样作用往往是靠领导者的作风和行动体现的。总监理工程师的实干精神、开拓进取精神、团结精神、牺牲精神、不耻下问的精神和雷厉风行的作风，对下属有巨大的感召力，容易形成班子内部的合作气氛和奋斗进取的作风。

总监理工程师尤其应该认识到，良好的群众意识会产生巨大的向心力，温暖的集体本身对成员就是一种激励；适度的竞争气氛与和谐的共事气氛互相补充，才易于保持良好的人际关系和人们心理的平衡。

6. 总监理工程师的个人素质及能力特征

总监理工程师作为监理班子的领导、指挥者，要在困难的条件下圆满完成任务，离不开良好的组织才能和优秀的个人素质。这种才能和素质具体表现如下：

（1）决策应变能力。水电工程施工中的水文、地质，设计、施工条件和施工设备等情况多变，及时决断、灵活应变，才能抓住战机避免失误。例如，在重大施工方案选择、合同谈判、纠纷处理等重大问题处理上，总监理工程师的决策应变水平显得特别重要。

（2）组织指挥能力。监理工程师在项目建设中责任大、任务繁重，作为监理人员的最高领导人必须能指挥若定。因而良好的组织指挥才能，就成了总监理工程师的必备素质。总监理工程师要避免组织指挥失误，特别需要统筹全局，防止陷入事务圈子或把精力过分集中于某一专门性问题。所以，良好的组织指挥才能的产生，需要阅历的积累和实践的磨炼，而且这种才能的发挥，需要以充分的授权为前提。

（3）协调控制能力。总监理工程师要力求把参加工程建设各方的活动组织成一个整体，要处理各种矛盾、纠纷，就要求具备良好的协调能力和控制能力。为了确保工程目标的实现，总监理工程师应该认识到协调是手段，控制是目的，两者缺一不可、互相促进。所以，总监理工程师必须对工程的进度、质量、投资和所有重大工程活动进行严格监督，科学控制。

（4）其他能力。总监理工程师在工程建设中经常扮演多重角色，处理各种人际关系。因而还必须具备交际沟通能力、谈判能力、说服他人的能力、必要的妥协能力等。这些能力的取得，主要靠在实践中的磨炼。

7. 开会艺术

会议是总监理工程师沟通情况、协调矛盾、反馈信息、制定决策和下达指令的主要方式，也是总监理工程师对工程进行监督控制和对内部人员进行有效管理的重要工具。如何高效率地召开会议，掌握会议组织与控制的技巧，是对总监理工程师的基本要求之一。

水利工程推行招投标和建设监理的实践告诉我们，工程建设过程中必然会举行众多类型的会议；有的会议需要总监理工程师主持召开，如设计交底会议、施工方案审查会议、工程阶段验收会议、索赔谈判协调会议，以及监理机构内部的人员组织、工作研讨、管理工作等会议；有的会议需要总监理工程师参加或主持，如招标前会议、评议标会议、设备采购会议、年度工程计划会议、工程各协调管理例会、竣工验收会议、机组启动试运转会议等。这些众多类型的会议有着不同目的、不同参加人员和专门议题。总监理工程师要提高会议效率，防止陷入会海之中，就必须掌握会议组织和控制艺术，学会利用会议解决矛盾，推动工作顺利进行。

总之，作为建设项目的总监理工程师，在专业技术上、管理水平上、领导艺术和组织协调及开会艺术诸方面，要有较高的造诣，要具备高智能、高素质，才能够有效地领导监理工程师及其工作人员顺利地完成建设项目的监理业务。

8. 监理人员的职业道德和纪律

对一名监理人员来说，除具备比较广泛的知识和丰富的工程实践经验外，还必须具备高尚的职业道德。

（1）热爱本职工作，忠于职守，认真负责，具有对工程建设项目的高度责任感，遵纪守法，遵守监理职业道德。

（2）维护国家利益和建设各方的合法利益，按照“守法、诚信、公正、科学”的准则执业。

（3）模范地自觉遵守国家、地方和水利建设行业的法律、法规、政策及技术规程、规范、标准，并监督承包方执行。

（4）严格履行工程建设监理合同规定的职责和义务。

（5）未经注册，不得以监理工程师的名义从事水利工程建设监理业务；不得同时在两个或两个以上监理单位注册和从事监理活动。

（6）不得出卖、出借、转让、涂改或以不正当手段取得《水利工程建设监理工程师资格证书》或《水利工程建设监理工程师岗位证书》。

（7）不得以个人名义承揽监理业务。

（8）努力钻研业务，熟悉工程建设合同文件、设计文件，熟悉技术规程、规范和质量检验标准，熟悉施工环境，熟悉监理规划、监理实施细则，应用科学技能，认真履行监理的职责和权利。

（9）廉洁奉公，不得接受任何回扣、提成或其他间接报酬。

（10）不得在政府机构或具有行政职能的事业单位任职。

（11）不得经营或参与经营承包施工、设备、材料采购或经营销售等有关活动，也不得在施工单位、材料供应单位任职或兼职。

（12）坚持公正性，公平合理地处理项目法人和承包方之间的利益关系。

（13）对项目法人和承包方的技术机密及其他商业秘密，应严守，维护合同当事人的权益。

（14）实事求是，不得隐瞒现场真实情况，不得以谎言欺骗项目法人、承包方或其他监理人员，不得污蔑、诽谤他人，借以抬高自己的地位。

（15）坚守岗位，勤奋工作。需请假、出差、离岗时，应按规定办理手续，并在安排好工作交接后方可离岗。

（16）勇于自我批评。当发现处理问题有错误时，应主动及时承认错误，予以纠正。

（17）不得与承包方勾结，出现瞒报、虚报和偷工减料、以次充好等行为。

（18）努力学习专业技术知识和监理知识，不断提高业务能力和水平。

（二）监理人员的岗位职责

1. 总监理工程师职责

水利工程施工监理实行总监理工程师负责制。总监理工程师应负责全面履行监理合同约定的监理单位的义务，主要职责应包括以下各项：

（1）主持编制监理规划，制定监理机构工作制度，审批监理实施细则。

（2）确定监理机构部门职责及监理人员职责权限；协调监理机构内部工作；负责监理机构中监理人员的工作考核、调换不称职的监理人员；根据工程建设进展情况调整监理人员。

（3）签发或授权签发监理机构的文件。

（4）主持审查承包人提出的分包项目和分包人，报发包人批准。

（5）审批承包人提交的合同工程开工申请、施工组织设计、施工进度计划、资金流计划。

（6）审批承包人按有关安全规定和合同要求提交的专项施工方案、度汛方案和灾害应急预案。

（7）审核承包人提交的文明施工组织机构和措施。

（8）主持或授权监理工程师主持设计交底；组织核查并签发施工图纸。

（9）主持第一次监理工地会议，主持或授权监理工程师主持监理例会和监理专题会议。

（10）签发合同工程开工通知、暂停施工指示和复工通知等重要监理文件。

（11）组织审核已完成工程量和付款申请，签发各类付款证书。

（12）主持处理变更、索赔和违约等事宜，签发有关文件。

（13）主持施工合同实施中的协调工作，调解合同争议。

（14）要求承包人撤换不称职或不宜在本工程工作的现场施工人员或技术、管理人员。

（15）组织审核承包人提交的质量保证体系文件、安全生产管理机构和安全措施文件并监督其实施，发现安全隐患及时要求承包人整改或暂停施工。

（16）审批承包人施工质量缺陷处理措施计划，组织施工质量缺陷处理情况的检查和施工质量缺陷备案表的填写；按相关规定参与工程质量及安全事故的调查和处理。

（17）复核分部工程和单位工程的施工质量等级，代表监理机构评定工程项目施工质量。

（18）参加或受发包人委托主持分部工程验收，参加单位工程验收、合同工程完工验收、阶段验收和竣工验收。

（19）组织编写并签发监理月报，监理专题报告和监理工作报告；组织整理监理档案资料。

（20）组织审核承包人提交的工程档案资料，并提交审核专题报告。

2. 总监理工程师不可授权他人的工作

（1）主持编制监理规划，审批监理实施细则。

（2）主持审查承包人提出的分包项目和分包人。

（3）审批承包人提交的合同工程开工申请、施工组织设计、施工总进度计划、年施工进度计划、专项施工进度计划、资金流计划。

（4）审批承包人按有关安全规定和合同要求提交的专项施工方案、度汛方案和灾害应急预案。

（5）签发施工图纸。

（6）主持第一次监理工地会议，签发合同工程开工通知、暂停施工指示和复工通知。

（7）签发各类付款证书。

（8）签发变更、索赔和违约有关文件。

（9）签署工程项目施工质量等级评定意见。

（10）要求承包人撤换不称职或不宜在本工程工作的现场施工人员或技术、管理人员。

（11）签发监督月报、监理专题报告和监理工作报告。

（12）参加合同工程完工验收阶段验收和竣工验收。

监理工程师应按照职责权限开展监理工作，是所实施监理工作的直接责任人，并对总监理工程师负责。

3. 监理工程师的主要职责

（1）参与编制监理规划、监理实施细则。

（2）预审承包人提出的分包项目和分包人。

（3）预审承包人提交的合同工程开工申请，施工组织设计、施工总进度计划、年施工进度计划、专项施工进度计划、资金流计划。

（4）预审承包人按有关安全规定和合同要求提交的专项施工方案、度汛方案和灾害应急预案。

（5）根据总监理工程师的安排核查施工图纸。

（6）审批分部工程或分部工程部分工作的开工申请报告、施工措施计划、施工质量缺陷处理措施计划。

（7）审批承包人编制的施工控制网和原始地形的施测方案；复核承包人的施工放样成果；审批承包人提交的施工工艺试验方案、专项检测试验方案，并确认试验成果。

（8）协助总监理工程师协调参建各方之间的工作关系；按照职责权限处理施工现场发生的有关问题，签发一般监理指示和通知。

（9）核查承包人报验的进场原材料、中间产品的质量证明文件；核验原材料和中间产品的质量；复核工程施工质量；参与或组织工程设备的交货验收。

（10）检查、监督工程现场的施工安全和文明施工措施的落实情况，指示承包人纠正违规行为，情节严重时，向总监理工程师报告。

（11）复核已完成工程质量报表。

（12）核查付款申请单。

（13）提出变更、索赔及质量和安全事故处理等方面的初步意见。

（14）按照职责权限参与工程的质量评定工作和验收工作。

（15）收集、汇总、整理监理档案资料，参与编写监理月报，核签或填写监理日志。

（16）施工中发生重大问题和遇到紧急情况时，及时向总监理工程师报告、请示。

（17）指导、检查监理员的工作，必要时可向总监理工程师建议调换监理员。

（18）完成总监理工程师授权的其他工作。

4. 监理员主要职责

（1）核实进场原材料和中间产品报验单并进行外观检查，核实施工测量成果报告。

（2）检查承包人用于工程建设的原材料、中间产品和工程设备等的使用情况，并填写现场记录。

（3）检查、确认承包人单元工程（工序）施工准备情况。

（4）检查并记录现场施工程序、施工工艺等实施情况，发现施工不规范行为和质量隐患，及时指示承包人改正，并向监理工程师或总监理工程师报告。

（5）对所监理的施工现场进行定期或不定期的巡视检查，依据监理实施细则实施旁站监理和跟踪检测。

（6）协助监理工程师预审分部工程或分部工程部分工作的开工申请报告、施工措施计划、施工质量缺陷处理措施计划。

（7）核实工程计量结果，检查和统计计日工情况。

（8）检查、监督工程现场的施工安全和文明施工措施的落实情况，发现异常情况及时指示承包人纠正违规行为，并向监理工程师或总监理工程师报告。

（9）检查承包人的施工日志和现场试验室记录。

（10）核实承包人质量评定的相关原始记录。

（11）填写监理日记，依据总监理工程师或监理工程师授权填写监理日志。

当监理人员数量较少时，监理工程师可同时承担监理员的职责。

二、水利工程建设监理人员的资格管理

监理人员分为总监理工程师、监理工程师、监理员。总监理工程师实行岗位资格管理制度，总监理工程师不分类别、专业。监理工程师实行执业资格管理制度。监理员实行从业资格管理制度。监理工程师实行执业资格管理制度，只有通过全国监理工程师资格考试合格，才能取得《监理工程师资格证书》。

（一）水利工程建设监理员资格管理

取得监理员从业资格，需由中国水利工程协会审批，或者由具有审批管辖权的行业自律组织或中介机构审批并报中国水利工程协会备案后，颁发《全国水利工程建设监理员资格证书》。

申请监理员资格应同时具备以下条件：

1. 取得工程类初级专业技术职务任职资格，或者具有工程类相关专业学习和工作经历（中专毕业且工作 5 年以上、大专毕业且工作 3 年以上、本科及以上学历毕业且工作 1 年

以上）；

2. 经培训合格；

3. 年龄不超过 60 周岁。

申请监理员资格，由监理单位签署意见后向具有审批管辖权的单位申报，并提交以下有关材料：

1.《水利工程建设监理员资格申请表》；

2. 身份证、学历证书或专业技术职务任职资格证书、监理员培训合格证书。

审批单位自收到监理员资格申请材料后，应当在 20 个工作日内完成审批，审批结果报中国水利工程协会备案后颁发《全国水利工程建设监理员资格证书》。监理员资格证书由中国水利工程协会统一印制、统一编号，由审批单位加盖中国水利工程协会统一规格的资格管理专用章。监理员资格证书有效期一般为 3 年。中国水利工程协会定期向社会公布取得监理员资格的人员名单，接受社会监督。

（二）水利工程建设监理工程师资格管理

取得监理工程师资格，需经中国水利工程协会组织的资格考试合格，并颁发《全国水利工程建设监理工程师资格证书》。监理工程师资格考试，一般每年举行一次，全国统一考试。

1. 报考水利工程建设监理工程师的条件

根据《水利工程建设监理人员资格管理办法》文件规定，参加监理工程师资格考试者，必须同时具备以下条件：

（1）取得工程类中级专业技术职务任职资格，或者具有工程类相关专业学习和工作经历（大专毕业且工作 8 年以上、本科毕业且工作 5 年以上、硕士研究生毕业且工作 3 年以上）；

（2）年龄不超过 60 周岁；

（3）有一定的专业技术水平、组织协调能力和管理能力。

申请监理工程师资格考试，应当向中国水利工程协会申报，并提交以下材料：

（1）《水利工程建设监理工程师资格考试申请表》；

（2）身份证、学历证书或专业技术职务任职资格证书。

中国水利工程协会对申请材料组织审查，对审查合格者准予参加考试。中国水利工程协会向考生公布考试结果，公示合格者名单，向考试合格者颁发《全国水利工程建设监理工程师资格证书》。对监理工程师考试结果公示有异议的可向中国水利工程协会申诉或举报。

2. 监理工程师考试管理

监理工程师资格考试，在全国水利工程建设监理资格评审委员会的统一指导下进行。水利工程建设监理资格评审委员会下设考试委员会，负责监理工程师资格考试的管理工作，主要任务有以下几个方面：

（1）制定监理工程师资格考试大纲和有关要求；

（2）发布监理工程师资格考试通知；

（3）确定考试命题，提出考试合格标准；

（4）受理部直属单位人员的考试申请，审查考试资格；

（5）组织考试，评卷；

（6）向水利部建设监理资格评审委员会报告工作情况。

凡参加监理工程师资格考试者，需填写《水利工程建设监理工程师资格申请表》，由所在单位按隶属关系逐级审查：

（1）流域机构所属单位人员的申请表由流域机构审查；

（2）地方所属单位人员的申请表由省、自治区、直辖市水利（水电）厅（局）审查；

（3）水利部直属单位人员的申请表由本单位审查。

经各单位审查合格后，报水利部备案，经复核后，发放考试通知。经监理工程师资格考试合格者，由水利部水利工程建设监理资格评审委员会进行评审，提出具备监理工程师资格者名单，报水利部批准后，核发《水利工程建设监理工程师资格证书》。监理工程师资格考试是一种水平考试，采用统一命题、闭卷考试、统一标准录取的方式。

3. 监理工程师注册管理

专业执业资格实行注册管理，这是国际上通行的做法。改革开放以来，我国相继实行了律师、经济师、会计师、建筑师等专业的执业注册管理制度。监理工程师是一种岗位职务，我国实行监理工程师执业注册管理制度，即持有监理工程师资格的人员，必须经注册，才能从事工程建设监理工作。实行监理工程师注册管理制度，是为了建立和维护监理工程师岗位的严肃性。

（1）注册管理的组织机构

水利部是全国水利工程建设监理工程师注册管理机关，注册工作由水利部统一部署。

①水利部建设与管理司是部属监理单位的监理工程师注册机关。

②各流域机构是本流域机构所属监理单位的监理工程师注册机关。

③各省、自治区、直辖市水利（水电）厅（局）是本行政区域所属监理单位的监理工程师注册机关。

（2）注册的程序

申请监理工程师注册，需由申请者填写《水利工程建设监理工程师注册申请表》，由监理单位审查同意后，按隶属关系向注册机关报送《水利工程建设监理工程师注册书》，监理工程师注册机关收到注册书后依照《水利工程建设监理人员资格管理办法》第十五条的条件进行审查，对符合条件者，予以注册，颁发《水利工程建设监理工程师岗位证书》，并向监理单位颁发《水利工程建设监理工程师注册批准书》，同时报水利部备案。

（3）申请

申请监理工程师注册者，必须具备下列条件：

①已取得《水利工程建设监理工程师资格证书》；

②身体健康，能胜任工程建设监理的现场工作；

③已离退休返聘的人员年龄一般不应超过65周岁。

另外，国家行政机关和具有行政职能的事业单位的现职工作人员，不得申请监理工程师注册。监理工程师只能在一个监理单位注册，并在该单位承接的监理项目中工作。调出或退出原注册单位，需重新注册。监理工程师注册后两年内一直未从事监理工作或不再从事监理工作或被解聘，需向原注册机关交回其《水利工程建设监理工程师岗位证书》，核销注册。如再从事监理业务，需重新申请注册。

注册机关每年对《水利工程建设监理工程师岗位证书》持有者年检一次。对不符合条件者，核销注册并收回《水利工程建设监理工程师岗位证书》。年检结果报水利部备案。年检时应向注册机关提交如下资料：

①一年内所参加监理的水利工程项目规模及监理内容等情况；

②在现场监理机构中的职务或岗位；

③主要工作业绩。

4. 水利工程建设总监理工程师资格管理

取得总监理工程师岗位资格，需持有《水利工程建设监理工程师注册证书》并经培训合格后，由中国水利工程协会审批并颁发《水利工程建设总监理工程师岗位证书》。申请总监理工程师岗位资格应同时具备以下条件：

（1）具有工程类高级专业技术职务任职资格，并在监理工程师岗位从事水利工程建设监理工作的经历不少于2年；

（2）已取得《水利工程建设监理工程师注册证书》；

（3）经总监理工程师岗位培训合格；

（4）年龄不超过65周岁；

（5）具有较高的专业技术水平、组织协调能力和管理能力。

申请总监理工程师岗位资格，应由其注册的监理单位签署意见后向中国水利工程协会申报，并提交以下材料：

（1）《水利工程建设总监理工程师岗位资格申请表》；

（2）《水利工程建设监理工程师注册证书》、专业技术职务任职资格证书、总监理工程师岗位培训合格证书；

（3）由监理单位和建设单位共同出具近两年监理工作经历证明材料。

中国水利工程协会组织评审总监理工程师申请材料，并将评审结果公示，公示期满后向合格者颁发《水利工程建设总监理工程师岗位证书》，证书有效期一般为3年。

对总监理工程师岗位资格评审结果有异议的，可在公示期内向中国水利工程协会申诉或举报。

5. 对违规监理人员的处罚

（1）申请监理人员资格时，隐瞒有关情况或者提供虚假材料申请资格的，不予受理或者不予认定，并给予警告，且一年内不得重新申请。

（2）以欺骗、贿赂等不正当手段取得监理人员资格证书的，吊销相应的资格证书，3年内不得重新申请。有违法所得的，予以没收，并处1万元以下罚款。

（3）监理人员涂改、倒卖、出租、出借、伪造资格证书，或者以其他形式非法转让资格证书的，吊销相应的资格证书，3年内不得重新申请；有违法所得的，予以没收，并处1万元以下罚款；造成损失的，承担连带赔偿责任。

（4）无水利工程建设监理人员资格证书（或未经注册）的人员直接从事水利工程建设监理活动的，予以取缔；有违法所得的，予以没收，并处违法所得额2倍以上、1万元以下罚款。

（5）监理人员从事工程建设监理活动中，有下列行为之一的，责令改正，给予警告；情节严重的，吊销相应的资格证书；有违法所得的，予以没收，并处违法所得额2倍以上、1万元以下罚款；造成损失的，承担连带赔偿责任；构成犯罪的，依法追究刑事责任：

①利用执（从）业上的便利，索取或收受所监理工程的建设单位、施工单位（被监理单位）以及建筑材料、建筑构配件和设备供应单位财物的；

②与被监理工程的施工单位（被监理单位）以及建筑材料、建筑构配件和设备供应单位勾结，谋取不正当利益或损害他人利益的；

③将质量不合格的建设工程、建筑材料、建筑构配件和设备按照合格签字的；

④泄露执（从）业中应当保守的秘密的；

⑤从事工程建设监理活动中，发现问题不纠正、不报告等不认真履行监理职责的。

（6）监理人员因过错造成质量事故的，责令停止执（从）业一年；造成重大质量事故的，吊销相应的资格证书，5年内不得重新申请；情节特别恶劣的，终身不得申请。

（7）监理人员未执行法律法规和工程建设强制性标准的，责令停止执（从）业3个月以上、一年以下；情节严重的，吊销相应的资格证书，5年内不得重新申请；造成重大安全事故的，终身不得申请；构成犯罪的，依法追究刑事责任。

第四节 建设监理组织

一、组织的基本原理

（一）组织的概念及其特征

所谓组织，就是为了使系统达到它的特定的目标，使全体参加者经分工与协作以及设置不同层次的权力和责任制度而构成的人的集合。组织的定义包含三层意思：

1. 组织必须具有目标。目标是组织存在的前提，而组织又是目标能否实现的决定性因素。

2. 没有分工与协作就不是组织。组织机构适当的层次划分，是组织产生高效率的保证，如电影院的观众是有共同目的的，但没有分工与合作，所以不是组织。

3. 没有不同层次的权力和责任制度就不能实现组织活动与组织目标。分工后就赋予每个人以相应权力与责任制度，若想完成一项任务，必须具有完成该项任务的权力，同时又必须负有相应的责任。

组织作为生产要素之一，与其他要素相比有如下特征：其他要素可以互相替代，如增加机器设备等劳动手段可以替代劳动力，而组织不能替代其他要素，也不能被其他要素所替代。它只是使其他要素合理配置而增值的要素，也就是说，组织可以提高其他要素的使用效益。随着现代化社会大生产的发展，随着其他生产要素的增加和复杂程度的提高，组织在提高经济效益方面的作用也更加显著。

组织是管理的一项重要职能。建立精干、高效的监理组织，并使之正常运行，是实现监理目标的前提条件。建设监理单位必须强化自身的组织管理，提高管理水平，才能保证工程项目监理工作的质量和水平，也才能在市场上有竞争力。

（二）组织结构

组织内部各构成部分和各部分间所确立的较为稳定的相互关系与联系方式，称为组织结构。组织结构的以下几种提法反映了组织结构的基本内涵。

1. 组织结构与职权的关系

职权是指组织中成员间的关系，是以下级服从上级的命令为基础，而不是某一个人的属性。组织结构与职位以及职位间关系的确立密切相关，它为职权关系规定了一定的格局。

2. 组织结构与职责的关系

组织结构与组织中各部门的职责和责任的分配直接相关。有了职位就有了职权，也就有了职责。管理是以机构和人员职责的确定与分配为基础的，组织结构为职责的分配奠定了基础。

3. 组织结构与工作监督和业绩考核的关系

组织结构明确了部门间的职责分工和上下级层次间的权力与责任，由此奠定了对各部门、各级工作质量监督和业绩考核的基础。

4. 组织结构与组织行为的关系

组织结构明确了各个部门或个人分配任务和各种活动的方式。合理的组织结构，由于分工明确合理、权力与职责统一协调，有利于人力资源的充分利用，有利于增强个人、群体的责任心和工作积极性。相反，不合理的组织结构，可能由于分工不明、责任交叉、工作冲突或连续性差等，造成机构内部各部门或个人间相互推诿、相互摩擦，影响工作效率和效果。

5. 组织结构与协调

在组织结构内部，由于各个部门或个人的利益角度不同，处理问题的观点和方式可能有较大差别，经常影响到其他部门或个人的利益，甚至影响到组织的整体利益。组织结构规定了组织中各个部门或个人的权力、地位和等级关系，这种关系一定程度上讲是下级服从上级、局部服从整体的关系。因此，组织结构为协调关系解决矛盾、调动各方的积极性、维护组织整体利益提供了保证。

（三）组织设计

组织设计就是对组织活动和组织结构的设计过程。具体来说有以下几个要点：第一，组织设计是管理者在系统中建立最有效相互关系的一种合理化的、有意识的过程；第二，这个过程既要考虑系统的外部要素，又要考虑系统的内部要素；第三，组织设计的结果是形成组织结构。有效的组织设计在提高组织活动效能方面起着重大的作用。

1. 组织构成因素

组织构成一般是上小下大的形式，由管理层次、管理跨度、管理部门、管理职责四大因素组成。各因素是密切相关、相互制约的。在组织结构设计时，必须考虑各因素间的平衡与衔接。

（1）合理的管理层次

管理层次是指从最高管理者到实际工作人员的等级层次的数量。管理层次通常分为决策层、协调层和执行层、操作层。决策层的任务是确定管理组织的目标和大政方针，它必须精干高效；协调层主要是参谋、咨询职能，其人员应有较高的业务工作能力；执行层是直接调动和组织人力、财力、物力等具体活动内容的，其人员应有实干精神并能坚决贯彻管理指令；操作层是从事操作和完成具体任务的，其人员应有熟练的作业技能。这四个层次的职能和要求不同，标志着不同的职责和权限，同时也反映出组织系统中的人数变化规律。它从上至下权责递减，人数递增。管理层次不宜过多，否则是一种浪费，也会使信息传递慢、指令走样、协调困难。

（2）合理的管理跨度

管理跨度是指一名上级管理人员所直接管理的下级人数。这是由于每一个人的能力和精力都是有限的，所以一个上级领导人能够直接、有效地指挥下级的数目是有一定限度的。

（3）合理划分部门

组织中各部门的合理划分对发挥组织效应是十分重要的。如果部门划分不合理，会造成控制、协调的困难，也会造成人浮于事，浪费人力、物力、财力。部门的划分要根据组织目标与工作内容确定，形成既相互分工又相互配合的组织系统。

（4）合理确定职能

组织设计中确定各部门的职能，应使纵向的领导、检查指挥灵活，达到指令传递快，信息反馈及时。要使横向各部门间相互联系、协调一致，使各部门能够有职有责、尽职尽责。

2. 组织设计原则

现场监理组织的设计，关系到工程项目监理工作的成败，在现场监理组织设计中一般需考虑以下几项基本原则。

（1）目的性原则

组织机构设置的根本目的是产生组织功能，确保项目总目标的实现。从这一根本目的出发，应因目标设事，因事设机构、定编制，按编制设岗位、定人员，以职责定制度。

（2）集权与分权统一的原则

集权是指把权力集中在主要领导手中；分权是指经过领导授权，将部分权力交给下级掌握。事实上，在组织中不存在绝对的集权，也不存在绝对的分权，只是相对集权和相对分权的问题。在现场监理组织设计中，采取集权形式还是分权形式，要根据工作的重要性，总监理工程师的能力、精力及监理工程师的工作经验、工作能力等综合考虑确定。

3. 专业分工与协作统一的原则

分工就是按照提高监理的专业化程度和工作效率的要求，把现场监理组织的目标任务分成各级、各部门、每个人的目标、任务，明确干什么、怎么干。在分工中应强调以下三个方面：

（1）尽可能按照专业化的要求来设置组织结构；

（2）工作上要有严密分工，每个人所承担的工作，应力求达到较熟悉的程度，这样才能提高效率；

（3）要注意分工的经济效益。

在组织中有分工还必须有协作，明确部门之间和部门内的协调关系与配合办法。

在协作中应强调以下两个方面：

（1）主动协调是至关重要的。要明确甲部门与乙部门的关系、在工作中的联系与衔接。找出易出矛盾之点，加以协调。

（2）对于协调中的各项关系，应逐步走上规范化、程序化的道路，应有具体可行的协调配合办法。

4. 管理跨度与管理分层统一的原则

管理跨度与管理层次成反比。也就是说，管理跨度如果加大，那么管理层次就可以适当减少；如果缩小管理跨度，那么管理层次肯定就会增多。一般来说，应该在通盘考虑决定管理跨度的因素后，在实际运用中根据具体情况确定管理层次。

美国管理学家戴尔曾调查过41家大企业，管理跨度的中位数是6~7人。究竟多大的管理跨度合适，至今没有公认的客观标准，如国外调查表明以5~6人为宜。结合我国具体情况，有人建议一般企业领导直接管辖的下级人员数以4~7人为宜。

云南鲁布革水电站工程引水隧洞施工项目管理中，进行适当分层、授权，运用管理跨度进行了有效的组织。项目经理下属33人，分成4个层次，管理跨度为5人。

在组建组织机构时，必须认真设计切实可行的跨度和层次，画出机构系统图，以便讨论、修正、按设计组建。

5. 权责一致的原则

权责一致的原则就是在监理组织中明确划分职责、权力范围，同等的岗位职务赋予同等的权力，做到责任和权力相一致。从组织结构的规律来看，一定的人总是在一定的岗位上担任一定的职务，这样就产生了与岗位职务相应的权力和责任，只有做到有职、有权、有责，才能使组织系统得以正常运行。权责不一致对组织的效能损害是很大的。权大于责就很容易产生瞎指挥、滥用权力的官僚主义；责大于权就会影响管理人员的积极性、主动性、创造性，使组织缺乏活力。

6. 效率原则

组织设计必须将效率原则放在重要地位。组织结构中的每个部门、每个人为了一个统一的目标，组成最适宜的结构形式，实行最有效的内部协调，使事情办得简捷而正确，减少重复和扯皮，并且具有灵活的应变能力。现代化管理的一个要求就是组织高效化。以云南鲁布革水电站建设为例，日本大成公司仅用33名管理和技术骨干，雇用420名中国劳务人员，承担了电站总工程量的1/6，中国水利水电第十四工程局有限公司投入近1 000人承担电站总工程量的5/6，两者相比，人均承担工程量相差3.5倍以上。大成公司主要是把“尽量少用日本人”“不用多余的人”“一专多能”作为用人原则，一律不设副职作为精简机构的措施之一，为简化机构创造了良好的条件。

一个组织办事效率高不高，是衡量这个组织中的结构是否合理的主要标准之一。

7. 适应性原则

组织机构所面临的管理对象和环境是变化的。组织机构不应该是僵死的“金字塔”结构，而应该是具有一定适应能力的“太阳系”结构。这样才能在变化的客观世界中立于不败之地。

二、建设监理的组织模式

监理组织模式应根据工程项目的特点、工程项目承发包模式、业主委托的任务及监理单位自身情况而定。在建设监理实践中形成的监理组织模式一般分为直线型模式、职能型模式、直线—职能型模式和矩阵型模式四种。

1. 直线型监理组织模式

直线型监理组织模式是一种简单且古老的组织形式，它的特点是组织中各种职位是按垂直系统直线排列的。

这种组织模式的特点是命令系统自上而下进行，责任系统自下而上承担。上层管理下层若干个子项目管理部门，下层只接受唯一的上层指令。它可以适用于监理项目能划分为若干相对独立子项的、技术与管理专业性不太强的建设项目监理。总监理工程师负责整个项目的计划、组织和指导，并着重整个项目范围内各方面的协调工作。子项目（如大坝、厂房等）监理组分别负责子项目的目标控制，具体领导现场专业或专项（如土建、金结、机电等）监理组的工作。

这种组织模式的主要优点是机构简单、权力集中、命令统一、职责分明、决策迅速、隶属关系明确。缺点是实行没有职能机构的“个人管理”，这就要求各级监理负责人员通晓各有关业务和多种知识技能，成为“全能”式人物。显然，在技术和管理较复杂的项目监理中，这种组织形式不太合适。

这种组织模式的主要优点是目标控制分工明确，能够发挥机构的项目管理作用。

2. 职能型监理组织模式

职能型监理组织模式，是总监理工程师下设若干职能机构（如技术部、合同部等），分别从职能角度对基层监理组进行业务管理，这些职能机构可以在总监理工程师授权的范围内，就其主管的业务范围，下达命令和指示。

第六章 水利工程建设质量控制

第一节 水利工程建设质量控制概述

"百年大计，质量第一"是人们对建设工程项目质量重要性的高度概括。工程质量是基本建设效益得以实现的基本保证。没有质量就没有投资效益、没有工程进度、没有社会信誉，工程质量是实现建设工程功能与效果的基本要素。质量控制是保证工程质量的一种有效方法，是建设工程项目管理的核心，是决定工程建设成败的关键。项目监理机构要进行有效的工程质量控制，必须熟悉工程质量形成过程及其影响因素，了解工程质量管理的制度，掌握工程参与主体单位的工程质量责任。

一、建设工程质量

质量是指一组固有特性满足要求的程度。"固有特性"包括明示的和隐含的特性，明示的特性一般以书面阐明或明确向顾客指出，隐含的特性是指惯例或一般做法。"满足要求"是指满足顾客和相关方的要求，包括法律法规及标准规范的要求。

建设工程质量简称工程质量，是指建设工程满足相关标准规定和合同约定要求的程度，包括其在安全、使用功能及其在耐久性能、节能与环境保护等方面所有明示和隐含的固有特性。建设工程作为一种特殊的产品，除具有一般产品共有的质量特性外，还具有特定的内涵。建设工程质量的特性主要表现在适用性、耐久性、安全性、可靠性、经济性、节能性与环境的协调性七个方面。上述七个方面的质量特性彼此之间是相互依存的。总体而言，适用、耐久、安全、可靠、经济、节能与环境适应性，都是必须达到的基本要求，缺一不可，但对不同门类的不同专业可以有不同的侧重面。

二、质量管理及全面质量管理

质量管理是在质量方面指挥和控制组织的协调的活动。在质量方面的指挥和控制活动，通常包括制定质量方针、质量目标及质量策划、质量保证和质量改进。质量管理是有计划、有系统的活动，为实施质量管理需要建立质量体系，而质量体系又要通过质量策划、质量控制、质量保证和质量改进等活动发挥其职能，可以说，这四项活动是质量管理工作的四大支柱。全面质量管理（Total Quality Management，TQM），是指一个组织以质量为中心，以全员参与为基础目的在于通过顾客满意和本组织所有成员及社会受益而达到长期成功的管理途径。全面质量管理，是一种现代的质量管理。它重视人的因素，强调全员参加、全过程控制、全企业实施的质量管理。全面质量管理的基本核心是提高人的素质，增强质量意识，调动人的积极性，人人做好本职工作，通过抓好工作质量来保证和提高产品质量或服务质量。

1. 全面质量管理的基本方法

全面质量管理的特点，集中表现在“全面质量管理、全过程质量管理、全员质量管理”三个方面。美国质量管理专家戴明（W.E.Deming）把全面质量管理的基本方法概括为四个阶段、八个步骤，简称 PDCA 循环，又称“戴明环”。

（1）计划阶段：又称 P（Plan）阶段，主要是在调查问题的基础上制订计划。计划的内容包括确立目标、活动等，以及制定完成任务的具体方法。这个阶段包括八个步骤中的前四个步骤：查找问题、进行排列、分析问题产生的原因、制定对策和措施。

（2）实施阶段：又称 D（Do）阶段，就是按照制订的计划和措施去实施，即执行计划。这个阶段是八个步骤中的第五个步骤，即执行措施。

（3）检查阶段：又称 C（Check）阶段，就是检查生产（设计或施工）是否按计划执行、其效果如何。这个阶段是八个步骤中的第六个步骤，即检查采取措施后的效果。

（4）处理阶段：又称 A（Action）阶段，就是总结经验和清理遗留问题。这个阶段包括八个步骤中的最后两个步骤：建立巩固措施，即把检查结果中成功的做法和经验加以标准化、制度化，并使之巩固下来；提出尚未解决的问题，转入下一个循环。

在 PDCA 循环中，处理阶段是一个循环的关键。PDCA 的循环过程是一个不断解决问题不断提高质量的过程。同时，在各级质量管理中都有一个 PDCA 循环，形成一个大环套小环、一环扣一环，互相制约、互为补充的有机整体。

2. 全面质量管理的基本观点

（1）“质量第一”的观点。“质量第一”是推行全面质量管理的思想基础。工程质量的好坏，不仅关系到国民经济的发展及人民生命财产的安全，而且直接关系到企事业单位的信誉、经济效益、生存和发展。因此，在工程项目的建设全过程中，所有人员都必须牢固树立“质量第一”的观点。

（2）“用户至上”的观点。“用户至上”是全面质量管理的精髓。工程项目用户至上的观点包括两层含义：一是直接或间接使用工程的单位或个人；二是在企事业内部，生产（设计、施工）过程中下一道工序为上一道工序的用户。

（3）预防为主的观点。工程质量的好坏是设计、建筑出来的，而不是检验出来的。检验只能确定工程质量是否符合标准要求，但不能从根本上决定工程质量的高低。全面质量管理必须强调从检验把关变为工序控制，从管质量结果变为管质量因素，防检结合，预防为主，防患于未然。

（4）用数据说话的观点。工程技术数据是实行科学管理的依据，没有数据或数据不准确，质量则无法进行评价。全面质量管理就是以数理统计方法为基本手段，依靠实际数据资料，做出正确判断，进而采取正确措施，进行质量管理。

（5）全面管理的观点。全面质量管理突出一个“全”字，要求实行全员、全过程、全企业的管理。因为工程质量好坏，涉及施工企业的每个部门、每个环节和每个职工。各项管理既相互联系，又相互作用，只有共同努力、齐心管理，才能全面保证工程项目的质量。

（6）一切按 PDCA 循环进行的观点。坚持按照计划实施、检查、处理的循环过程办事，是进一步提高工程质量的基础。经过一次循环，对事物内在的客观规律就有了进一步的认识，从而制订出新的质量计划与措施，使全面质量管理工作及工程质量不断提高。

3. 建设工程质量的特点

建设工程质量的特点是由建设工程本身和建设生产的特点决定的。建设工程（产品）及其生产的特点：一是产品的固定性，生产的流动性；二是产品多样性，生产的单件性；三是产品形体庞大，高投入，生产周期长，具有风险性；四是产品的社会性，生产的外部约束性。正是上述建设工程的特点形成了工程质量本身的以下特点。

（1）影响因素多

建设工程质量受到多种因素的影响，如决策、设计、材料、机具设备、施工方法、施工工艺、技术措施、人员素质、工期、工程造价等，这些因素直接或间接地影响着工程项目质量。

（2）质量波动大

由于建筑生产的单件性、流动性，不像一般工业产品的生产那样，有固定的生产流水线、有规范化的生产工艺和完善的检测技术、有成套的生产设备和稳定的生产环境，所以工程质量容易产生波动且波动大。同时，由于影响工程质量的偶然性因素和系统性因素比较多，其中任一因素发生变动，都会使工程质量产生波动。例如，材料规格品种使用错误、施工方法不当，操作未按规程进行、机械设备过度磨损或出现故障、设计计算失误等，都会发生质量波动，产生系统因素的质量变异，造成工程质量事故。为此，要严防出现系统性因素的质量变异，把质量波动控制在偶然性因素范围内。

（3）质量的隐蔽性

建设工程在施工过程中，分项工程交接多、中间产品多、隐蔽工程多，因此质量存在隐蔽性。若在施工中不及时进行质量检查，事后只能从表面上检查，就很难发现内在的质量问题，这样就容易产生判断错误，即将不合格品误认为合格品。

（4）终检的局限性

工程项目建成后不可能像一般工业产品那样依靠终检来判断产品质量，或将产品拆卸、解体来检查其内在质量，或对不合格零部件进行更换。而工程项目的终检（竣工验收）无法进行工程内在质量的检验，发现隐蔽的质量缺陷。因此，工程项目的终检存在一定的局限性。这就要求工程质量控制应以预防为主，防患于未然。

（5）评价方法的特殊性

水利工程质量的检查评定及验收是按单元工程分部工程、单位工程进行的。单元工程的质量是整个工程质量验收的基础。隐蔽工程在隐蔽前要检查合格后验收，涉及结构安全的试块、试件以及有关材料，应按规定进行见证取样检测，涉及结构安全和使用功能的重要分部工程要进行抽样检测。工程质量是在施工单位按合格质量标准自行检查评定的基础上，由项目监理机构组织有关单位人员进行检验，确认验收。这种评价方法体现了“验评分离、强化验收、完善手段、过程控制”的指导思想。

4. 影响工程质量的因素

影响工程质量的因素很多，但归纳起来主要有五个方面，即人（Man）、材料（Material）、机械（Machine）、方法（Method）和环境（Environment），简称 4MIE。

（1）人员素质

人是生产经营活动的主体，也是工程项目建设的决策者、管理者、操作者，工程建设的规划、决策、勘察、设计、施工与竣工验收等全过程，都是通过人的工作来完成的。人员的素质，即人的文化水平、技术水平，决策能力、管理能力、组织能力、作业能力、控制能力、身体素质及职业道德等，都将直接和间接地对规划、决策、勘察、设计和施工的质量产生影响，而规划是否合理，决策是否正确，设计是否符合所需要的质量功能，施工能否满足合同、规范、技术标准的需要等，都将对工程质量产生不同程度的影响。人员素质是影响工程质量的一个重要因素。因此，水利行业实行资质管理和各类专业从业人员持证上岗制度是保证人员素质的重要管理措施。

（2）工程材料

工程材料是指构成工程实体的各类建筑材料、构配件、半成品等，是工程建设的物质条件，是工程质量的基础。工程材料选用是否合理、产品是否合格、材质是否经过检验、保管使用是否得当等，都将直接影响建设工程的结构刚度和强度，影响工程外表及观感，影响工程的使用功能，影响工程的使用安全。

（3）机械设备

机械设备可分为两类：一类是指组成工程实体及配套的工艺设备和各类机具，如水轮机、泵机、通风设备等，它们构成了建筑设备安装工程或工业设备安装工程，形成完整的使用功能；另一类指施工过程中使用的各类机具设备，包括大型垂直与横向运输设备、各类操作工具、各种施工安全设施、各类测量仪器和计量器具等，简称施工机具设备，它们是施工生产的手段。施工机具设备对工程质量也有重要的影响。工程所用机具设备，其产品质量优劣直接影响着工程使用功能质量。施工机具设备的类型是否符合工程施工特点、性能是否先进稳定、操作是否方便安全等，都将会影响工程项目的质量。

（4）方法

方法是指工艺方法、操作方法和施工方案。在工程施工中，施工方案是否合理、施工工艺是否先进、施工操作是否正确，都将对工程质量产生重大的影响。采用新技术、新工艺、新方法，不断提高工艺技术水平，是保证工程质量稳定提高的重要因素。

（5）环境条件

环境条件是指对工程质量特性起重要作用的环境因素，包括工程技术环境，如工程地质、水文、气象等；工程作业环境，如施工环境作业面大小、防护设施、通风照明和通信条件等；工程管理环境，主要指工程实施的合同环境与管理关系的确定、组织体制及管理制度等；周边环境，如工程邻近的地下管线、建（构）筑物等。环境条件往往对工程质量产生特定的影响。加强环境管理，改进作业条件，把握好技术环境，辅以必要的措施，是控制环境对质量影响的重要保证。

5. 质量控制

质量控制是质量管理的一部分，致力于满足质量要求。质量控制的目标就是确保产品的质量能满足顾客、法律法规等方面所提出的质量要求。质量控制的范围涉及产品质量形成全过程的各个环节。任何一个环节的工作没做好，都会使产品质量受到损害，从而不能满足质量的要求。因此，质量控制是通过采取一系列的作业技术和活动对各个过程实施控制的。质量控制的工作内容包括作业技术和活动。这些活动包括以下几个方面：

（1）确定控制对象，如一道工序、设计过程、制造过程等。

（2）规定控制标准，即详细说明控制对象应达到的质量要求。

（3）制定具体的控制方法，如工艺规程。

（4）明确所采用的检验方法，包括检验手段。

（5）实际进行检验。

（6）说明实际与标准之间有差异的原因。

（7）为解决差异而采取的行动。

质量控制具有动态性，因为质量要求随着时间的进展而在不断变化，为了满足不断更新的质量要求，对质量控制进行持续改进。项目监理机构在工程质量控制过程中，应遵循以下几条原则：

（1）坚持质量第一的原则。

建设工程质量不仅关系到工程的适用性和建设项目投资效果，而且关系到人民群众生命财产的安全。所以，项目监理机构在进行投资、进度、质量三大目标控制时，在处理三者关系时，应坚持“百年大计，质量第一”，在工程建设中自始至终把“质量第一”作为对工程质量控制的基本原则。

（2）坚持以人为核心的原则。

人是工程建设的决策者、组织者、管理者和操作者。工程建设中各单位各部门、各岗位人员的工作质量水平和完善程度，都直接和间接地影响着工程质量。所以，在工程质量控制中，要以人为核心，重点控制人的素质和人的行为，充分发挥人的积极性和创造性，以人的工作质量来保证工程质量。

（3）坚持以预防为主的原则。

工程质量控制应该是积极主动的，应事先对影响质量的各种因素加以控制，而不能是消极被动的，等出现质量问题再进行处理，已造成损失。所以，要重点做好质量的事先控制和事中控制，以预防为主，加强过程和中间产品的质量检查与控制。

（4）以合同为依据，坚持质量标准的原则。

质量标准是评价产品质量的尺度，工程质量是否符合合同规定的质量标准要求，应通过质量检验并与质量标准对照。符合质量标准要求的才是合格的，不符合质量标准要求的就是不合格的，必须返工处理。

（5）坚持科学、公平、守法的职业道德规范。

在工程质量控制中，项目监理机构必须坚持科学、公平、守法的职业道德规范，要尊重科学、尊重事实，以数据资料为依据，客观、公平地进行质量问题的处理。要坚持原则，遵纪守法，秉公监理。

6. 工程建设各单位的质量责任

《水利工程质量管理规定》（水利部令第 7 号）明确规定：水利工程质量实行项目法人（建设单位）负责、监理单位控制、施工承包人保证和政府监督相结合的质量管理体制。由此可见，水利工程质量管理的三个体系分别为政府部门的质量监督体系；发包人和监理单位的质量控制体系；设计、施工单位的质量保证体系。

（1）项目法人的质量责任

①项目法人（建设单位）应根据国家和水利部有关规定依法设立，主动接受水利工程质量监督机构对其质量体系的监督检查。

②项目法人（建设单位）应根据工程规模和工程特点，按照水利部有关规定，通过资质审查招标选择勘测设计、施工、监理单位并实行合同管理。在合同文件中，必须有工程质量条款，明确图纸、资料、工程、材料、设备等的质量标准及合同双方的质量责任。

③项目法人（建设单位）要加强工程质量管理，建立健全施工质量检查体系，根据工程特点建立质量管理机构和质量管理制度。

④项目法人（建设单位）在工程开工前，应按规定向水利工程质量监督机构办理工程质量监督手续。在工程施工过程中，应主动接受质量监督机构对工程质量的监督检查。

⑤项目法人（建设单位）应组织设计和施工单位进行设计交底；施工中应对工程质量进行检查，工程完工后，应及时组织有关单位进行工程质量验收、签证。

（2）监理单位的质量责任

①监理单位必须持有水利部颁发的监理单位资格等级证书，依照核定的监理范围承担相应的水利工程的监理任务。监理单位必须接受水利工程质量监督机构对其监理资格质量检查体系及质量监理工作的监督检查。

②监理单位必须严格执行国家法律、水利行业法规、技术标准，严格履行监理合同。

③监理单位根据所承担的监理任务向水利工程施工现场派出相应的监理机构，人员配

备必须满足项目要求。监理人上岗必须持有水利部颁发的监理人岗位证书，一般监理人员上岗要经过岗前培训。

④监理单位应根据监理合同参与招标工作，从保证工程质量全面履行工程承建合同出发，签发施工图纸；审查施工单位的施工组织设计和技术措施；指导监督合同中有关质量标准、要求的实施；参加工程质量检查、工程质量事故调查处理和工程验收工作。

（3）设计单位的质量责任

①设计单位必须按其资质等级及业务范围承担勘测设计任务，并应主动接受水利工程质量监督机构对其资质等级及质量体系的监督检查。

②设计单位必须建立健全设计质量保证体系，加强设计过程质量控制，健全设计文件的审核会签批准制度，做好设计文件的技术交底工作。

③设计文件必须符合下列基本要求：

A. 设计文件应当符合国家、水利行业有关工程建设法规、工程勘测设计技术规程、标准和合同的要求。

B. 设计依据的基本资料应完整、准确、可靠，设计论证充分，计算成果可靠。

C. 设计文件的深度应满足相应设计阶段有关规定要求，设计质量必须满足工程质量、安全需要并符合设计规范的要求。

④设计单位应按合同规定及时提供设计文件及施工图纸，在施工过程中要随时掌握施工现场情况，优化设计，解决有关设计问题。对大中型工程，设计单位应按合同规定在施工现场设立设计代表机构或派驻设计代表。

⑤设计单位应按水利部有关规定在阶段验收、单位工程验收和竣工验收中，对施工质量是否满足设计要求给出评价。

（4）施工单位的质量责任

①施工单位必须按其资质等级和业务范围承揽工程施工任务，接受水利工程质量监督机构对其资质和质量保证体系的监督检查。

②施工单位必须依据国家、水利行业有关工程建设法规、技术规程、技术标准的规定及设计文件和施工合同的要求进行施工，并对其施工的工程质量负责。

③施工单位不得将其承接的水利建设项目的主体工程进行转包。对工程的分包，分包单位必须具备相应资质等级，并就其分包工程的施工质量向总包单位负责，总包单位就全部工程质量向项目法人（建设单位）负责。工程分包必须经过项目法人（建设单位）的认可。

④施工单位要推行全面质量管理，建立健全质量保证体系，制定和完善岗位质量规范、质量责任及考核办法，落实质量责任制。在施工过程中要加强质量检验工作，认真执行“三检制”，切实做好工程质量的全过程控制。

⑤工程发生质量事故，施工单位必须按照有关规定向监理单位、项目法人（建设单位）及有关部门报告，并保护好现场，接受工程质量事故调查，认真进行事故处理。

⑥竣工工程质量必须符合国家和水利行业现行的工程标准及设计文件要求，并应向项

目法人（建设单位）提交完整的技术档案、试验成果及有关资料。

（5）建筑材料、设备采购的质量责任

①建筑材料和工程设备的质量由采购单位承担相应责任。凡进入施工现场的建筑材料和工程设备均应按有关规定进行检验。检验不合格的产品不得用于工程。

②建筑材料和工程设备的采购单位具有按合同规定自主采购的权利，其他单位或个人不得干预。

③建筑材料或工程设备应当符合下列要求：

A. 有产品质量检验合格证明；

B. 有中文标明的产品名称、生产厂名和厂址；

C. 产品包装和商标式样符合国家有关规定与标准要求；

D. 工程设备应有产品详细的使用说明书，电气设备还应附有线路图；

E. 实施生产许可证或实行质量认证的产品，应当具有相应的许可证或认证证书。

第二节 施工阶段的质量控制

工程施工是使工程设计意图最终实现并形成工程实体的阶段，也是最终形成工程产品质量和工程项目使用价值的重要阶段。工程施工质量控制是项目监理机构工作的主要内容。项目监理机构应基于施工质量控制的依据和工作程序，抓好施工质量控制工作。施工阶段的质量控制应重点做好图纸会审与设计交底、施工组织设计的审查、施工方案的审查和现场施工准备质量控制等工作。施工阶段项目监理机构的质量控制包括审查、巡视、监理指令，旁站、见证取样、验收和平行检验，工程变更的控制和质量记录资料的管理等。

一、质量控制的依据、程序及方法

（一）质量控制的依据

项目监理机构施工质量控制的依据，大体上有以下几类：

1. 工程合同文件

建设工程监理合同、建设单位与其他相关单位签订的合同，包括与施工单位签订的施工合同、与材料设备供应单位签订的材料设备采购合同等。项目监理机构既要履行建设工程监理合同条款，又要监督施工单位、材料设备供应单位履行有关工程质量合同条款。因此，项目监理机构监理人员应熟悉这些相应条款，据以进行质量控制。

2. 已批准的工程勘察设计文件、施工图纸及相应的设计变更与修改文件工程勘察包括工程测量、工程地质和水文地质勘察等内容，工程勘察成果文件为工程项目选址、工程设计和施工提供科学可靠的依据，也是项目监理机构审批工程施工组织设计或施工方案、工程地基基础验收等工程质量控制的重要依据。经过批准的设计图纸和技术说明书等设计文件，是质量控制的重要依据。施工图审查报告与审查批准书、施工过程中设计单位出具的工程变更设计都属于设计文件的范畴，“按图施工”是施工阶段质量控制的一项重要原则，已批准的设计文件无疑是监理人进行质量控制的依据。但是从严格质量管理和质量控制的角度出发，监理单位在施工前还应参加建设单位组织的设计交底工作，以达到了解设计意图和质量要求，发现图纸差错和减少质量隐患的目的。

3. 有关质量管理方面的法律法规、部门规章与规范性文件

这主要包括：法律，如《中华人民共和国水法》《中华人民共和国防洪法》等；行政法规，如《建设工程质量管理条例》《中华人民共和国防汛条例》等；部门规章，如《建筑工程施工许可管理办法》《实施工程建设强制性标准监督规定》等；规范性文件，如《建设工程质量责任主体和有关机构不良记录管理办法（试行）》等。

4. 质量标准与技术规范（规程）

质量标准与技术规范（规程）是针对不同行业、不同质量控制对象而制定的，包括各种有关的标准、规范或规程。根据适用性，标准分为国家标准、行业标准、地方标准和企业标准。它们是建立和维护正常的生产与工作秩序应遵守的准则，也是衡量工程、设备和材料质量的尺度。对于国内工程，国家标准是必须执行与遵守的最低要求，行业标准、地方标准和企业标准的要求不能低于国家标准的要求。企业标准是企业生产和工作的要求与规定，适用于企业的内部管理。

这里需要指出的是，工程建设监理制度，是按照国际惯例建立起来的，特别适用于大型工程、外资工程及对外承包工程。因此，进行质量控制还必须注意其他国家的标准。当需要依据这些标准进行质量控制时，就要熟悉它、执行它。

（二）施工阶段质量控制程序

1. 合同项目质量控制程序

（1）监理机构应在施工合同约定的期限内，经发包人同意后向承包人发出进场通知，要求承包人按约定及时调遣人员和施工设备、材料进场进行施工准备。进场通知中应明确合同工期起算日期。

（2）监理机构应协助发包人向承包人移交施工合同约定应由发包人提供的施工用地、道路、测量基准点及供水、供电、通信设施等开工的必要条件。

（3）承包人完成开工准备后，应向监理机构提交开工申请。监理机构在检查发包人和承包人的施工准备满足开工条件后，签发开工令。

（4）由于承包人原因导致工程未能按施工合同约定时间开工，监理机构应通知承包人在约定时间内提交赶工措施报告并说明延误开工原因，由此增加的费用和工期延误造成的损失由承包人承担。

（5）由于发包人原因导致工程未能按施工合同约定时间开工，监理机构在收到承包人提出的顺延工期的要求后，应立即与发包人和承包人共同协商补救办法。由此增加的费用和工期延误造成的损失由发包人承担。

2. 单位工程质量控制程序

监理机构应审批每一个单位工程的开工申请，熟悉图纸，审核承包人提交的施工组织设计、技术措施等，确认后签发开工通知。

3. 分部工程质量控制程序

监理机构应审批承包人报送的每一分部工程开工申请，审核承包人递交的施工措施计划，检查该分部工程的开工条件，确认后签发分部工程开工通知。

4. 单元工程（工序）质量控制程序

第一个单元工程在分部工程开工申请获批准后自行开工，后续单元工程凭监理机构签发的上一单元工程施工质量合格证明方可开工。

5. 混凝土浇筑开仓

监理机构应对承包人报送的混凝土浇筑开仓报审表进行审核。符合开仓条件后，方可签发。

（三）施工阶段质量控制方法

施工阶段质量检查的主要方法有以下几种：

1. 旁站监理

旁站是指项目监理机构对工程的关键部位或关键工序的施工质量进行的监督活动。项目监理机构应根据工程特点和施工单位报送的施工组织设计，将影响工程主体结构安全的完工后无法检测其质量的或返工会造成较大损失的部位及其施工过程作为旁站的关键部位、关键工序，安排监理人员进行旁站，并及时记录旁站情况。旁站工作程序：①开工前，项目监理机构应根据工程特点和施工单位报送的施工组织设计，确定旁站的关键部位关键工序，并书面通知施工单位；②施工单位在需要实施旁站的关键部位、关键工序进行施工前书面通知项目监理机构；③接到施工单位书面通知后，项目监理机构应安排旁站人员实施旁站。

2. 巡视检验

巡视是项目监理机构对施工现场进行的定期或不定期的检查活动，是项目监理机构对工程实施建设监理的方式之一。项目监理机构应安排监理人员对工程施工质量进行巡视。巡视应包括下列主要内容：①施工单位是否按工程设计文件，工程建设标准和批准的施工组织设计（专项）施工方案施工。施工单位必须按照工程设计图纸和施工技术标准施工，不得擅自修改工程设计，不得偷工减料。②应检查施工单位使用的工程原材料、构配件和设备是否合格。不得在工程中使用不合格的原材料、构配件和设备，只有经过复试检测合格的原材料、构配件和设备才能用于工程。③施工现场管理人员，特别是施工质量管理人员是否到位。应对其是否到位及履职情况做好检查和记录。④特种作业人员是否持证上岗。应对施工单位特种作业人员是否持证上岗进行检查。

3. 见证取样与平行检测

见证取样是指项目监理机构对施工单位进行的涉及结构安全的试块、试件及工程材料现场取样、封样、送检工作的监督活动。完成取样后，施工单位取样人员应在试样或其包装上做出标识、封志。标识和封志应标明工程名称、取样部位、取样日期、样品名称和样品数量等信息，并由见证取样的专业监理工程师和施工单位取样人员签字。

平行检测是指项目监理机构在施工单位自检的同时，按有关规定、建设工程监理合同约定对同一检验项目进行的检测试验活动。项目监理机构应根据工程特点、专业要求，以及建设工程监理合同约定，对施工质量进行平行检验。平行检验的项目、数量、频率和费用等应符合建设工程监理合同的约定。对平行检验不合格的施工质量，项目监理机构应签发监理通知单，要求施工单位在指定的时间内整改并重新报验。

4. 监理指令文件的签发

在工程质量控制方面，项目监理机构发现施工存在质量问题的，或施工单位采用不适当的施工工艺，或施工不当造成工程质量不合格的，应及时签发监理通知单，要求施工单位整改。监理通知单由专业监理工程师或总监理工程师签发。监理人员发现可能造成质量事故的重大隐患或已发生质量事故的，总监理工程师应签发工程暂停令。因建设单位原因或非施工单位原因引起工程暂停的，在具备复工条件时，应及时签发工程复工令，指令施工单位复工。所有这些指令和记录，要作为主要的技术资料存档备查，作为今后解决纠纷的重要依据。

5. 工程变更的控制

施工过程中，由于前期勘察设计的原因，或由于外界自然条件的变化，未探明的地下障碍物、管线、文物地质条件不符等，以及施工工艺方面的限制、建设单位要求的改变，均会涉及工程变更。做好工程变更的控制工作，是工程质量控制的一项重要内容。工程变更单由提出单位填写，写明工程变更原因、工程变更内容，并附必要的附件，包括工程变更的依据、详细内容、图纸；对工程造价、工期的影响程度分析，以及对功能、安全影响的分析报告。

对于施工单位提出的工程变更，项目监理机构可按下列程序处理：①总监理工程师组织专业监理工程师审查施工单位提出的工程变更申请，提出审查意见。对涉及工程设计文件修改的工程变更，应由建设单位转交原设计单位修改工程设计文件。必要时，项目监理机构应建议建设单位组织设计、施工等单位召开论证工程设计文件修改方案的专题会议。②总监理工程师组织专业监理工程师对工程变更费用及工期影响做出评估。③总监理工程师组织建设单位、施工单位等共同协商确定工程变更费用及工期变化，会签工程变更单。④项目监理机构根据批准的工程变更文件监督施工单位实施工程变更。

施工单位提出工程变更的情形一般有以下几种：①图纸出现错漏、碰、缺等缺陷而无法施工；②图纸不便施工，变更后更经济、方便；③采用新材料、新产品、新工艺、新技术的需要；④施工单位考虑自身利益，为费用索赔而提出工程变更。

施工单位提出的工程变更，当为要求进行某些材料、工艺、技术方面的修改时，即根据施工现场具体条件和自身的技术、经验和施工设备等，在不改变原设计文件原则的前提下，提出的对设计图纸和技术文件的某些技术上的修改要求。例如，对某种规格的钢筋采用替代规格的钢筋、对基坑开挖边坡的修改等。应在工程变更单及其附件中说明要求修改的内容及原因或理由，并附上有关文件和相应图纸。经各方同意签字后，由总监理工程师组织实施。

当施工单位提出的工程变更要求对设计图纸和设计文件所表达的设计标准、状态有改变或修改时，项目监理机构经与建设单位、设计单位施工单位研究并做出变更决定后，由建设单位转交原设计单位修改工程设计文件，再由总监理工程师签发工程变更单，并附设计单位提交的修改后的工程设计图纸交施工单位按变更后的图纸施工。

建设单位提出的工程变更，可能是由于局部调整使用功能，也可能是方案阶段考虑不周，项目监理机构应对于工程变更可能造成的设计修改、工程暂停、返工损失、增加工程造价等进行全面的评估，为建设单位正确决策提供依据，避免工程反复和浪费。对于设计单位要求的工程变更，应由建设单位将工程变更设计文件下发项目监理机构，由总监理工程师组织实施。

如果变更涉及项目功能、结构主体安全，该工程变更还要按有关规定报送施工图原审查机构及管理部门进行审查与批准。

6. 质量记录资料的管理

质量记录资料是施工单位进行工程施工或安装期间实施质量控制活动的记录，还包括对这些质量控制活动的意见及施工单位对这些意见的答复，它详细地记录了工程施工阶段质量控制活动的全过程。因此，它不仅在工程施工期间对工程质量的控制有重要作用，而且在工程竣工和投入运行后，对于查询和了解工程建设的质量情况，以及工程维修和管理提供大量有用的资料与信息。质量记录资料包括以下三方面内容：①施工现场质量管理检查记录资料；②工程材料质量记录；③施工过程作业活动质量记录资料。施工质量记录资料应真实、齐全、完整，相关各方人员的签字齐备、字迹清楚、结论明确，与施工过程的进展同步。监理资料的管理应由总监理工程师负责，并指定专人具体实施。

二、实体形成过程各阶段的质量控制的主要内容

1. 事前质量控制内容

事前质量控制内容是指正式开工前所进行的质量控制工作，其具体内容包括以下方面:

（1）承包人资质审核。①检查工程技术负责人是否到位；②审查分包单位的资质等级。

（2）施工现场的质量检验验收。①现场障碍物的拆除、迁建及清除后的验收；②现

场定位轴线、高程标桩的测设、验收；③基准点、基准线的复核、验收等。

（3）负责审查批准承包人在工程施工期间提交的各单位工程和部分工程的施工措施计划、方法及施工质量保证措施。

（4）督促承包人建立和健全质量保证体系，组建专职的质量管理机构，配备专职的质量管理人员。承包人现场应设置专门的质量检查机构和必要的试验条件，配备专职的质量检查、试验人员，建立完善的质量检查制度。

（5）采购材料和工程设备的检验与交货验收。承包人负责采购的材料和工程设备，应由承包人会同现场监理人进行检验与交货验收，检验材质证明和产品合格证书。

（6）工程观测设备的检查。现场监理人需检查承包人对各种观测设备的采购、运输、保存、率定、安装、埋设、观测和维护等。其中观测设备的率定、安装、埋设和观测均必须在有现场监理人员在场的情况下进行。

（7）施工机械的质量控制。①凡直接危及工程质量的施工机械，如混凝土搅拌机、振动器等，应按技术说明书查验其相应的技术性能，不符合要求的，不得在工程中使用；②施工中使用的衡器、量具、计量装置应有相应的技术合格证，使用时应完好并不超过它们的校验周期。

2. 事中控制的内容

（1）监理人有权对全部工程的所有部位及其任何一项工艺、材料和工程设备进行检查与检验，也可随时提出要求在制造地、装配地、储存地点、现场、合同规定的任何地点进行检查、测量和检验，以及查阅施工记录。承包人应提供通常需要的协助，包括劳务、电力、燃料、备用品、装置和仪器等。承包人也应按照监理人的指示，进行现场取样试验、工程复核测量和设备性能检测，提供试验样品试验报告和测量成果，以及监理人要求进行的其他工作。监理人的检查和检验不解除承包人按合同规定应负的责任。

（2）施工过程中承包人应对工程项目的每道工序认真进行检查，并应把自行检查结果报送监理人备查，重要工程或关键部位承包人自检结果核准后才能进入下一道工序。如果监理人认为必要时，也可随时进行抽样检验，承包人必须提供抽查条件。如抽查结果不符合合同规定，必须进行返工处理，处理合格后，方可继续施工；否则，将按质量事故处理。

（3）依据合同规定的检查和检验，应由监理人与承包人按商定的时间和地点共同进行检查与检验。

（4）隐蔽工程和工程隐蔽部位的检查。①覆盖前的检查。经承包人自行检查确认隐蔽工程或工程的隐蔽部位具备覆盖条件的，在约定的时间内，承包人应通知监理人进行检查。如果监理人未按约定时间到场检查，拖延或无故缺席，造成工期延误，承包人有权要求延长工期和赔偿其停工或窝工损失。②虽然经监理人检查，并同意覆盖，但事后对质量有怀疑时，监理人仍可要求承包人对已覆盖的部位进行钻孔探测，以至揭开重新检验，承包人应遵照执行；当承包人未及时通知监理人，或监理人未按约定时间派人到场检查时，承包人私自将隐蔽部位覆盖，监理人有权指示承包人进行钻孔探测或揭开检查，承包人应遵照执行。

（5）不合格工程、材料和工程设备的处理。在工程施工中禁止使用不符合合同规定的等级质量标准和技术特性的材料及工程设备。

（6）行使质量监督权，下达停工令。出现下述情况之一者，监理人有权发布停工通知：①未经检验即进入下一道工序作业者；②擅自采用未经认可或批准的材料者；③擅自将工程转包；④擅自让未经同意的分包商进场作业者；⑤没有可靠的质量保证措施贸然施工，已出现质量下降征兆者；⑥工程质量下降，经指出后未采取有效改正措施，或采取了一定措施而效果不好，继续作业者；⑦擅自变更设计图纸要求者等。

（7）行使好质量否决权，为工程进度款的支付签署质量认证意见。

3. 事后质量控制的内容

（1）审核完工资料；

（2）审核施工承包人提供的质量检验报告及有关技术性文件；

（3）整理有关工程项目质量的技术文件，并编目、建档；

（4）评价工程项目质量状况及水平；

（5）组织联动试车等。

第三节 水利工程施工质量验收

工程施工质量验收是指工程施工质量在施工单位自行检查评定合格的基础上，由工程质量验收责任方组织，工程建设相关单位参加，对单元、分部、单位工程及其隐蔽工程的质量进行抽样检验，对技术文件进行审核，并根据设计文件和相关标准以书面形式对工程质量是否达到合格做出确认。工程施工质量验收是工程质量控制的重要环节。工程项目划分时，应按从大到小的顺序进行，这样有利于从宏观上进行项目评定的规划，不至于在分期实施过程中，从低到高评定时出现层次、级别和归类上的混乱。

一、水利水电工程项目划分的原则

按照《水利水电工程施工质量检验与评定规程》（SL 176—2007）（以下简称新规程），对水利水电工程项目进行划分。

（一）新规程有关项目的名称与划分原则

水利水电工程质量检验与评定应当进行项目划分。项目按级划分为单位工程、分部工程、单元（工序）工程等三级。

水利水电工程项目的划分应结合工程结构特点、施工部署及施工合同要求进行，划分结果应有利于保证施工质量以及施工质量管理。

1. 单位工程项目划分原则

（1）枢纽工程，一般以每座独立的建筑物为一个单位工程。当工程规模大时，可将一个建筑物中具有独立施工条件的一部分划分为一个单位工程。

（2）堤防工程，按招标标段或工程结构划分单位工程。可将规模较大的交叉联结建筑物及管理设施以每座独立的建筑物划分为一个单位工程。

（3）引水（渠道）工程，按招标标段或工程结构划分单位工程。可将大、中型（渠道）建筑物以每座独立的建筑物划分为一个单位工程。

（4）除险加固工程，按招标标段或加固内容，结合工程量划分单位工程。

2. 分部工程项目划分原则

（1）枢纽工程，土建部分按设计的主要组成部分划分，金属结构及启闭机安装工程和机电设备安装工程按组合功能划分。

（2）堤防工程，按长度或功能划分。

（3）引水（渠道）工程中的河（渠）道按施工部署或长度划分。大、中型建筑物按工程结构主要组成部分划分。

（4）除险加固工程，按加固内容或部位划分。

（5）同一单位工程中，同类型的各个分部工程的工程量（或投资）不宜相差太大，不同类型的各个分部工程投资不宜相差太大，工程量相差不超过50%。每个单位工程中的分部工程数目不宜少于5个。

3. 单元工程项目划分原则

（1）按《水利建设工程单元工程施工质量验收评定标准》（以下简称《单元工程评定标准》）规定进行划分。

（2）河（渠）道开挖、填筑及衬砌单元工程划分界限宜设在变形缝或结构缝处，长度一般不大于100m。同一分部工程中各单元工程的工程量（或投资）不宜相差太大。

（3）《单元工程评定标准》中未涉及的单元工程可依据工程结构、施工部署或质量考核要求，按层、块、段进行划分。

（二）新规程有关项目划分程序

1. 由项目法人组织监理、设计及施工等单位进行工程项目划分，并确定主要单位工程、主要分部工程重要隐蔽单元工程和关键部位单元工程。项目法人在主体工程开工前将项目划分表及说明书面报相关工程质量监督机构确认。

2. 工程质量监督机构收到项目划分书面报告后，应当在14个工作日内对项目进行划分、确认，并将确认结果书面通知项目法人。

3. 工程实施过程中，需对单位工程、主要分部工程、重要隐蔽单元工程和关键部位单元工程的项目划分进行调整时，项目法人应重新报送工程质量监督机构确认。

（三）有关质量术语

1. 水利水电工程质量：工程满足国家和水利行业相关标准及合同约定要求的程度，在安全性、使用功能适用性、外观及环境保护等方面的特性总和。

2. 质量检验：通过检查、量测、试验等方法，对工程质量特性进行的符合性评价。

3. 质量评定：将质量检验结果与国家和行业技术标准及合同约定的质量标准所进行的比较活动。

4. 单位工程：具有独立发挥作用或独立施工条件的建筑物。

5. 分部工程：在一个建筑物内能组合发挥一种功能的建筑安装工程，是组成单位工程的部分。对单位工程安全性、使用功能或效益起决定性作用的分部工程称为主要分部工程。

6. 单元工程：指在分部工程中由几个工序（或工种）施工完成的最小综合体，是日常质量考核的基本单位。

7. 关键部位单元工程：指对工程安全性或效益或使用功能有显著影响的单元工程。

8. 重要隐蔽单元工程：指主要建筑物的地基开挖、地下洞室开挖、地基防渗、加固处理和排水等隐蔽工程中，对工程安全或使用功能有严重影响的单元工程。

9. 主要建筑物及主要单位工程：主要建筑物，指其失事后将造成下游灾害或严重影响工程效益的建筑物，如堤坝、泄洪建筑物、输水建筑物、电站厂房及泵站等。属于主要建筑物的单位工程称为主要单位工程。

10. 中间产品：指工程施工中使用的砂石骨料、石料、混凝土拌合物、砂浆拌合物、混凝土预制构件等土建类工程的成品及半成品。

11. 见证取样：在监理单位或项目法人监督下，由施工单位有关人员现场取样，并送到具有相应资质等级的工程质量检测机构所进行的检测。

12. 外观质量：通过检查和必要的量测所反映的工程外表质量。

13. 质量事故：在水利水电工程建设过程中，由于建设管理、监理、勘测、设计、咨询、施工、材料、设备等原因造成工程质量不符合国家和行业相关标准及合同约定的质量标准，影响工程使用寿命和对工程安全运行造成隐患与危害的事件。

14. 质量缺陷：指对工程质量有影响，但小于一般质量事故的质量问题。

二、水利水电工程施工质量检验的要求

1. 施工质量检验的基本要求

根据《水利水电工程施工质量检验与评定规程》（SL 176—2007），施工质量检验的基本要求如下：

（1）承担工程检测业务的检测机构应具有水行政主管部门颁发的资质证书。

（2）工程施工质量检验中使用的计量器具、试验仪器仪表及设备应定期进行检定，并具备有效的检定证书。国家规定需强制检定的计量器具应经县级以上计量行政部门认定的计量检定机构或其授权设置的计量检定机构进行检定。

（3）检测人员应熟悉检测业务，了解被检测对象性质和所用仪器设备性能，经考核合格后，持证上岗。参与中间产品及混凝土（砂浆）试件质量资料复核的人员应具有工程师以上工程系列技术职称，并从事过相关试验工作。

（4）工程质量检验项目和数量应符合《单元工程评定标准》规定。工程质量检验方法，应符合《单元工程评定标准》和国家及行业现行技术标准的有关规定。

（5）工程项目中如遇《单元工程评定标准》中尚未涉及的项目质量评定标准，其质量标准及评定表格，由项目法人组织监理、设计及施工单位按水利部有关规定进行编制和报批。

（6）工程中永久性房屋、专用公路、专用铁路等项目的施工质量检验与评定可按相应行业标准执行。

（7）项目法人、监理、设计、施工和工程质量监督等单位根据工程建设需要，可委托具有相应资质等级的水利工程质量检测机构进行工程质量检测。施工单位自检性质的委托检测项目及数量，按《单元工程评定标准》及施工合同约定执行。对已建工程质量有重大分歧时，由项目法人委托第三方具有相应资质等级的质量检测机构进行检测，检测数量视需要确定，检测费用由责任方承担。

（8）对涉及工程结构安全的试块、试件及有关材料，应实行见证取样。见证取样资料由施工单位制备，记录应真实齐全，参与见证取样人员应在相关文件上签字。

（9）工程中出现检验不合格的项目时，按以下规定进行处理：

①原材料、中间产品一次抽样检验不合格时，应及时对同一取样批次另取 2 倍数量进行检验。如仍不合格则该批次原材料或中间产品应当定为不合格品，不得使用。

②单元（工序）工程质量不合格时，应按合同要求进行处理或返工重做，并经重新检验且合格后方可进行后续工程施工。

③混凝土（砂浆）试件抽样检验不合格时，应委托具有相应资质等级的质量检测机构对相应工程部位进行检验。如仍不合格，由项目法人组织有关单位进行研究，并提出处理意见。

④工程完工后的质量抽检不合格，或其他检验不合格的工程，应按有关规定进行处理，合格后才能进行验收或后续工程施工。

2. 新规程对施工过程中参建单位的质量检验职责的主要规定

（1）施工单位应当依据工程设计要求、施工技术标准和合同约定，结合《单元工程评定标准》的规定，确定检验项目及数量并进行自检，自检过程应当有书面记录，同时结合自检情况如实填写《水利水电工程施工质量评定表》。

（2）监理单位应根据《单元工程评定标准》和抽样检测结果复核工程质量。其平行检测和跟踪检测的数量按《监理规范》或合同约定执行。

（3）项目法人应对施工单位自检和监理单位抽检过程进行督促检查，对报工程质量监督机构核备、核定的工程质量等级进行认定。

（4）工程质量监督机构应对项目法人、监理、勘测、设计施工单位及工程其他参建单位的质量行为和工程实物质量进行监督检查。检查结果应当按有关规定及时公布，并书面通知有关单位。

（5）临时工程质量检验及评定标准，由项目法人组织监理、设计及施工等单位根据工程特点，参照《单元工程评定标准》和其他相关标准确定，并报相应的工程质量监督机构核备。

（6）质量检验包括施工准备检查，原材料与中间产品质量检验，水工金属结构、启闭机及机电产品质量检查，单元（工序）工程质量检验，质量事故检查和质量缺陷备案，工程外观质量检验等。

（7）质量缺陷备案表由监理单位组织填写，内容应真实、全面、完整。各工程参建单位代表应在质量缺陷备案表上签字，若有不同意见应明确记载。质量缺陷备案表应及时报工程质量监督机构备案。质量缺陷备案资料按竣工验收的标准制备。工程竣工验收时，项目法人应向竣工验收委员会汇报并提交历次质量缺陷备案资料。

3. 水利水电工程施工质量评定

质量评定时，应按从低层到高层的顺序进行，这样可以从微观上按照施工工序和有关规定，在施工过程中把好质量关，由低层到高层逐级进行工程质量控制和质量检验。其评定的顺序是单元工程、分部工程、单位工程、工程项目。新规程规定水利水电工程施工质量等级分为“合格”“优良”两级。合格标准是工程验收标准，优良等级是为工程项目质量创优而设置的。

4. 新规程水利水电工程施工质量等级评定的主要依据

①国家及相关行业技术标准。

②《单元工程评定标准》。

③经批准的设计文件、施工图纸、金属结构设计图样与技术条件。设计修改通知书、厂家提供的设备安装说明书及有关技术文件。

④工程承发包合同中约定的技术标准。

⑤工程施工期及试运行期的试验和观测分析成果。

三、新规程有关施工质量合格标准

（一）单元（工序）工程施工质量合格标准

单元工程按工序划分情况，分为划分工序单元工程和不划分工序单元工程。

划分工序的单元工程进行施工质量评定，应先进行其各工序的施工质量评定，在工序验收评定合格和施工项目实体质量检验合格的基础上，进行单元工程施工质量验收评定。不划分工序单元工程的施工质量验收评定，在单元工程中所包含的检验项目检验合格和施工项目实体质量检验合格的基础上进行。工序和单元工程施工质量等各类项目的检验，应采用随机布点和监理工程师现场指定区位相结合的方式进行。工序和单元工程施工质量验收评定表及其备查资料的制备由工程施工单位负责，其规格宜采用国际标准 A4 纸（210mm×297mm），验收评定表一式 4 份，备查资料一式 2 份，其中验收评定表及其备查资料 1 份应由监理单位保存，其余应由施工单位保存。

1. 单元（工序）工程施工质量评定标准按照《单元工程评定标准》或合同约定的合格标准执行。

工序施工质量评定合格的标准如下：主控项目，检验结果应全部符合本标准的要求；一般项目，逐项应有 70% 及以上的检验点合格，且不合格点不应集中；各项报验资料应符合《单元工程评定标准》要求。

划分工序单元工程施工质量评定合格的标准如下：各工序施工质量验收评定应全部合格；各项报验资料应符合《单元工程评定标准》要求。

不划分工序单元工程施工质量评定合格的标准如下：主控项目，检验结果应全部符合本标准的要求；一般项目，逐项应有 70% 及以上的检验点合格，且不合格点不应集中；各项报验资料应符合《单元工程评定标准》要求。

2. 单元（工序）工程质量达不到合格标准时，应及时处理。处理后的质量等级按下列规定重新确定：全部返工重做的，可重新评定质量等级；经加固补强并经设计和监理单位鉴定能达到设计要求时，其质量评为合格；处理后的工程部分质量指标仍达不到设计要求时，经设计复核，项目法人及监理单位确认能满足安全和使用功能要求的，可不再进行处理；经加固补强后改变了外形尺寸或造成工程永久性缺陷的，经项目法人监理及设计单位确认能基本满足设计要求的，其质量可定为合格，但应按规定进行质量缺陷备案。

（二）分部工程施工质量合格标准

1. 所含单元工程的质量全部合格。质量事故及质量缺陷已按要求处理，并经检验合格。

2. 原材料、中间产品及混凝土（砂浆）试件质量全部合格，金属结构及启闭机制造质量合格、机电产品质量合格。

（三）单位工程施工质量合格标准

1. 所含分部工程质量全部合格。

2. 质量事故已按要求进行处理。

3. 工程外观质量得分率达到 70% 以上。

4. 单位工程施工质量检验与评定资料基本齐全。

5. 工程施工期及试运行期，单位工程观测资料分析结果符合国家和行业技术标准及合同约定的标准要求。

（四）工程项目施工质量合格标准

（1）单位工程质量全部合格。

（2）工程施工期及试运行期，各单位工程观测资料分析结果均符合国家和行业技术标准及合同约定的标准要求。

四、新规程有关施工质量优良标准

（一）单元工程施工质量优良标准

单元工程施工质量优良标准按照《单元工程评定标准》以及合同约定的优良标准执行。全部返工重做的单元工程，经检验达到优良标准时，可评为优良等级。单元工程中的工序分为主要工序和一般工序。

1. 工序施工质量评定优良的标准如下：主控项目，检验结果应全部符合本标准的要求；一般项目，逐项应有 90% 及以上的检验点合格，且不合格点不应集中；各项报验资料应符合《单元工程评定标准》要求。

2. 划分工序单元工程施工质量评定优良的标准如下：各工序施工质量验收评定应全部合格，其中优良工序应达到 50% 及以上，且主要工序应达到优良等级；各项报验资料应符合《单元工程评定标准》要求。

3. 不划分工序单元工程施工质量评定优良的标准如下：主控项目，检验结果应全部符合本标准的要求；一般项目，逐项应有 90% 及以上的检验点合格且不合格点不应集中；各项报验资料应符合《单元工程评定标准》要求。

（二）分部工程施工质量优良标准

1. 所含单元工程质量全部合格，其中 70% 以上达到优良等级，主要单元工程以及重要隐蔽单元工程（关键部位单元工程）质量优良率达 90% 以上，且未发生过质量事故。

2. 中间产品质量全部合格。混凝土（砂浆）试件质量达到优良等级（当试件组数小于30时，试件质量合格）。原材料质量、金属结构及启闭机制造质量合格，机电产品质量合格。

（三）单位工程施工质量优良标准

1. 所含分部工程质量全部合格，其中70%以上达到优良等级，主要分部工程质量全部优良，且施工中未发生过较大质量事故。

2. 质量事故已按要求进行处理。

3. 外观质量得分率达到85%以上。

4. 单位工程施工质量检验与评定资料齐全。

5. 工程施工期及试运行期，单位工程观测资料分析结果符合国家和行业技术标准以及合同约定的标准要求。

（四）工程项目施工质量优良标准

1. 单位工程质量全部合格，其中70%以上单位工程质量达到优良等级，且主要单位工程质量全部优良。

2. 工程施工期及试运行期，各单位工程观测资料分析结果均符合国家和行业技术标准及合同约定的标准要求。

五、水利水电工程单元工程质量等级评定标准

1. 水利水电工程单元工程施工质量验收评定标准

《水利水电工程单元工程施工质量验收评定标准》（SL631~637—2012）（以下简称《新标准》）包括土石方工程、混凝土工程、地基处理与基础工程、堤防工程、水工金属结构安装工程、水轮发电机组安装工程，水力机械辅助设备系统安装工程，自2012年12月开始实施。

《新标准》中改变了原标准中质量检验项目分类，统一规定为“控项目”和“一般项目”两类。单元工程质量等级标准是进行工程质量等级评定的基本尺度。由于工程类别不一样，单元工程质量评定标准的内容、项目的名称和合格率标准等也不一样。单元工程具体评定标准可参见《新标准》中的相关规定。

2. 填写《水利水电工程单元工程施工质量验收评定表》注意事项

《水利水电工程单元工程施工质量验收评定表》（以下简称《评定表》）是检验与评定施工质量的基础资料，也是进行工程维修和事故处理的重要参考。《评定表》也是水利水电工程验收的备查资料。《水利工程建设项目档案管理规定》要求，工程竣工验收后，《评定表》归档长期保存。因此，对《评定表》的填写，做如下基本规定：

（1）单元（工序）工程完工后，在规定时间内及时评定其质量等级，并按现场检验结果，客观真实地填写《评定表》。

（2）现场检验应遵守随机布点与监理工程师现场指定区位相结合的原则，检验方法及数量应符合《新标准》和相关标准的规定。

（3）若手写，应使用蓝色或黑色墨水钢笔填写，字迹应工整、清晰；若计算机打印，输入内容的字体应与表格固定内容不同，以示区别，字号以相同或相近、匀称为宜。质量意见和质量结论及签字部分（包括日期）不可打印。

（4）验收评定表与备查资料的制备规格采用国际标准 A4（210mm×297mm）。

（5）数字要使用阿拉伯数字（1，2，3…9，0），单位使用国家法定计量单位，并以规定的符号表示（如 MPa、m、m^3、t 等）。数据与数据之间用逗号（，）隔开，小数点要用圆点（.）。合格率用百分数（%）表示，小数点后保留 1 位，如果恰为整数，则小数点后以 0 表示，如 95.0%。

（6）修改错误时，将错误部分用斜线画掉，再在其右上方填写正确的文字或数字，禁止使用改正液、贴纸重写、橡皮擦、刀片刮或用墨水涂黑等不标准方法。

（7）表头填写：①单位工程、分部工程名称，按项目划分确定的名称填写。②单元工程名称部位：填写该单元工程名称（中文名称或编号），部位可用桩号、高程、到轴线（中心线）距离表示，原则是使该单元从空间（三维）上受控，必要时附示意图。③施工单位：填写与项目法人（建设单位）签订承包合同的施工单位全称。④单元工程量：填写本单元主要工程量。⑤检验（评定）日期：年，填写 4 位数；月，填写实际月份（1~12 月）；日，填写实际日期（1~31 日）。

（8）质量标准中，凡有“符合设计要求”者，应注明设计具体要求（如内容较多，可附页说明）；凡有“符合规范要求”者，应标出所执行的规范名称及编号。凡在质量标准中只做定性描述的检验项目，则在检查（检测）结果中亦作定性描述，不参与质量结论中的合格率计算。

（9）检查（检验、检测）记录应真实、准确，设计值按施工图填写，实测值填写实际检测数据（可打印），而不是偏差值。当实测数据较多时，可填写实测组数实测值范围（最大值至最小值）和合格数，但实测值应做表格附件备查。

（10）监理人员（须持监理工程师证的）复核质量等级时，如对施工单位填写的质量检验资料有不同意见，可写入“质量等级”栏内或另附页说明，并在“质量等级”栏内填写出正确的等级。

（11）《评定表》中列出的某些项目，如实际工程无该项内容，应在相应检验栏用斜线“/”表示。

（12）《评定表》表 1~7 从表头至“评定意见”栏均由施工单位经“三检”合格后填写，“质量等级”栏由复核质量的监理人员填写。

（13）单元（工序）工程表尾填写：

①施工单位由负责终验的人员签字。如果该工程由分包单位施工，则单元（31 序）工程表尾由分包施工单位的终验人员填写分包单位全称，并签字。重要隐蔽工程、关键部

位的单元工程，当分包单位自检合格后，总包单位应参加联合小组核定其质量等级。

②建设、监理单位，实行了监理制的工程，由负责该项目的监理人员复核质量等级并签字。未实行监理制的工程，由建设单位专职质检人员签字。

③表尾所有签字人员，必须由本人按照身份证上的姓名签字，不得使用化名，也不得由其他人代为签字。签字时应填写填表日期。

（14）表尾填写：××单位是指具有法人资格单位的现场派出机构，若需加盖公章，则加盖该单位的现场派出机构的公章。

3. 质量评定工作的组织与管理

（1）单元（工序）工程质量在施工单位自评合格后报监理单位复核，由监理工程师核定质量等级并签证认可。

（2）重要隐蔽单元工程及关键部位单元工程质量经施工单位自评合格，监理单位抽检后，由项目法人（或委托监理）、监理、设计、施工、工程运行管理（施工阶段已经有时）等单位组成联合小组，共同检查核定其质量等级并填写签证表，报工程质量监督机构核备。

（3）分部工程质量，在施工单位自评合格后，报监理单位复核，项目法人认定。分部工程验收的质量结论由项目法人报质量监督机构核备。大型枢纽工程主要建筑物的分部工程验收的质量结论由项目法人报工程质量监督机构核定。

（4）工程外观质量评定。单位工程完工后，项目法人组织监理、设计、施工及工程运行管理等单位组成工程外观质量评定组，进行工程外观质量检验评定并将评定结论报工程质量监督机构核定。参加工程外观质量评定的人员应具有工程师以上技术职称或相应执业资格。评定组人数应不少于5人，大型工程不宜少于7人。

（5）单位工程质量，在施工单位自评合格后，由监理单位复核、项目法人认定。单位工程验收的质量结论由项目法人报质量监督机构核定。

（6）工程项目质量，在单位工程质量评定合格后，由监理单位进行统计并评定工程项目质量等级，经项目法人认定后，报质量监督机构核定。

（7）阶段验收前，质量监督机构应提交工程质量评价意见。

（8）工程质量监督机构应按有关规定在工程竣工验收前提交工程质量监督报告，工程质量监督报告应当有工程质量是否合格的明确结论。

5. 水利水电工程施工质量验收

项目建成后必须按国家有关规定进行严格的竣工验收，由验收人员签字负责。项目竣工验收合格后，方可投入使用。通过对工程验收可以检查工程是否按照批准的设计进行建设；检查已完工程在设计、施工、设备安装等方面的质量，并对验收遗留问题提出处理要求；检查工程是否具备运行或进行下一阶段建设的条件；总结工程建设中的经验教训，并对工程做出评价；及时移交工程，尽早发挥投资效益。

对未经验收或验收不合格就交付使用的，要追究项目法定代表人的责任，造成重大损失的，要追究其法律责任。验收制既包括法人验收，也包括政府验收。法人验收应包括分部工程验收、单位工程验收、水电站（泵站）中间机组启动验收、合同工程完工验收等；政府验收应包括阶段验收、专项验收、竣工验收等。验收主持单位可根据工程建设需要增设验收的类别和具体要求。根据《水利水电建设工程验收规程》，验收的基本要求如下：

（1）工程验收应以下列文件为主要依据：

①国家现行有关法律、法规、规章和技术标准；

②有关主管部门的规定；

③经批准的工程立项文件、初步设计文件、调整概算文件；

④经批准的设计文件及相应的工程变更文件；

⑤施工图纸及主要设备技术说明书等；

⑥法人验收还应以施工合同为依据。

（2）工程验收工作的主要内容：

①检查工程是否按照批准的设计进行建设；

②检查已完工工程在设计、施工、设备制造安装等方面的质量及相关资料的收集、整理和归档情况；

③检查工程是否具备运行或进行下一阶段建设的条件；

④检查工程投资控制和资金使用情况；

⑤对验收遗留问题提出处理意见；

⑥对工程建设做出评价和结论。

（3）政府验收应由验收主持单位组织成立的验收委员会负责；法人验收应由项目法人组织成立的验收工作组负责。验收委员会（工作组）由有关单位代表和有关专家组成。验收的成果性文件是验收鉴定书，验收委员会（工作组）成员应在验收鉴定书上签字。对验收结论持有异议的，应将保留意见在验收鉴定书上明确记载并签字。

（4）工程验收结论应经 2/3 以上验收委员会（工作组）成员同意。验收过程中发现的问题，其处理原则应由验收委员会（工作组）协商确定。主任委员（组长）对争议问题有裁决权。若 1/2 以上的委员（组员）不同意裁决意见，法人验收应报请验收监督管理机关决定；政府验收应报请竣工验收主持单位决定。

（5）工程项目中需要移交非水利行业管理的工程，验收工作宜参照相关行业主管部门的有关规定。

（6）当工程具备验收条件时，应及时组织验收。未经验收或验收不合格的工程不应交付使用或进行后续工程施工。验收工作应相互衔接，不应重复进行。

（7）工程验收应在施工质量检验与评定的基础上，对工程质量提出明确结论意见。

（8）验收资料制备由项目法人统一组织，有关单位应按要求及时完成并提交。项目法人应对提交的验收资料进行完整性、规范性检查。验收资料分为应提供的资料和需备查的资料。有关单位应保证其提交资料的真实性并承担相应责任。验收资料应具有真实性、完整性和历史性。所谓真实性是指如实记录和反映工程建设过程的实际情况。所谓完整性，是指建设过程应有及时、完整、有效的记录。所谓历史性是指对未来有可靠和重要的参考价值。验收时所需提供资料与备查资料的区别主要是，备查资料是原始的且数量有限，不可再制；提供资料是对原始资料的归纳和建立在实践基础上的经验总结。

7 水利工程质量保修

（1）保修期

《建设工程质量管理条例》规定，建设工程实行质量保修制度。建设工程承包单位在向建设单位提交工程竣工验收报告时，应当向建设单位出具质量保修书。质量保修书中应当明确建设工程的保修范围、保修期限和保修责任等。

关于建设工程质量保修期限，在《建设工程质量管理条例》中有原则性的规定，即在正常使用条件下，建设工程的最低保修期限如下：基础设施工程、房屋建筑的地基基础工程和主体结构工程，为设计文件规定的该工程的合理使用年限；屋面防水工程有防水要求的卫生间、房间和外墙面的防渗漏为 5 年；供热与供冷系统为 2 个采暖期供冷期；电气管线、给排水管道、设备安装和装修工程为 2 年；其他项目的保修期限由发包方与承包方约定。建设工程的保修期，自竣工验收合格之日起计算。

根据《水利工程质量管理规定》，水利工程质量保修的主要内容如下：

①水利工程保修期从工程移交证书写明的工程完工日起一般不少于一年。有特殊要求的工程，其保修期限在合同中规定。

②工程质量出现永久性缺陷的，承担责任的期限不受以上保修期限制。

③水利工程在规定的保修期内，出现工程质量问题，一般由原施工单位负责保修，所需费用由责任方承担。

④工程保修期内维修的经济责任由责任方负责承担，其中，施工单位未按国家有关标准和设计要求施工，造成的质量缺陷由施工单位承担；由于设计方面的原因造成的质量缺陷，由设计单位负责承担经济责任；由于材料设备不合格等原因，属于施工单位采购的或由其验收同意的，由施工单位承担经济责任，属于项目法人采购的，由项目法人承担经济责任；因使用不当造成的，由使用单位自行负责。

2. 保修期监理人质量控制任务

（1）监理机构应督促承包人按计划完成尾工项目，协助发包人验收尾工项目，并为此办理付款签证。

（2）督促承包人对已完工程项目中所存在的施工质量缺陷进行修复。在承包人未能执行监理机构的指示或未能在合理时间内完成修复工作时，监理机构可建议发包人雇用他人完成质量缺陷修复工作，并协助发包人处理由此产生的费用。

若质量缺陷是由发包人或运行管理单位的使用或管理不周造成的，监理机构应受理承包人因修复该质量缺陷而提出的追加费用付款申请。

（3）签发工程项目保修责任终止证书。

（4）保修期间现场监理机构应适时予以调整，除保留必要的人员和设施外，其他人员和设施可撤离，或将设施移交发包人。

第四节 水利工程质量问题与质量事故的处理

1. 水利工程质量事故分类与事故报告内容

根据《水利工程质量事故处理暂行规定》（水利部令第 9 号），水利工程质量事故是指在水利工程建设过程中，由于建设管理、监理、勘测、设计、咨询、施工、材料、设备等原因造成工程质量不符合规程规范和合同规定的质量标准，影响工程使用寿命和对工程安全运行造成隐患及危害的事件。需要注意的问题是，水利工程质量事故可以造成经济损失，也可以同时造成人身伤亡。这里主要是指没有造成人身伤亡的质量事故。根据《水利工程质量事故处理暂行规定》（水利部令第 9 号），工程质量事故按直接经济损失的大小，检查、处理事故对工期的影响时间长短和对工程正常使用的影响，分为一般质量事故、较大质量事故、重大质量事故、特大质量事故。

（1）一般质量事故指对工程造成一定经济损失，经处理后不影响正常使用且不影响使用寿命的事故。

（2）较大质量事故指对工程造成较大经济损失或延误较短工期，经处理后不影响正常使用但对工程使用寿命有一定影响的事故。

（3）重大质量事故指对工程造成重大经济损失或较长时间延误工期，经处理后不影响正常使用但对工程使用寿命有较大影响的事故。

（4）特大质量事故指对工程造成特大经济损失或长时间延误工期，经处理后仍对正常使用和工程使用寿命有较大影响的事故。

（5）小于一般质量事故的质量问题称为质量缺陷。

根据《水利工程质量事故处理暂行规定》（水利部令第 9 号），事故发生后，事故单位要严格保护现场，采取有效措施抢救人员和财产，防止事故扩大。因抢救人员、疏导交通等原因需移动现场物件时，应做出标志、绘制现场简图并做出书面记录，妥善保管现场重要痕迹、物证，并拍照或录像。

发生质量事故后，项目法人必须将事故的简要情况向项目主管部门报告。项目主管部门接到事故报告后，按照管理权限向上级水行政主管部门报告。发生（发现）较大质量事故、重大质量事故、特大质量事故后，事故单位要在 48h 内向有关单位提出书面报告。有关事故报告应包括以下主要内容：

（1）工程名称、建设地点、工期，项目法人、主管部门及负责人电话；

（2）事故发生的时间、地点、工程部位及相应的参建单位名称；

（3）事故发生的简要经过、伤亡人数和直接经济损失的初步估计；

（4）事故发生原因初步分析；

（5）事故发生后采取的措施及事故控制情况；

（6）事故报告单位负责人以及联络方式。

2. 水利工程质量事故调查的程序与处理的要求

根据《水利工程质量事故处理暂行规定》（水利部令第9号），有关单位接到事故报告后，必须采取有效措施，防止事故扩大，并立即按照管理权限向上级部门报告或组织事故调查和处理。

（1）水利工程质量事故调查

根据《水利工程质量事故处理暂行规定》（水利部令第9号），事故调查的基本程序如下：

①发生质量事故，要按照规定的管理权限组织调查组进行调查，查明事故原因，提出处理意见，提交事故调查报告。事故调查组成员实行回避制度。

②事故调查管理权限按以下原则确定：

一般事故由项目法人组织设计、施工、监理等单位进行调查，调查结果报项目主管部门核备；较大质量事故由项目主管部门组织调查组进行调查，调查结果报上级主管部门批准并报省级水行政主管部门核备；重大质量事故由省级以上水行政主管部门组织调查组进行调查，调查结果报水利部核备；特别重大质量事故由水利部组织调查。需要注意的是，根据《生产安全事故报告和调查处理条例》（国务院令第493号）的规定，特别重大质量事故是指造成30人以上死亡，或者100人以上重伤（包括急性工业中毒），或者1亿元以上直接经济损失的事故。特别重大质量事故由国务院或者国务院授权有关部门组织事故调查组进行调查。

③事故调查的主要任务如下：

查明事故发生的原因、过程、经济损失情况和对后续工程的影响；组织专家进行技术鉴定；查明事故的责任单位和主要责任人应负的责任；提出工程处理和采取措施的建议；提出对责任单位和责任人的处理建议；提出事故调查报告。

④根据《水利工程建设重大质量与安全事故应急预案》（水建管〔2006〕202号），事故报告应当包括以下内容：

发生事故的工程基本情况；调查中查明的事实；事故原因分析及主要依据；事故发展过程及造成的后果（包括人员伤亡、经济损失）分析、评估；采取的主要应急响应措施及其有效性；事故结论；事故责任单位、事故责任人及其处理建议；调查中尚未解决的问题；经验教训和有关水利工程建设的质量与安全建议；各种必要的附件等。

⑤事故调查组有权向事故单位、各有关单位和个人了解事故的有关情况。有关单位和个人必须实事求是地提供有关文件或材料，不得以任何方式阻碍或干扰调查组正常工作。

⑥事故调查组提出的事故调查报告经主持单位同意后，调查工作即告结束。

（2）水利工程质量事故处理的要求

根据《水利工程质量事故处理暂行规定》（水利部令第9号），因质量事故造成人员伤亡的，还应遵从国家和水利部伤亡事故处理的有关规定。其中质量事故处理的基本要求如下：

①质量事故处理原则

发生质量事故必须坚持“事故原因不查清楚不放过、主要事故责任者和职工未受教育不放过、补救和防范措施不落实不放过、责任人未受处理不放过”的原则，认真调查事故原因，研究处理措施，查明事故责任，做好事故处理工作。

②质量事故处理职责划分

发生质量事故后，必须针对事故原因提出工程处理方案，经有关单位审定后实施。

一般质量事故，由项目法人负责组织有关单位制订处理方案并实施，报上级主管部门备案；较大质量事故，由项目法人负责组织有关单位制订处理方案，经上级主管部门审定后实施，报省级水行政主管部门或流域备案；重大质量事故，由项目法人负责组织有关单位提出处理方案，征得事故调查组意见后，报省级水行政主管部门或流域机构审定后实施；特大质量事故，由项目法人负责组织有关单位提出处理方案，征得事故调查组意见后，报省级水行政主管部门或流域机构审定后实施，并报水利部备案。

（3）事故处理中设计变更的管理

事故处理需要进行设计变更的，需原设计单位或有资质的单位提出设计变更方案。需要进行重大设计变更的，必须经原设计审批部门审定后实施。

事故部位处理完毕后，必须按照管理权限经过质量评定与验收后，方可投入使用或进入下一阶段施工。

（4）质量缺陷的处理

《水利工程质量事故处理暂行规定》（水利部令第9号）规定，小于一般质量事故的质量问题称为质量缺陷。所谓“质量缺陷”，是指小于一般质量事故的质量问题，即因特殊原因，使得工程个别部位或局部达不到规范和设计要求（不影响使用），且未能及时进行处理的工程质量问题（质量评定仍为合格）。根据水利部《关于贯彻落实〈国务院批转国家计委、财政部、水利部、建设部关于加强公益性水利工程建设管理若干意见的通知〉的实施意见》，水利工程实行水利工程施工质量缺陷备案及检查处理制度。

对因特殊原因导致工程个别部位或局部达不到规范和设计要求（不影响使用），且未能及时进行处理的工程质量缺陷问题（质量评定仍为合格），必须以工程质量缺陷备案形式进行记录备案。

质量缺陷备案的内容包括质量缺陷产生的部位、原因，对质量缺陷是否处理和如何处理，对建筑物使用的影响等。内容必须真实、全面、完整，参建单位（人员）必须在质量缺陷备案表上签字，有不同意见应明确记载。

质量缺陷备案资料必须按竣工验收的标准制备，作为工程竣工验收备查资料存档。质量缺陷备案表由监理单位组织填写。

工程项目竣工验收时，项目法人必须向验收委员会汇报并提交历次质量缺陷的备案资料。

第七章 水利工程进度控制

控制建设工程进度，不仅能够确保工程建设项目按预定的时间交付使用，及时发挥投资效益，而且有利于维持国家良好的经济秩序。因此，监理工程师应采用科学的控制方法和手段来控制工程项目的建设进度。

施工阶段是工程项目得以实施并形成建设产品的重要阶段。该阶段需要消耗大量的人力、财力和物力，加之水利工程建设本身的特点，如周期长、投资大、技术综合性强，受地形、地质、水文、气象和交通运输、社会经济等因素影响大等，加强计划管理十分重要。在施工阶段，施工进度一旦拖延，要保证计划工期，后续工作就得赶工作业，这就意味着建设费用可能增加。如果进度拖延导致工程工期拖延，不仅工程建设的费用增加，而且工程不能按期投产，将会给国民经济造成巨大损失。因此，施工阶段的进度控制是监理工程师的重点工作之一。

第一节 建设项目进度控制概述

一、工期与进度控制

1. 建设工期与合同工期

建设工期是指建设项目从正式开工到全部建成投产或交付使用所经历的时间。建设工期应按日历天数计算，并在总进度计划中明确建设的起止时限。建设工期是建设单位根据工期定额和每个项目的具体情况，在系统、合理地编制进度计划的基础上，经综合平衡确定的。建设项目正式列入计划后，建设工期应严格执行，禁止随意变动。

合同工期是按照业主与承包商签订的施工合同中确定的承包商完成所承包项目的时间。施工合同工期应按日历天数计算。合同工期一般指从开工日期到合同规定的竣工日期所用的时间，再加上以下情况的工期延长：额外或附加的工作；合同条件中提到的任何误期原因；异常恶劣的气候条件；由发包人造成的任何延误、干扰或阻碍；除去承包人不履行合同或违约或由他负责的以外，其他可能发生的特殊情况。

2. 进度控制的概念

要掌握进度控制的概念，首先需搞清楚进度计划，以及进度计划与进度控制的关系。进度计划就是按照项目的工期目标，对项目实施中的各项工作在时间上做出周密安排，它系统地规定了项目的任务、进度和完成任务所需的资源。

在进度计划实施过程中，按照进度计划对整个建设过程实施监督、检查，对出现的实际进度与计划进度之间的偏差，分析原因并采取相应措施，以确保进度目标的实现，这一行为过程称为进度控制。建设工程进度控制的最终目的是确保建设项目按预定的时间动用或提前交付使用，建设工程进度控制的总目标是建设工期。

为了保证建设项目顺利进行，首先需要根据预定目标编制进度计划。进度控制与进度计划是紧密联系且不可分割的。一方面，任何项目的实施都是从计划开始的。项目计划作为项目执行的法典，是项目实施中开展各项工作的基础。系统、周密、合理的进度计划，是项目建设顺利实施的重要基础。如果计划不周、组织不当，就会发生工作脱节、窝工、停工待料、浪费人力、闲置设备以致拖延工期等现象。另一方面，有效的进度控制能够保证进度计划的顺利实现，并纠正进度计划的偏差。如果进度控制不力，就会导致实际进度与计划之间出现大的偏差，甚至使计划对实际活动失去指导意义。

建设项目的进度控制是一项系统工程，它涉及勘测设计、施工、土地征用、材料设备供应、设备安装调试、资金筹措等众多内容，各方面的工作都必须围绕着一个主进度有条不紊地进行，因此必须以系统的进度计划来做指导。

由于在工程建设过程中存在着许多影响进度的因素，这些因素往往来自不同的部门和不同的时期，它们对建设工程进度产生着复杂的影响。因此，监理必须事先对影响建设工程进度的各种因素进行调查分析，预测它们对建设工程进度的影响程度，确定合理的进度控制目标，编制可行的进度计划，使工程建设工作始终按计划进行。

二、影响进度的因素

由于建设工程具有规模庞大、工程结构与工艺技术复杂、建设周期长及相关单位多等特点，决定了建设工程进度将受到许多因素的影响。要想有效地控制建设工程进度，就必须对影响进度的有利因素和不利因素进行全面细致的分析与预测。这样，一方面可以促进对有利因素的充分利用和对不利因素的妥善预防；另一方面也便于事先制定预防措施，事中采取有效对策，事后进行妥善补救，以缩小实际进度与计划进度的偏差，实现对建设工程进度的主动控制和动态控制。在工程建设过程中，常见的影响因素如下：

1. 发包人因素。比如发包人使用要求改变而进行设计变更，应提供的施工场地条件不能及时提供或所提供的场地不能满足工程正常需要，不能及时向施工承包单位或材料供应商付款等。

2. 勘察设计因素。比如勘察资料不准确，特别是地质资料错误或遗漏；设计内容不完善，规范应用不恰当，设计有缺陷或错误；设计对施工可能性未考虑或考虑不周；施工图纸供应不及时、不配套，或出现重大差错等。

3. 施工技术因素。比如施工工艺错误，不合理的施工方案，施工安全措施不当，不可靠技术的应用等。

4. 自然环境因素。比如复杂的工程地质条件，不明的水文气象条件、地下埋藏文物的保护、处理，洪水、地震、台风等不可抗力等。

5. 社会环境因素。比如节假日交通、市容整顿的限制，临时停水停电、断路以及法律制度变化，经济制裁，战争、骚乱、罢工、企业倒闭等。

6. 组织管理因素。比如向有关部门提出各种申请审批手续的延误；合同签订时遗漏条款、表达失当；计划安排不周密，组织协调不力，导致停工待料、相关作业脱节；领导不力，指挥失当，使参加工程建设的各个单位、各个专业、各个施工过程之间交接、配合上发生矛盾等。

7. 材料、设备因素。比如材料、构配件、机具、设备供应环节的差错，品种、规格、质量、数量、时间不能满足工程的需要；特殊材料及新材料的不合理使用；施工设备不配套，选型失当，安装失误，有故障等。

8. 资金因素。比如有关方拖欠资金，资金不到位，资金短缺；汇率浮动和通货膨胀等。

三、进度控制的目标

监理实施进度控制应本着以近期保远期、以短期保长期、以局部保全局的总体控制原则，按进度控制的横向和纵向，将进度目标分解为不同的分目标和阶段性目标，由此构成建设项目进度控制的目标系统。

1. 按施工阶段分解，突出控制性环节

根据工程项目建设的特点，可把整个施工过程分成若干个施工阶段，逐阶段加以控制，从而保证总工期按期或提前实现，如水利工程中的导截流、基础处理、施工度汛、下闸蓄水、机组发电等施工阶段。在网络计划中，将重要工作的开工或完成所对应的节点称为里程碑节点，计划管理者应清楚哪些工作影响里程碑的实现、它们各自的机动时间多大、哪些是关键工作、它们的施工进展如何。

2. 按标段分解，明确各分标进度目标

一个建设项目，一般都要分为几个标进行发包，中标的各承包人协调作业，才能保证项目总体进度目标的实现。为了尽量避免或减少各标承包人之间的相互影响和作业干扰，应确定各分标的阶段性进度目标，严格审核各承包人的进度计划，并在计划实施过程中监督各阶段目标的实现。

3. 按专业工种分解，确定交接日期

在同专业或同工种的任务之间，要进行综合平衡；在不同专业或不同工种的任务之间，要强调相互之间的衔接配合，要确定相互之间的交接日期。需要强调的是，为了下一道工序按时作业、保证工程进度，应不在本工序造成延误。工序的管理是项目各项管理的基础，监理人通过掌握各道工序的完成质量及时间，能够控制各分部工程的进度计划。

4. 按工程工期及进度目标，将施工总进度分解成逐年、逐季、逐月进度计划。从关系上说，长期进度计划对短期进度计划有控制作用，短期进度计划是长期进度计划的具体落实与保证。将施工总进度计划分解为逐年、逐季、逐月进度计划，便于监理人对进度的控制。监理人应逐月、逐季、逐年监督承包人的进度计划实施情况。若发现进度偏差，应要求承包人采取措施，尽量将进度拖延偏差在月内解决，月内进度纠偏有困难，再依次考虑季度、年度计划的调整，应尽量保证总进度目标不受影响。

四、进度控制的主要任务

1. 制订施工总进度计划的编制要求

监理机构应在合同工程开工前依据施工合同约定的工期总目标、阶段性目标和发包人的控制性总进度计划，制订施工总进度计划的编制要求，并书面通知承包人。

2. 发布开工通知

开工通知是具有法律效力的文件。承包人接到的开工通知（开工日期在开工通知中规定），是推算工程完工日期的依据。

3. 施工进度计划的审批

施工进度计划是监理机构批准工程开工的重要依据。监理机构应在工程承建合同文件规定的批准期限内，完成对施工单位报送的施工进度计划的审批。

4. 实际施工进度的检查与协调

监理机构应随时跟踪检查承包商的现场施工进度，监督承包商按合同进度计划施工，并做好监理日志。对实际进度与计划进度之间的差别应做出具体的分析，从而根据当前施工进度的动态预测后续施工进度的态势，必要时采取相应的控制措施。

（1）监理机构应编制描述实际施工进度状况和用于进度控制的各类图表。

（2）监理机构应督促承包人做好施工组织管理，确保施工资源的投入，并按批准的施工进度计划实施。

（3）监理机构应做好实际工程进度记录以及承包人每日的施工设备人员、原材料的进场记录，并审核承包人的同期记录。

（4）监理机构应对施工进度计划实施的全过程（包括施工准备、施工条件和进度计划的实施情况）进行定期检查，对实际施工进度进行分析和评价，对关键路线的进度实施重点跟踪检查。

（5）监理机构应根据施工进度计划，协调有关参建各方之间的关系，定期召开生产协调会议，及时发现、解决影响工程进度的干扰因素，保证施工项目的顺利进行。

5. 施工进度计划的调整

由于各种原因，致使施工进度计划在执行中必须进行实质性修改时，承包人应提出修改的详细说明，并按工程承包合同规定期限事先提出修改的施工进度计划报送监理机构批准。必要时，监理机构也可以按合同文件规定，直接向承包人提出修改指示，要求承包人修改、调整施工进度计划并报监理机构批准。承包人调整施工进度计划，通常需编制赶工措施报告，监理机构审批后发布赶工指示，并督促承包人执行。

当施工进度计划的调整涉及总工期目标阶段目标、资金使用等较大的变化时，监理机构应提出处理意见报发包人批准。

监理机构应按照施工合同约定处理因赶工引起的费用事宜。

6. 停工与复工

由于各种原因，工程施工暂停后，监理机构应督促承包人妥善保护、照管工程和提供安全保障。同时，采取有效措施，积极消除停工因素的影响，创造早日复工条件。当工程具备复工条件时，监理机构应立即向承包人发出复工通知，并督促承包人在复工通知送达后及时复工。

7. 提交施工进度报告

监理机构应督促承包人按施工合同约定按时提交月、季、年施工进度报告。

五、进度控制的措施

为了实施进度控制，监理工程师必须根据建设工程的具体情况，认真制定进度控制措施，以确保建设工程进度控制目标的实现。进度控制的措施应包括组织措施、技术措施、经济措施及合同措施。

1. 组织措施

进度控制的组织措施主要包括以下几个方面：

（1）建立进度控制目标体系，明确建设工程现场监理组织机构中进度控制人员及其职责分工。

（2）建立工程进度报告制度及进度信息沟通网络。

（3）建立进度计划审核制度和进度计划实施中的检查分析制度。

（4）建立进度协调会议制度，包括协调会议举行的时间、地点，以及协调会议的参加人员等。

（5）建立图纸审查、工程变更和设计变更管理制度。

2. 技术措施

进度控制的技术措施主要包括以下几个方面：

（1）审查承包商提交的进度计划，使承包商能在合理的状态下施工。

（2）编制进度控制工作细则，指导监理人员实施进度控制。

（3）采用网络计划技术及其他科学适用的计划方法，对建设工程进度实施动态控制。

3. 经济措施

进度控制的经济措施主要包括以下几个方面：

（1）及时办理工程预付款及工程进度款支付手续。

（2）对应急赶工给予优厚的赶工费用。

（3）对工期提前给予奖励。

（4）对工程延误收取误期损失赔偿金。

4. 合同措施

进度控制的合同措施主要包括以下几个方面：

（1）加强合同管理，协调合同工期与进度计划之间的关系，保证合同中进度目标的实现。

（2）严格控制合同变更，对各方提出的工程变更和设计变更，监理机构应严格审查后再补入合同文件之中。

（3）加强风险管理，在合同中应充分考虑风险因素及其对进度的影响，以及相应的处理方法。

（4）加强索赔管理，公正地处理索赔。

六、施工阶段进度控制工作细则

施工进度控制工作细则的主要内容如下：

1. 施工进度控制目标分解图。

2. 施工进度控制的主要工作内容和深度。

3. 进度控制人员的责任分工。

4. 与进度控制有关的各项工作时间安排及其工作流程。

5. 进度控制的手段和方法，包括进度检查周期、实际数据的收集、进度报告（表）格式、统计分析方法等。

6. 进度控制的具体措施（包括组织措施、技术措施、经济措施及合同措施等）。

7. 施工进度控制目标实现的风险分析。

8. 尚待解决的有关问题。

第二节　施工进度计划的审批

一、发布开工令

监理机构应严格审查工程开工应具备的各项条件，并审批开工申请。

1. 合同工程开工

（1）监理机构应在施工合同约定的期限内，经发包人同意后向承包人发出开工通知，要求承包人按约定及时调遣人员和施工设备、材料进场进行施工准备。开工通知中应明确开工日期。

（2）监理机构应协助发包人向承包人移交施工合同约定应由发包人提供的施工用地道路、测量基准点，以及供水、供电、通信设施等开工的必要条件。

（3）承包人完成开工准备后，应向监理机构提交开工申请表。监理机构在检查发包人和承包人的施工准备满足开工条件后，批复承包人的合同项目开工申请。应由发包人提供的施工条件包括首批开工项目施工图纸和文件的供应；测量基准点的移交；施工用地的提供；施工合同中约定应由发包人提供的道路、供电、供水、通信及其他条件和资源的提供情况。

应由承包人提供的施工条件如下：承包人派驻现场的主要管理人员、技术人员及特种作业人员是否与施工合同文件一致。如有变化应重新审查并报发包人认可；承包人进场施工设备的数量、规格和性能是否符合合同要求，进场情况和计划是否满足开工及施工进度的需要；进场原材料、中间产品和工程设备的质量、规格是否符合施工合同约定，原材料的储存量及供应计划是否满足工程开工及施工进度的需要；承包人的检测条件或委托的检测机构是否符合施工合同约定及有关规定；承包人对发包人提供的测量基准点的复核，以及承包人在此基础上完成施工测量控制网的布设及施工区原始地形图的测绘情况；砂石料系统、混凝土拌和系统或商品混凝土供应方案以及场内道路、供水，供电、供风及其他施工辅助加工厂、设施的准备情况；承包人的质量保证体系；承包人的安全生产管理机构和安全措施文件；承包人提交的施工组织设计、专项施工方案、施工措施计划、施工总进度计划、资金流计划、安全技术措施、度汛方案和灾害应急预案等；应由承包人负责提供的施工图纸和技术文件；按照施工合同约定和施工图纸要求需进行的施工工艺试验和料场规划情况；承包人在施工准备完成后递交的合同工程开工申请报告。

（4）由于承包人原因导致工程未能按施工合同约定时间开工，监理机构应通知承包人在约定时间内提交赶工措施报告并说明延误开工原因。由此增加的费用和工期延误造成的损失由承包人承担。

（5）由于发包人原因导致工程未能按施工合同约定时间开工，监理机构在收到承包人提出的顺延工期的要求后，应立即与发包人和承包人共同协商补救办法。由此增加的费用和工期延误造成的损失由发包人承担。

2. 分部工程开工

监理机构应审批承包人报送的每一分部工程开工申请表，审核承包人递交的施工措施计划，检查该分部工程的开工条件，确认后签发分部工程开工批复。

3. 单元工程开工

第一个单元工程在分部工程开工申请获批准后开工，后续单元工程凭监理工程师签认的上一单元工程施工质量合格文件方可开工。

4. 混凝土浇筑开仓

监理机构应对承包人报送的混凝土浇筑开仓报审表进行审批。符合开仓条件后，方可签发。

二、施工进度计划的审批

监理机构应在工程项目开工前依据发包人的控制性总进度计划审批承包人提交的施工总进度计划。在施工过程中，依据施工合同约定审批各单位工程进度计划，按照阶段审批年、季、月施工进度计划。承包人编报的工程进度计划经监理机构正式批准后，就作为“合同性施工进度计划”，成为合同的补充性文件，具有合同效力，对发包人和承包人都具有约束作用，同时它也是以后处理可能出现的工程延期和索赔的依据之一。

施工总进度计划一般以横道图或网络图的形式编制，同时应说明施工方法、施工场地、道路利用的时间和范围、发包人所提供的临时工程和辅助设施的利用计划，并附机械设备需要计划、主要材料需求计划、劳动力计划、财务资金计划及附属设施计划等。

1. 施工总进度计划的内容

施工总进度计划的主要内容如下：

（1）物资供应计划。为了实现月、周施工计划，对需要的物资必须落实，主要包括机械需要计划，如机械名称、数量、工作地点、入场时间等；主要材料需要计划，如钢筋、水泥、木材、沥青、砂石料等建筑材料的规格、品种及数量；主要预制件的规格、品种及数量等供应计划。

（2）劳动力平衡计划。根据施工进度及工程量，安排落实劳动力的调配计划，包括各个时段和工程部位所需劳动力的技术工种、人数、工日数等。

（3）资金流量计划。在中标签发日之后，承包商应按合同规定的格式按月提交资金流估算表，估算表应包括承包人计划可从发包人处得到的全部款额，以供发包人参考。

（4）技术组织措施计划。根据施工总进度计划及施工组织设计等要求，编制在技术组织措施方面的具体工作计划，如保证完成关键作业项目、实现安全施工等等。

（5）附属企业生产计划。大、中型土建工程一般有不少附属企业，如金属结构加工厂、预制件厂、混凝土骨料加工场钢木加工厂等。这些附属企业的生产是否按计划进行，对保证整个工程的施工进度有重大影响。因此，附属企业的生产计划是工程施工总进度计划的重要组成部分。

2. 施工总进度计划的审查

施工总进度计划应符合发包人提供的资金、施工图纸、施工场地、物资等施工条件。项目监理机构收到施工单位报审的施工总进度计划和阶段性施工进度计划时，应对照本条文所述的内容进行审查，提出审查意见。发现问题时，应以监理通知单的方式及时向发包人提出书面修改意见，并对施工单位调整后的进度计划重新进行审查，发现重大问题时应及时向发包人报告。施工总进度计划经总监理工程师审核签认，并报发包人批准后方可实施。

总进度计划一经总监理工程师批准，就作为“合同性进度计划”，对发包人和承包人都具有约束作用，所以监理机构应细致、严格地审核承包商呈报的总进度计划。一般审查内容包括以下几个方面：

（1）是否符合监理机构提出的施工总进度计划编制要求。

（2）在施工总进度计划中有无项目内容漏项或重复的情况。

（3）施工总进度计划与合同工期和阶段性目标的响应性和符合性。

（4）施工总进度计划中各项目之间逻辑关系的正确性与施工方案的可行性。

（5）施工总进度计划中关键线路安排的合理性。

（6）人员、施工设备等资源配置计划和施工强度的合理性。

（7）原材料、中间产品、工程设备供应计划与施工总进度计划的协调性。

（8）本合同工程施工与其他合同工程施工之间的协调性。

（9）其他应审查的内容。

3. 施工总进度计划审批的程序

（1）承包人应在施工合同约定的时间内向监理机构报送施工总进度计划。

（2）监理机构应在收到施工进度计划后及时进行审查，提出明确批复意见。必要时召集由发包人、设计单位参加的施工进度计划审查专题会议，听取承包人的汇报，并对有关问题进行分析研究。

（3）如施工进度计划存在问题，监理机构应提出审查意见，交承包人进行修改或调整。

（4）审批承包人提交的施工总进度计划或修改、调整后的施工进度计划。

4. 分阶段、分项目施工进度计划的审批及其资源审核

监理机构应要求承包人依据施工合同约定和批准的施工总进度计划，编制年度施工进度计划，报监理机构审批。另外，根据进度控制需要，监理机构可要求承包人编制季、月或日施工进度计划，以及单位工程或分部工程施工进度计划，报监理机构审批。

监理审批年、季、月施工进度计划的目的，是看其是否满足合同工期和总进度计划的要求。如果承包人计划完成的工程量或工程面貌满足不了合同工期和总进度计划的要求（包括防洪度汛、向后续承包人移交工作面、河床截流、下闸蓄水、工程竣工、机组试运行等），则应要求承包人采取措施，如增加计划完成工程量、加大施工强度、加强管理、改变施工工艺、增加设备等。

一般来说，监理机构在审批月、季进度计划时应注意以下几点：

（1）首先应了解承包人上个计划期完成的工程量和形象面貌。

（2）分析承包人所提供的施工进度计划（包括季、月）是否能满足合同工期和施工总进度计划的要求。

（3）为完成计划所采取的措施是否得当，施工设备、人员能否满足要求，施工管理上有无问题。

（4）核实承包商的材料供应计划与库存材料数量，分析是否满足施工进度计划的要求。

（5）施工进度计划中所需的施工场地、通道是否能够保证。

（6）施工图供应计划是否与进度计划协调。

（7）工程设备供应计划是否与进度计划协调。

（8）该承包人的施工进度计划与其他承包人的施工进度计划有无相互干扰。

（9）为完成施工进度计划所采取的方案对施工质量、施工安全和环保有无影响。

（10）计划内容、计划中采用的数据有无错漏之处。

第三节　实际施工进度的检查

一、施工进度的检查

通常，监理可采取如下措施了解现场施工进度情况。

1. 定期检查承包人的进度报表资料

在合同实施过程中，监理工程师应随时监督、检查和分析承包商的施工日志，其中包括日进度报表和作业状况表。报表的形式可由监理工程师提供或由承包人提供，经监理工程师同意后实施。施工对象不同，报表的内容有所区别。

2. 日进度报表

日进度报表一般应包括如下内容：

（1）工程名称；

（2）施工工作项目名称；

（3）发包人名称；

（4）承包人名称；

（5）监理单位名称；

（6）当日水文、气象记录；

（7）工作进展描述；

（8）人员使用情况；

（9）材料消耗情况；

（10）施工设备使用情况；

（11）当日发生的重要事件及其处理情况；

（12）报表编号及日期；

（13）签字。

3. 作业状况表

如果承包人能真实而准确地填写这些进度报表，监理机构就能从中了解到工程进展的实际状况。

为了保证承包人施工记录的真实性，监理机构一般提出要求，施工日志应始终保留在现场，供监理工程师监督、检查。

4. 跟踪检查进度执行情况

监理人员进驻施工现场，具体检查进度的实际执行情况，并做好监理日志。为了避免承包人超报完工数量，监理人员有必要进行现场实地检查和监督。在施工现场，监理人员除检查具体的施工活动外，还要注意工程变更对进度计划实施的影响，其中包括以下几个方面：

（1）合同工期的变化。任何合同工期的改变，如竣工日期的延长，都必须反映到实施计划中，并作为强制性的约束条件。

（2）后续工作的变动。有时承包人从自己的利益考虑，未经允许改变一些后续施工活动。一般来说，只要这些变动对整个施工进度的关键控制点无影响，监理人员可不加干涉，但是，如果变动大的话，则可能影响到施工活动间正常的逻辑关系，因而对总进度产生影响。因此，现场监理人员要严格监督承包人按计划实施，避免类似情况的发生。

（3）材料供应日期的变更。现场监理人员必须随时了解材料物资的供应情况，了解现场是否出现由于材料供应不上而造成施工进度拖延的现象。

施工日志是监理机构进行施工合同管理的重要记录，应正式整理存档。其作用如下：掌握现场情况，作为进度分析的依据；处理合同问题中重要的同期记录；监理机构内部逐级通报进度情况的基础依据，也是监理人向发包人编报进度报告、协助发包人向贷款银行编报进度报告的依据，是审查承包人进度报告的依据。

5. 定期召开生产会议

监理人员组织现场施工负责人召开现场生产会议，是获得现场施工信息的另一种重要途径。同时，通过这种面对面的交谈，监理人员还可以了解到施工活动潜在的问题，以便及时采取相应的措施。

二、实际施工进度与计划进度的比较和分析

实际进度与计划进度的比较是工程进度监测的主要环节，通过比较可以实时掌握工程施工进展情况，若出现偏差，可及时做出调整。常用的进度比较方法有横道图、S 曲线、香蕉曲线、前锋线、列表比较和形象进度比较法等。

1. 横道图法

横道图是一种简单、直观的进度控制表图。施工进度图编制完成后，可编制相应的人员、材料、设备、图纸和财务收支等各种计划表。

横道图法虽有简单、形象直观、易于掌握、使用方便等优点，但由于其以横道图计划为基础，因而带有不可克服的局限性。在横道计划中，各项工作之间的逻辑关系表达不明确，关键工作和关键线路无法确定。一旦某些工作实际进度出现偏差，难以预测其对后续工作和工程总工期的影响，也就难以确定相应的进度计划调整方法。因此，横道图法主要用于工程项目中某些工作实际进度与计划进度的局部比较。

2. 工程进度曲线法

横道式进度表在计划与实际的对比上，很难准确地表示出实际进度较计划进度超前或延迟的程度，特别对非匀速施工情况更难表达。为了准确掌握工程进度状况，有效地进行进度控制，可利用工程施工进度曲线。

（1）S 曲线法

S 曲线比较法是以横坐标表示时间、纵坐标表示累计完成工程量（也可用累计完成量的百分率表示），绘制的一条按计划时间累计完成工程量的曲线。然后将工程项目实施过程中各检查时间实际累计完成工程量也绘制在同一坐标系中，进行实际进度与计划进度比较的一种方法。

从整个工程项目实际进展全过程看，单位时间投入的资源量一般是开始和结束时较少，中间阶段较多。所以，随工程进展累计完成的任务量则应呈 S 形变化，如图 7-1 所示。因其形似英文字母“S”而得名。在 S 形施工进度曲线上，除去施工初期及末期的不可避免的影响所产生的凹形部分及凸形部分外，中间的施工强度应尽量呈直线才是合理的计划。

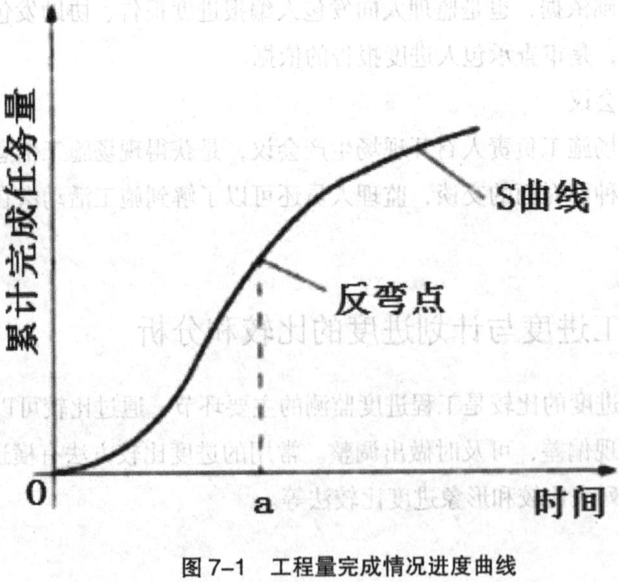

图 7-1　工程量完成情况进度曲线

（2）香蕉曲线法

香蕉曲线是由两条S曲线组合而成的闭合曲线。由S曲线比较法可知，工程累计完成的任务量与计划时间的关系，可以用一条S曲线表示。对于一个工程项目的网络计划来说，如果以其中各项工作的最早开始时间安排进度而绘制S曲线，称为ES曲线；如果以其中各项工作的最迟开始时间安排进度而绘制S曲线，称为LS曲线。两条S曲线具有相同的起点和终点，因此两条曲线是闭合的。在一般情况下，ES曲线上的其余各点均落在LS曲线的相应点的上方。由于该闭合曲线形似香蕉，故称为香蕉曲线，如图7-2所示。

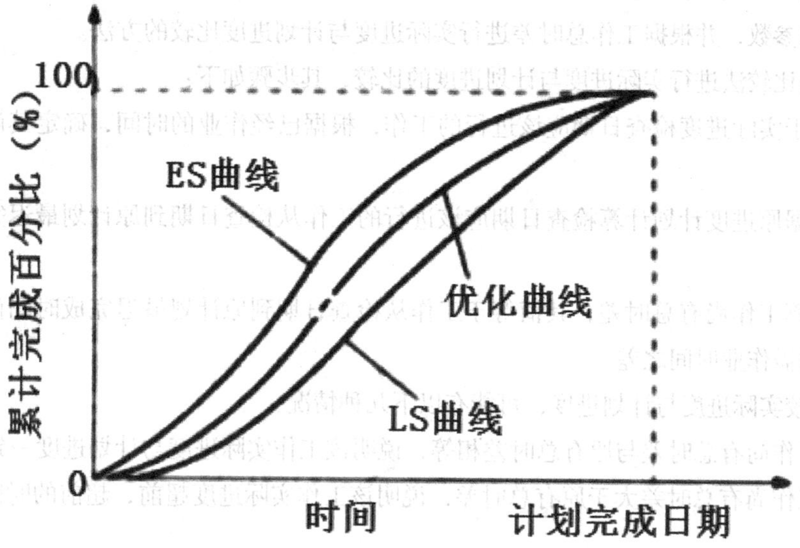

图7–2 香蕉曲线图

香蕉曲线比较法能直观地反映工程项目的实际进展情况，并可以获得比S曲线更多的信息。其主要作用如下：

①合理安排工程项目进度计划。如果工程项目中的各项工作均按其最早开始时间安排进度，将导致项目的投资加大；而如果各项工作都按其最迟开始时间安排进度，则一旦受到进度影响因素的干扰，又将导致工期拖延，使工程进度风险加大。因此，一个科学合理的进度计划优化曲线应处于香蕉曲线所包含的区域之内。

②定期比较工程项目的实际进度与计划进度。在工程项目的实施过程中，根据每次检查收集到的实际完成任务量，绘制出实际进度S曲线，便可以与计划进度进行比较。工程项目实施进度的理想状态是任一时刻工程实际进展点应落在香蕉曲线图的范围之内。如果工程实际进展点落在ES曲线的上方，表明此刻实际进度比各项工作按其最早开始时间安排的计划进度超前；如果工程实际进展点落在LS曲线的下方，则表明此刻实际进度比各项工作按其最迟开始时间安排的计划进度拖后。

③预测后期工程进展趋势。利用香蕉曲线可以对后期工程的进展情况进行预测。

3. 前锋线比较法

在时标网络计划图中，在原时标网络计划上，从检查时刻的时标点出发，用点画线依次将各项工作实际进展位置点连接而成的折线称前锋线。前锋线比较法是通过实际进度前锋线与原进度计划中各工作箭线交点的位置来判断工程实际进度与计划进度的偏差，进而判定该偏差对后续工作及总工期影响程度的一种方法。

4. 列表比较法

当工程进度计划用非时标网络图表示时，可以采用列表比较法进行实际进度与计划进度的比较。这种方法是记录检查日期应该进行的工作名称及其已经作业的时间，然后列表计算有关时间参数，并根据工作总时差进行实际进度与计划进度比较的方法。

采用列表比较法进行实际进度与计划进度的比较，其步骤如下：

（1）对于实际进度检查日期应该进行的工作，根据已经作业的时间，确定其尚需作业时间。

（2）根据原进度计划计算检查日期应该进行的工作从检查日期到原计划最迟完成时尚余时间。

（3）计算工作尚有总时差，其值等于工作从检查日期到原计划最迟完成时间尚余时间与该工作尚需作业时间之差。

（4）比较实际进度与计划进度，可能有以下几种情况：

①如果工作尚有总时差与原有总时差相等，说明该工作实际进度与计划进度一致；

②如果工作尚有总时差大于原有总时差，说明该工作实际进度超前，超前的时间为两者之差；

③如果工作尚有总时差小于原有总时差，且仍为非负值，说明该工作实际进度拖后，拖后的时间为两者之差，但不影响总工期；

④如果工作尚有总时差小于原有总时差，且为负值，说明该工作实际进度拖后，拖后的时间为两者之差，此时工作实际进度偏差将影响总工期。

5. 形象进度图法

形象进度图是把工程计划以建筑物形象进度来表达的一种控制方法。这种方法是直接将工程项目进度目标和控制工期标注在工程形象图的相应部位，故其非常直观，进度计划一目了然，它特别适用于施工阶段的进度控制。此法修改调整进度计划亦极为简便，只需修改日期、进程，而形象图像保持不变。

三、分析进度偏差对后续工作及总工期的影响

在工程项目实施过程中，当通过实际进度与计划进度的比较，发现有进度偏差时，需要分析该偏差对后续工作及总工期的影响，从而采取相应的措施对原进度计划进行调整，以确保工期目标的顺利实现。进度偏差的大小及其所处的位置不同，对后续工作和总工期

的影响程度是不同的，分析时需要利用网络计划中工作总时差和自由时差的概念进行判断。

分析步骤如下：

1. 分析出现进度偏差的工作是否为关键工作。

如果出现进度偏差的工作位于关键线路上，即该工作为关键工作，则无论其偏差有多大，都将对后续工作和总工期产生影响，必须采取相应的调整措施；如果出现偏差的工作是非关键工作，则需要根据进度偏差值与总时差和自由时差的关系做进一步分析。

2. 分析进度偏差是否超过总时差。

如果工作的进度偏差大于该工作的总时差，则此进度偏差必将影响其后续工作和总工期，必须采取相应的调整措施；如果工作的进度偏差未超过该工作的总时差，则此进度偏差不影响总工期。至于对后续工作的影响程度，还需要根据偏差值与其自由时差的关系做进一步分析。

3. 分析进度偏差是否超过自由时差。

如果工作的进度偏差大于该工作的自由时差，则此进度偏差将对其后续工作产生影响，此时应根据后续工作的限制条件确定调整方法；如果工作的进度偏差未超过该工作的自由时差，则此进度偏差不影响后续工作，因此原进度计划可以不做调整。

在施工进度检查、监督中，监理机构如果发现实际进度较计划进度拖延，一方面应分析这种偏差对工期的影响，另一方面分析造成进度拖延的原因。若工程拖延属于业主责任或风险范围，则在保留承包人工期索赔权利的情况下，经发包人同意，批准工程延期或发出加速施工指令，同时商定由此给承包人造成的费用补偿；若属于承包人自己的责任或风险造成的进度拖延，则监理可视拖延程度及其影响，发出相应级别的赶工指令，要求承包人加快施工进度，必要时应调整其施工进度计划，直到监理满意为止。需要强调的是，当进度拖延时，监理切记不能不区分责任，一味指责承包人施工进度太慢，要求加快进度。这样处理问题极易中伤承包人的积极性和合作精神，对工程进展是无益处的。事实上，若进度拖延是属于发包人责任或发包人风险造成的，即使监理工程师没有主动明确这一点，事后承包人一般也会通过索赔得到利益补偿。

第四节　进度计划实施中的调整和协调

无论何时，若监理认为工程的实际进度不符合经监理同意的进度计划，承包人应根据监理的要求提供一份经过调整的进度计划，表明为保证工程按期竣工而对原计划所做的修改。

一、进度计划的调整方式

当实际进度偏差影响到后续工作或总工期而需要调整进度计划时，其调整方式主要有两种。

1. 改变某些工作间的逻辑关系

当工程项目实施中产生的进度偏差影响到总工期，且有关工作的逻辑关系允许改变时，可以改变关键线路和超过计划工期的非关键线路上的有关工作之间的逻辑关系，达到缩短工期的目的。例如，将顺序进行的工作改为平行作业、搭接作业及分段组织流水作业等，都可以有效地缩短工期。

2. 缩短某些工作的持续时间

这种方法是不改变工程项目中各项工作之间的逻辑关系，而通过采取增加资源投入、提高劳动效率等措施来缩短某些工作的持续时间，使工程进度加快，以保证按计划工期完成该工程项目。这些被压缩持续时间的工作是位于关键线路和超过计划工期的非关键线路上的工作。同时，这些工作又是其持续时间可被压缩的工作。这种调整方法通常可以在网络图上直接进行。其调整方法视限制条件及对其后续工作的影响程度的不同而有所区别，一般可分为以下三种情况：

（1）网络计划中某项工作进度拖延的时间已超过其自由时差但未超过其总时差。如前所述，此时该工作的实际进度不会影响总工期，而只对其后续工作产生影响。因此，在进行调整前，需要确定其后续工作允许拖延的时间限制，并以此作为进度调整的限制条件。该限制条件的确定常常较复杂，尤其是当后续工作由多个平行的承包单位负责实施时更是如此。后续工作如不能按原计划进行，在时间上产生的任何变化都可能使合同不能正常履行，而导致蒙受损失的一方提出索赔。因此，寻求合理的调整方案，把进度拖延对后续工作的影响降到最低是监理工程师的一项重要工作。

（2）网络计划中某项工作进度拖延的时间超过其总时差

如果网络计划中某项工作进度拖延的时间超过其总时差，则无论该工作是否为关键工作，其实际进度都将对后续工作和总工期产生影响。此时，进度计划的调整方法又可分为以下三种情况：

①如果工程总工期不允许拖延，工程项目必须按照原计划工期完成，则只能采取缩短关键线路上后续工作持续时间的方法来达到调整计划的目的。

②如果工程总工期允许拖延，则此时只需以实际数据取代原计划数据，并重新绘制实际进度检查日期之后的简化网络计划即可。

③如果工程总工期允许拖延，但允许拖延的时间有限，则当实际进度拖延的时间超过此限制时，也需要对网络计划进行调整，以便满足要求。具体的调整方法是以总工期的限制时间作为规定工期，对检查日期之后尚未实施的网络计划进行工期优化，即通过缩短关

键线路上后续工作持续时间的方法来使总工期满足规定工期的要求。

以上三种情况均是以总工期为限制条件来调整进度计划的。值得注意的是，当某项工作实际进度拖延的时间超过其总时差而需要对进度计划进行调整时，除需考虑总工期的限制条件外，还应考虑网络计划中后续工作的限制条件，特别是对总进度计划的控制更应注意这一点。因为在这类网络计划中，后续工作也许就是一些独立的合同段。时间上的任何变化，都会带来协调上的麻烦或者引起索赔。因此，当网络计划中某些后续工作对时间的拖延有限制时，同样需要以此为条件，按前述方法进行调整。

3. 网络计划中某项工作进度超前

监理机构对建设工程实施进度控制的任务就是在工程进度计划的执行过程中，采取必要的组织协调和控制措施，以保证建设工程按期完成。在建设工程计划阶段所确定的工期目标，往往是综合考虑了各方面因素而确定的合理工期。因此，时间上的任何变化，无论是进度拖延还是超前，都可能造成其他目标的失控。例如，在一个建设工程施工总进度计划中，由于某项工作的进度超前，致使资源的需求发生变化，而打乱了原计划对人、材、物等资源的合理安排，亦将影响资金计划的使用和安排，特别是当多个平行的承包单位进行施工时，由此引起后续工作时间安排的变化，势必给监理的协调工作带来许多麻烦。因此，如果建设工程实施过程中出现进度超前的情况，进度控制人员必须综合分析进度超前对后续工作产生的影响，并同承包单位协商，制订合理的进度调整方案，以确保工期总目标的顺利实现。

二、施工进度的控制

经过施工实际进度与计划进度的对比和分析，若进度的拖延对后续工作或工程工期影响较大，监理人不容忽视，应及时采取相应措施。如果进度拖延不是由于承包人的原因或风险造成的，应在剩余网络计划分析的基础上，着手研究相应措施（如发布加速施工指令、批准工程工期延期或加速施工与部分工程工期延期的组合方案等），并征得发包人同意后实施，同时应主动与发包人、承包人协调，决定由此应给予承包人相应的费用补偿；如果工程施工进度拖延是由于承包人的原因或风险造成的，监理机构可发出赶工指令，要求承包人采取措施，修正进度计划，以使监理人满意。监理机构在审批承包人的修正进度计划时，可根据剩余网络的分析结果做以下考虑：

1. 在原计划范围内采取赶工措施

（1）在年度计划内调整

此种调整是最常见的。当月计划未完成，一般要求在下个月的施工计划中补上。如果由于某种原因（例如发生大的自然灾害，或材料、设备、资金未能按计划要求供应等），计划拖欠较多时，则要求在季度或年度的其他月份内调整。根据以往的经验，承包人报送的月（或季）施工进度计划，往往会出现两种情况，在审查时应注意：

①不管过去月份完成情况如何，在每月的施工进度计划中照抄年度计划安排的相应月的数量。这种事例不少，是一种图省事的偷懒做法，不符合进度控制要求。监理人在审批时应指出其存在的问题，并结合实际可能（采取各种有效措施后能够达到的进度），下达下月（或下一季度）的施工进度计划。

②不按年度施工进度计划的要求，而按当月（或季）达到的或预计比较易于达到的进度来安排下一月（或季）的施工进度计划。例如有的承包人认为，按年度计划调整月（季）计划时需要有较多的投入，施工难度较大，完成无把握，不如把目标定低一点比较容易实现。

（2）在合同工期内的跨年度调整

工程的年度施工进度计划是报上级主管部门审查批准的，大工程还需经国家批准，因此是属于国家计划的一部分，应有其严肃性，当年计划应力争在当年内完成。只有在出现意外情况（例如发生超标准洪水，造成很大损失，出现严重的不良地质情况，材料、设备、资金供应等无法保证时），承包人通过各种努力仍难完成年度计划时，允许将部分工程施工进度后延。在这种情况下，调整当年剩余月份的施工进度计划时应注意：

①合同书上规定的工程控制日期不能变，因为它是关键线路上的工期，如河床截流、向下一工序的承包人移交工作面、某项工程完工等，若拖后很可能引起发电工期顺延，还可能引起下一工序承包人的索赔。

②影响上述工程控制工期的关键线路上的施工进度应保证，尽可能只调整非关键线路上的施工进度。

当年的月（季）施工进度计划调整需跨年度时，应结合总进度计划调整考虑。

2. 超过合同工期的进度调整

当进度拖延造成的影响在合同规定的控制工期内调整计划已无法补救时，只有调整控制工期。这种情况只有在万不得已时才允许。调整时应注意以下两个方面：

（1）先调整投产日期外的其他控制日期。例如，截流日期拖延可考虑以加快基坑施工进度来弥补，厂房土建工期拖延可考虑以加快机电安装进度来弥补，开挖时间拖延可考虑以加快浇筑进度来弥补，以不影响第一台机组发电时间为原则。

（2）经过各方认真研究讨论，采取各种有效措施仍无法保证合同规定的总工期时，可考虑将工期后延，但应在充分论证的基础上报上级主管部门审批。进度调整应使竣工日期推迟最短。

3. 工期提前的调整

当控制投产日期的项目完成计划较好，根据施工总进度安排，其后续施工项目和施工进度有可能缩短时，应考虑工程提前投产的可能性。例如某电站工程，厂房枢纽标计划完成较好，机组安装力量较强，工期有可能提前；首部枢纽标修改了基础防渗方案后，进度明显加快，有条件提前下闸蓄水；引水隧洞由于主客观原因，进度拖后较多，成了控制工程发电工期的拦路虎，这时就应想办法把引水隧洞进度赶上去。

一般情况下，只要能达到预期目标，调整应越少越好。在进行项目进度调整时，应充分考虑如下各方面因素的制约：

（1）后续施工项目合同工期的限制。

（2）进度调整后，给后续施工项目会不会造成赶工或窝工而导致其工期和经济上遭受损失。

（3）材料物资供应需求上的制约。

（4）劳动力供应需求的制约。

（5）工程投资分配计划的制约。

（6）外界自然条件的制约。

（7）施工项目之间逻辑关系的制约。

（8）进度调整引起的支付费率调整。

三、监理的协调

1. 承包人之间的进度协调

当一个建设工程分为几个标进行招标施工时，各标同在一个工地上施工，难免会相互干扰，出现这样或那样的分歧和矛盾，需要有人从中进行协调。为了便于协调工作的进行，通常合同文件都有规定：承包人应为发包人及其聘用的第三方实施工程项目的施工、安装或其他工作提供必要的工作条件和生活条件。比如施工工序的衔接，施工场地的使用，风、水、电的提供。由于承包人与承包人之间无合同关系，他们之间的协调工作应由监理机构进行。因此，合同文件中一般也规定，承包人应按照监理工程师的指示改变作业顺序和作业时间。协调工作是非常复杂的，往往涉及经济问题。因此，在工程分标时就应尽量避免分标过小，导致标与标之间的干扰加大。如何组织各标之间的衔接，使工程施工能顺利交接并协调有序地进行，是监理机构的一项重要任务。协调工作可大致分为以下几个方面。

（1）工程总进度协调

工程总进度协调的主要任务是把每个承包人的施工组织设计、单项工程施工措施和年、季、月施工进度计划纳入总进度计划协调中，以保证总目标的实现。

（2）施工干扰的协调

承包人之间发生施工干扰，往往表现在下列几个方面：

①几家承包人共用一条交通道路的协调。

②几家承包人交叉使用一个场地的协调。

③承包人之间交叉使用对方的施工设备和临时设施的协调。

④某一承包人损坏了另一承包人的临时设施的协调。

⑤两标紧邻部位的施工干扰的协调。

⑥两标施工场地和工作面移交的协调。

2. 承包人与发包人之间的协调

合同文件在规定承包人应完成的任务的同时，也规定了发包人应该提供的施工条件，如承包人进场时的水、电、路、通信、场地、施工过程中涉及的进一步应给出的场地、工程设备、图纸（由发包人委托设计单位完成）、资金等。有时发包人与承包人之间在上述方面由于某种原因发生冲突，监理机构应做好协调工作。

3. 图纸供应的协调

大多数情况下，合同规定工程的施工图纸由发包人提供（发包人通过设计承包合同委托设计单位提供），由监理机构签发，提交承包人实施。为了避免施工进度与图纸供应的不协调，合同一般规定，在承包人提交施工进度计划的同时，提交图纸供应计划，以得到监理的同意。在施工计划实施过程中，监理应协调好施工进度和设计单位的设计进度。当实际供图时间与承包商的施工进度计划发生矛盾时，原则上应尽量满足施工进度计划的要求；若设计工作确有困难，应对施工进度计划做适当调整。

第五节　施工暂停管理

一、暂停施工的原因

1. 需发包人同意的暂停施工

在发生下列情况之一时，监理机构应向发包人提出暂停施工的建议，经发包人同意后签发暂停施工指示。同时应根据停工的影响范围和程度明确停工范围。

（1）工程继续施工将会对第三者或社会公共利益造成损害。

（2）为了保证工程质量、安全所必要。

（3）承包人发生合同约定的违约行为，且在合同约定时间内未按监理机构指示纠正其违约行为或拒不执行监理机构的指示，从而将对工程质量、安全、进度和资金控制产生严重影响，需要停工整改。

2. 不需发包人同意的暂停施工

发生了需暂时停止施工的紧急事件，如恶性现场施工条件、事故等（隧洞塌方、地基沉陷等），监理机构应立即签发暂停施工指示，并及时向发包人报告。同时，监理机构应要求承包人采取积极措施并对现场施工组织做出合理安排，以尽量减少损失和停工影响。在发生下列情况之一时，监理机构可签发暂停施工指示，并抄送发包人。

（1）发包人要求暂停施工。这时监理机构应提前通知承包人，要求承包人对现场施工组织做出合理安排，以尽量减少停工影响与损失。

（2）承包人未经许可即进行主体工程施工时，改正这一行为引起的局部停工。

（3）承包人未按照批准的施工图纸进行施工时，改正这一行为所需要的局部停工。

(4)承包人拒绝执行监理机构的指示，可能会出现工程质量问题或造成安全事故隐患，改正这一行为所需要的局部停工。

(5)承包人未按照批准的施工组织设计或施工措施计划施工，或承包人不能胜任作业要求，可能会出现工程质量问题或存在安全事故隐患，改正这些行为所需要的局部停工。

(6)发现了承包人所使用的施工设备、原材料或中间产品不合格，或发现工程设备不合格，或发现影响后续施工的不合格的单元工程（工序），处理这些问题所需要的局部停工。

3. 发包人原因导致的暂停施工

若由于发包人的责任需要暂停施工，监理机构未及时下达暂停施工指示时，在承包人提出暂停施工的申请后，监理机构应及时报告发包人并在施工合同约定的时间内回复承包人。

二、暂停施工的责任

1. 承包人的责任

发生下列暂停施工事件，属于承包人的责任：

(1)由于承包人违约引起的暂停施工。

(2)由于现场非异常恶劣气候条件引起的正常停工。

(3)为工程的合理施工和保证安全所必需的暂停施工。

(4)未得到监理人许可的承包人擅自停工。

(5)其他由于承包人原因引起的暂停施工。

上述事件引起的暂停施工，承包人不能提出增加费用和延长工期的要求。

2. 发包人的责任

发生下列暂停施工事件，属于发包人的责任：

(1)由于发包人违约引起的暂停施工。

(2)由于不可抗力的自然或社会因素引起的暂停施工。

(3)其他由于发包人原因引起的暂停施工。

上述事件引起的暂停施工造成的工期延误，承包人有权提出工期索赔要求。

三、暂停施工的处理

下达暂停施工指示后，监理机构应指示承包人妥善照管工程，做好停工期间的记录；督促有关方及时采取有效措施，排除影响因素，为尽早复工创造条件；具备复工条件后，监理机构应及时签发复工通知，并明确复工范围，指示承包人执行；在工程复工后，监理机构应及时按施工合同约定处理因工程暂停施工引起的有关事宜。

1. 暂停施工指示

（1）监理机构认为有必要并征得发包人同意后（紧急事件可在签发指示后及时通知发包人），可向承包人发布暂停工程或部分工程施工的指示，承包人应按指示的要求立即暂停施工。不论由于何种原因引起的暂停施工，承包人应在暂停施工期间负责妥善保护工程和提供安全保障。

（2）若发生由承包人责任引起的暂停施工时，承包人在收到监理机构暂停施工指示后 56d 内不积极采取措施复工造成工期延误，则应视为承包人违约，可按施工合同有关承包人违约的规定办理。

（3）由于发包人的责任发生暂停施工的情况时，若监理机构未及时下达暂停施工指示，承包人可向其提出暂停施工的书面请求，监理机构应在接到请求后的 48h 内予以答复，若不按期答复，可视为承包人请求已获同意。

2. 复工通知

工程暂停施工后，监理人应与发包人和承包人协商采取有效措施积极消除停工因素的影响。当工程具备复工条件时，监理机构应立即向承包人发出复工通知，承包人收到复工通知后，应在监理机构指定的期限内复工。若承包人无故拖延和拒绝复工，由此增加的费用和工期延误责任由承包人承担。

第六节　施工进度报告

在合同实施过程中，为了掌握和上报工程进度进展情况，需要对前阶段的工程施工进展进行统计、总结、编制各种进度报告。

一、承包人向监理机构提交的月进度报告

合同文件一般规定，承包人在次月（结算月通常为上月 26 日至当月 25 日）将当月施工进度报告递交监理机构。施工进度报告一般包括以下内容：

1. 工程施工进度概述。

2. 本月现场施工人员报表。

3. 现场施工机械清单和机械使用情况清单。

4. 现场工程设备清单。

5. 本月完成的工程量和累计完成的工程量。

6. 本月材料入库清单、消耗量、库存量、累计消耗量。

7. 工程形象进度描述。

8. 水文、气象记录资料。

9. 施工中的不利影响。

10. 要求解释或解决的问题。

监理机构对承包人进度报告的审查，一方面可以掌握现场情况，了解承包人要求解释的疑问和解决的问题，做好进度控制；另一方面，监理机构对报告中工程量统计表和材料统计表的审核，也是向承包人开具支付凭证的依据。

二、监理机构编写的进度报告

1. 给发包人编报的进度报告

在施工监理中，现场记录、资料整理、文档管理是监理工程师的重要任务之一。监理机构应组织有关人员做好现场监理日志并每周做出小结，在每月开具支付款凭证报发包人签字的同时，应向业主编报月进度报告，使发包人系统地了解、掌握工程的进展情况及监理机构的合同管理情况。按工程施工的更长时段（如年、季），也要向发包人编报进度报告。进度报告一般包括如下内容：

（1）工程施工进度概述。

（2）工程的形象进度和进度描述。

（3）月内完成工程量及累计完成工程量统计。

（4）月内支付额及累计支付额。

（5）发生的设计变更、索赔事件及其处理。

（6）发生的质量事故及其处理。

（7）要求业主下一阶段解决的问题。

2. 协助发包人编写给贷款银行的进度报告

根据贷款银行的要求，发包人应定期给贷款银行编报进度报告，其主要内容如下：

（1）信函。

（2）概述。

（3）按分标编报：合同实施介绍；施工进度；进度支付。

3. 工程施工形象进度和进度描述

进度报告的内容非常冗长，这里不便全部介绍，下面主要说明施工形象进度描述的方式。形象进度可以采用文字说明附以现场照片、形象图、计划图表等各种形式表示。

第八章　水利工程安全生产管理

第一节　水利工程安全生产控制概述

1. 水利工程安全生产的相关概念

安全生产是保护劳动者安全健康、保证国民经济建设持续发展、创造和谐社会的基本条件，也是所有工作的人口和基础。我国实行“国家监察、行政管理、群众监督”的安全管理体制。生产单位及其负责人要在“安全第一，预防为主，综合治理”的方针指导下搞好安全生产，始终坚持管生产必须管安全的原则。

当前水利安全生产面临的形势依然严峻，水利安全生产任务更加艰巨。存在的主要问题如下：一是水利建设任务加重，事故发生概率增加，安全生产压力加大，而在水利勘测设计、建设管理、施工组织、政府监管等方面都面临不相适应的局面。工程建设活动中存在建设管理单位管理不规范，自身安全监督力量相对薄弱，施工人员安全意识不强、安全投入不足等问题，增加了施工过程中发生安全事故的概率，导致安全监管工作责任重、压力大。

二是早期建设的水利工程安全隐患多，运行管理风险大。一些工程建设时间久、标准低、质量不高，经过多年运行，老化失修严重，运行安全隐患多。特别是中小病险水库、水闸、河道堤防和泵站等数量众多，安全管理薄弱，存在大量安全隐患，是水利安全生产心腹之患。

三是极端天气现象频发，洪涝灾难风险加大。随着全球气候变化加剧，局部突发性暴雨、洪水和超强台风引发山体滑坡、泥石流等自然灾害增多，可能诱发水库溃坝施工场地受灾等事故，造成群死群伤的重大灾难，水利工程建设与运行过程中安全风险增大。因此，在水利工程生产过程中必须严格贯彻“安全生产，人人有责”的原则和“安全第一，预防为主，综合治理”的方针，切实做好安全生产管理工作。安全生产过程中常见的一些概念及其内涵如下：

（1）安全生产。安全生产是指在生产过程中保障人员的人身安全和设备安全。它有两方面的含义：一是在生产过程中保护职工的安全和健康，防止工伤事故和职业病危害；二是在生产过程中防止其他各类事故，确保生产设备的连续、稳定、安全运转，保护国家财产不受损失。

（2）劳动保护。劳动保护是指国家采用立法、技术和管理等一系列综合措施，消除生产过程中的不安全、不卫生因素，保护劳动者在生产过程中的安全和健康，保护和发展生产力。例如，在生产过程中应严格使用“三宝”，即“安全帽、安全带、安全网”。

（3）安全生产法规。安全生产法规是指国家关于改善劳动条件，实现安全生产，为保护劳动者在生产过程中的安全和健康而采取的各种措施的总和，是必须执行的法律规范。

（4）施工现场安全生产保证体系。施工现场安全生产保证体系由水利工程承包单位制定，是实现安全生产目标所需的组织机构、职责、程序、措施、过程、资源和制度。

（5）安全生产管理目标。安全生产管理目标是水利工程项目管理机构制定的施工现场安全生产保证体系所要达到的各项基本安全指标。安全生产管理目标的主要内容如下：

①杜绝重大伤亡、设备、管线、火灾和环境污染等事故；

②一般事故频率控制目标；

③安全生产标准化工地创建目标；

④文明施工创建目标；

⑤其他目标。

（6）安全检查。安全检查是指对施工现场安全生产活动和结果的符合性与有效性进行常规的检测及测量活动。其目的如下：

①通过检查，可以发现施工中的不安全行为和物的不安全状态、不卫生问题，从而采取对策，消除不安全因素，保障安全生产。例如，操作旋转机械禁止戴手套，戴安全帽时必须系帽带，安全带不能只背不挂，进行切割或打磨作业时必须戴防护面罩或眼镜，在高噪声环境下应佩戴耳塞。

②利用安全生产检查，进一步宣传、贯彻、落实国家安全生产方针、政策和各项安全生产规章制度。

③安全检查实质上也是群众性的安全教育。通过检查，增强领导和群众的安全意识，纠正违章指挥、违章作业、违反劳动纪律等现象，增强搞好安全生产的自觉性和责任感。

④通过检查可以互相学习、总结经验、吸取教训、取长补短，有利于进一步促进安全生产工作。

⑤通过安全生产检查，了解安全生产状态，为分析安全生产形势、研究加强安全管理提供信息和依据。

（7）危险源。危险源是指可能导致死亡、伤害、职业病、财产损失、工作环境破坏或这些情况组合的因素或状态。例如，在施工中红色警示标志表示禁止、停止、消防、危险，黄色警示标志表示注意、警告，蓝色警示标志表示提醒、指令，绿色警示标志表示通行、安全。

（8）隐患。隐患是指未被事先识别或未采取必要防护措施可能导致事故发生的各种因素。

（9）事故。事故是指任何造成疾病伤害、死亡，财产、设备产品、环境的损坏或破坏的事件。施工现场安全事故包括高处坠落、物体打击、触电、机械伤害、车辆伤害、坍塌、起重伤害、淹溺、灼烫、火灾、放炮、火药爆炸、化学爆炸、物理性爆炸、中毒和窒息及其他伤害。

（10）应急救援。应急救援是指在安全生产措施控制失效情况下，为避免或减少可能引发的伤害或其他影响而采取的补救措施和抢救行为。它是安全生产管理的内容，是项目经理部实行施工现场安全生产管理的具体要求，也是监理工程师审核施工组织设计与施工方案中安全生产的重要内容。

（11）应急救援预案。应急救援预案是指针对可能发生的、需要进行紧急救援的安全生产事故，事先制订好应对补救措施和抢救方案，以便及时救助受伤的和处于危险状态中的人员、减少或防止事态进一步扩大，并为善后工作创造好的条件。

（12）高处作业。凡在坠落基准面 2m 或 2m 以上有可能坠落的高处进行作业，该项作业即称为高处作业，也称高空作业。高空作业都需要挂安全带，高挂低用；高空作业时材料应固定，防止滚动跌落；禁止抛掷材料或机具；禁止交叉作业；没有戴安全帽、挂安全带的不登高；患有心脏病、高血压、深度近视等症的不能进行登高作业，精神状态不佳的人也不能进行登高作业；夜间没有充分照明的不登高；脚手架、脚手板、梯子没有防滑措施或不牢固的不登高；穿了厚底皮鞋或携带笨重工具的不登高；登高脚手架未经验收不许工作；室外恶劣天气、6 级及以上大风不允许高空作业。

（13）临边作业。在施工现场任何处所，当高处作业中工作面的边沿无围护设施，或虽有围护设施，但其高度小于80cm时，这种作业称为临边作业。建设工程中应做好“五临边”作业的安全防护工作，即“基坑周边、框架结构的施工楼层周边、屋面周边、未安装栏杆的楼梯边、未安装栏板的阳台边”。

（14）洞口作业。建筑物或构筑物在施工过程中，常会出现各种预留洞口、通道口、上料口、楼梯口、电梯井口，在其附近工作，称为洞口作业。建设工程中应着重做好“四口”的安全防护工作，即“楼梯口、电梯井口、预留洞口、通道口”。

（15）悬空作业。在周边临空状态下，无立足点或无牢靠立足点的条件下进行的高空作业，称为悬空作业。悬空作业通常在吊装、钢筋绑扎、混凝土浇筑、模板支拆以及门窗安装和油漆等作业中较为常见。一般情况下，对悬空作业采取的安全防护措施主要是搭设操作平台、佩戴安全带、张挂安全网等。

（16）交叉作业。凡在不同层次中，处于空间贯通状态下同时进行的高空作业称为交叉作业。施工现场进行交叉作业是不可避免的，交叉作业会给不同的作业人员带来不同的安全隐患。因此，进行交叉作业时必须遵守安全规定。

2. 水利工程安全生产的要求

根据水利部《关于贯彻落实〈国务院关于坚持科学发展安全发展促进安全生产形势持续稳定好转的意见〉，进一步加强水利安全生产工作的实施意见》（水安监〔2012〕57 号），为进一步加强水利安全生产工作，推进水利科学发展、安全发展，结合水利实际，提出以下要求：

（1）坚持“安全第一，预防为主，综合治理”方针，以强化落实水利生产经营单位安全生产主体责任和水行政主管部门监管职责为重点，以事故预防为主攻方向，以规范生产为保障，以科技进步为支撑，正确处理速度、质量、效益与安全的关系，坚决杜绝重特大生产安全事故，最大限度减少较大和一般生产安全事故。

（2）全面落实水利安全生产执法、治理、宣教“三项行动”和法制体制机制、保障能力、监管队伍“三项建设”工作措施，构建安全生产长效机制，为水利又好又快发展提供坚实的安全生产保障。

（3）加大水利工程项目违规建设和违章行为的检查与处罚力度，依法严厉打击和整治水利工程建设中违背安全生产市场准入条件、违反安全设施“三同时”规定和水利技术标准强制性条文等非法违法生产经营建设行为，依法强化停产整顿、关闭取缔、从重处罚和厉行问责的“四个一律”（注：对非法生产经营建设和经停产整顿仍未达到要求的，一律关闭取缔；对非法生产经营建设的有关单位和责任人，一律按规定上限予以处罚；对存在非法生产经营建设的单位，一律责令停产整顿，并严格落实监管措施；对触犯法律的有关单位和人员，一律依法严格追究法律责任）打非措施。

（4）强化水利生产经营单位安全生产主体责任，落实主要负责人安全生产第一责任人的责任，做到“一岗双责”（注：对分管的业务工作负责、对分管业务范围内的安全生产负责）和强化岗位、职工安全责任，逐级、逐岗、逐人签订安全生产责任状，把安全生产责任落实到各个环节、岗位和人员。确保安全生产的四项措施（注：安全投入、安全管理、安全装备、教育培训等措施）落实到位。

（5）落实水利工程安全设施“三同时”制度。新建大中型水利水电建设项目要对安全生产条件及安全设施进行综合分析，编制安全专篇，并组织开展大中型水利枢纽建设项目安全评价工作。

（6）推进水利安全生产标准化建设。在水利生产经营单位推行安全生产标准化（注：标准化等级分为一、二、三级）管理，实现岗位达标、专业达标和单位达标。

（7）加大水利安全生产投入。水利施工企业按照国家有关规定足额提取安全生产费用（注：建筑安装工程造价的1.5%），落实各项施工安全措施，改善作业环境和施工条件，确保施工安全。

（8）健全完善水利安全生产工作格局。充分发挥各单位安全生产领导小组（安委会）的指导协调作用，全面落实各成员单位安全生产工作责任，建立安全生产领导小组（安委会）统一领导、安全监督部门综合监督、业务部门专业管理的水利安全生产工作机制，完善相关职能部门信息交流机制，形成安全监管强大合力。

3. 监理单位安全生产控制的任务

监理单位安全生产控制的任务主要是贯彻落实国家有关安全生产的方针、政策，督促施工承包单位落实各项安全生产的技术措施，消除施工中的冒险性、盲目性和随意性，减少不安全的隐患，杜绝各类伤亡事故的发生，实现安全生产。监理机构在编制监理规划时，应包括安全监理方案，明确安全监理的范围、内容、工作程序、制度和措施，以及人员配备计划和职责。对施工危险性较大的作业，监理机构应编制监理实施细则，明确安全监理的方法、措施。监理单位在施工过程中安全生产控制的主要任务如下：

（1）监理机构应根据施工合同文件的有关约定，协助发包人进行施工安全的检查、监督，参加发包人和有关部门组织的安全生产专项检查。

（2）工程开工前，监理机构应督促承包人建立健全施工安全保障体系和安全管理规章制度，对职工进行施工安全教育和培训，对施工组织设计中的施工安全措施进行审查。检查承包人对特种作业人员安全作业培训情况和特种作业人员上岗证。

（3）在施工过程中，监理机构应对承包人执行施工安全的法律、法规和工程建设强制性标准及施工安全措施的情况进行监督、检查。发现不安全因素和安全隐患时，应指示承包人采取有效措施予以整改。若承包人延误或拒绝整改，监理机构可责令其停工。当监理机构发现存在重大安全隐患时，应立即指示承包人停工，做好防患措施，并及时向发包人报告；如有必要，应向政府有关主管部门报告。

（4）当发生施工安全事故时，监理机构应协助发包人进行安全事故的调查处理工作。

（5）监理机构应协助发包人在每年汛前对承包人的度汛方案及防汛预案的准备情况进行检查。

第二节　建设主体的安全生产控制责任

《水利工程建设安全生产管理规定》规定：建设单位、勘察单位、设计单位、施工承包单位、工程监理单位及其他与建设工程安全生产有关的单位，必须遵守安全生产法律、法规的规定，保证水利工程安全生产，依法承担建设工程安全生产责任。

1. 项目法人的安全生产责任

（1）项目法人在对施工投标单位进行资格审查时，应当对投标单位的主要负责人、项目负责人及专职安全生产管理人员是否经水行政主管部门安全生产考核合格进行审查。有关人员未经考核合格的，不得认定投标单位的投标资格。

（2）项目法人应当向施工单位提供施工现场及施工可能影响的毗邻区域内供水、排水、供电、供气、供热、通信广播电视等地下管线资料，气象和水文观测资料，拟建工程可能影响的相邻建筑物和构筑物、地下工程的有关资料，并保证有关资料的真实、准确、完整，满足有关技术规范的要求。对可能影响施工报价的资料，应当在招标时提供。

(3) 项目法人不得调减或挪用批准概算中所确定的水利工程建设有关安全作业环境及安全施工措施等所需费用。工程承包合同中应当明确安全作业环境及安全施工措施所需费用。

（4）项目法人应当组织编制保证安全生产的措施方案，并自开工报告批准之日起 15

日内报有管辖权的水行政主管部门、流域管理机构或者其委托的水利工程建设安全生产监督机构备案。建设过程中安全生产的情况发生变化时，应当及时对保证安全生产的措施方案进行调整，并报原备案机关。

保证安全生产的措施方案应当根据有关法律法规、强制性标准和技术规范的要求并结合工程的具体情况编制，并包括以下内容：

①项目概况；

②编制依据；

③安全生产管理机构及相关负责人；

④安全生产的有关规章制度制定情况；

⑤安全生产管理人员及特种作业人员持证上岗情况等；

⑥生产安全事故的应急救援预案；

⑦工程度汛方案、措施；

⑧其他有关事项。

（5）项目法人在水利工程开工前，应当就落实保证安全生产的措施进行全面系统的布置，明确施工单位的安全生产责任。

（6）项目法人应当将水利工程中的拆除工程和爆破工程发包给具有相应水利水电工程施工资质等级的施工单位。项目法人应当在拆除工程或者爆破工程施工15日前，将下列资料报送水行政主管部门、流域管理机构或者其委托的安全生产监督机构备案：

①施工单位资质等级证明；

②拟拆除或拟爆破的工程及可能危及毗邻建筑物的说明；

③施工组织方案；

④堆放、清除废弃物的措施；

⑤生产安全事故的应急救援预案。

2. 工程施工单位的安全生产责任

《水利工程建设安全生产管理规定》按施工单位、施工单位的相关人员及施工作业人员等三个方面，从保证安全生产应当具有的基本条件出发，对施工单位的资质等级、机构设置、投标报价、安全责任，施工单位有关负责人的安全责任及施工作业人员的安全责任等做出了具体规定，主要有：

（1）施工单位从事水利工程的新建、扩建、改建、加固和拆除等活动，应当具备国家规定的注册资本、专业技术人员、技术装备和安全生产等条件，依法取得相应等级的资质证书，并在其资质等级许可的范围内承揽工程。

（2）施工单位依法取得安全生产许可证后，方可从事水利工程施工活动。

（3）施工单位主要负责人依法对本单位的安全生产工作全面负责。施工单位应当建立健全安全生产责任制度和安全生产教育培训制度，制定安全生产规章制度和操作规程，保证本单位建立和完善安全生产条件所需资金的投入，对所承担的水利工程进行定期和专项安全检查，并做好安全检查记录。

（4）施工单位的项目负责人应当由取得相应执业资格的人员对水利工程建设项目的安全施工负责，落实安全生产责任制度、安全生产规章制度和操作规程，确保安全生产费用的有效使用，并根据工程的特点组织制定安全施工措施。消除安全事故隐患，及时、如实报告生产安全事故。

（5）施工单位在工程报价中应当包含工程施工的安全作业环境及安全施工措施所需费用。对列入建设工程概算的上述费用，应当用于施工安全防护用具及设施的采购和更新、安全施工措施的落实、安全生产条件的改善，不得挪作他用。

（6）施工单位应当设立安全生产管理机构，按照国家有关规定配备专职安全生产管理人员。施工现场必须有专职安全生产管理人员。

专职安全生产管理人员负责对安全生产进行现场监督检查。发现生产安全事故隐患，应当及时向项目负责人和安全生产管理机构报告；对违章指挥、违章操作的，应当立即制止。

（7）施工单位在建设有度汛要求的水利工程时，应当根据项目法人编制的工程度汛方案、措施制订相应的度汛方案，报项目法人批准；涉及防汛调度或者影响其他工程、设施度汛安全的，由项目法人报有管辖权的防汛指挥机构批准。

（8）垂直运输机械作业人员安装拆卸工、电工、焊工、司炉工、爆破作业人员起重信号工、登高架设作业人员等特种作业人员，必须按照国家有关规定经过专门的安全作业培训，并取得特种作业操作资格证书后，方可上岗作业。

（9）施工单位应当在施工组织设计中编制安全技术措施和施工现场临时用电方案，对下列达到一定规模的危险性较大的工程应当编制专项施工方案，并附具安全验算结果，经施工单位技术负责人签字及总监理工程师核签后实施，由专职安全生产管理人员进行现场监督：

①基坑支护与降水工程；

②土方和石方开挖工程；

③模板工程；

④起重吊装工程；

⑤脚手架工程；

⑥拆除、爆破工程；

⑦围堰工程；

⑧其他危险性较大的工程。

对上述所列工程中涉及高边坡、深基坑、地下暗挖工程、高大模板工程的专项施工方案，施工单位还应当组织专家进行论证、审查。

（10）施工单位在使用施工起重机械和整体提升脚手架、模板等自升式架设设施前，应当组织有关单位进行验收，也可以委托具有相应资质的检验检测机构进行验收；使用承租的机械设备和施工机具及配件的，由施工总承包单位、分包单位、出租单位和安装单位共同进行验收。验收合格的方可使用。

（11）施工单位的主要负责人、项目负责人、专职安全生产管理人员应当经水行政主管部门安全生产考核合格后方可任职。

施工单位对管理人员和作业人员应当每年至少进行一次安全生产教育培训，其教育培训情况记入个人工作档案。安全生产教育培训考核不合格的人员，不得上岗。施工单位在采用新技术、新工艺、新设备、新材料时，应当对作业人员进行相应的安全生产教育培训。

3. 勘察单位的安全责任

勘察单位应该认真执行国家有关法律、法规和工程建设强制性标准，在进行勘察作业时，应当严格执行操作规程，采取措施保证各类管线、设施和周边建筑物、构筑物的安全，提供真实、准确、满足建设工程安全生产需要的勘察资料。建设工程勘察单位的安全责任包括勘察标准、勘察文件和勘察操作规程三个方面。

第一个方面是勘察标准。我国目前工程建设标准分为四级、两类。四级分别为国家标准、行业标准、地方标准、企业标准。层次最高的是国家标准，上层次标准对下层次标准有指导和制约作用，但从严格程度来说，最严格的通常是最下层次的标准，下层次标准可以对上层次标准进行补充，但不得矛盾，也不得降低上层次标准的相关规定。两类标准即强制性标准和推荐性标准。在我国现行标准体系建设状况下，强制性标准是指直接涉及质量、安全、卫生及环保等方面的标准强制性条文，如《工程建设标准强制性条文》（水利工程部分）、《工程建设标准强制性条文》（电力工程部分）等。

勘察单位在从事勘察工作时，应当满足相应的资质标准，即勘察单位必须具有相应的勘察资质，并且在其资质等级许可的范围内承揽勘察业务。

第二个方面是勘察文件。勘察文件在符合国家有关法律、法规和技术标准的基础上，应当满足设计及施工等勘察深度要求，必须真实、准确。

第三个方面是勘察单位在勘察作业时应严格执行有关操作规程，防止因钻探、取土、取水、测量等活动，对各类管线、设施和周边建筑物、构筑物造成危害。勘察单位有权拒绝建设单位提出的违反国家有关规定的不合理要求并提出保证工程勘察质量所必需的现场工作条件和合理工期。

4. 设计单位的安全责任

设计单位和其注册执业人员应当对其设计负责。设计单位应当严格按照有关法律、法规和工程建设强制性标准进行设计，防止因设计不合理导致生产安全事故的发生，在设计中应当考虑施工安全操作和防护的需要，对涉及施工安全的重点部位和环节在设计文件中注明，并对防范生产安全事故提出指导意见。对于采用新结构、新材料、新工艺的建设工程和特殊结构的建设工程，设计单位应当在设计中提出保障施工作业人员安全和预防生产安全事故的措施建议。设计单位的安全责任规定中包括设计标准、设计文件和设计人员三个方面。

第一个方面是设计标准。因为强制性标准是对所有设计的普遍性要求，每个工程项目均有其特殊性，所以提醒设计单位注意周边环境因素可能对工程的施工安全产生的影响，周边环境因素包括施工现场及施工可能影响的毗邻区域内供水、排水、供电、供气、供热、通信、广播电视等地下管线，气象和水文条件，拟建工程可能对相邻建筑物和构筑物、地下工程的影响等。同时提醒设计单位注意，设计本身的不合理也可能导致生产安全事故的发生。

第二个方面是设计文件。其规定了设计单位有义务在设计文件中提醒施工单位等应当注意的主要安全事项。“注明”和“提出指导意见”两项义务。在普通民事合同中，这种义务只能看作是一种附随义务，一般也不会因违反而承担严重的法律后果。但水利建设施工安全事关公众重大利益，并且一般情况下只有工程设计单位和设计人员对工程项目的结构、材料、强度、可能的危险源等有全面准确的理解和把握，如果设计单位或设计人员不履行提醒义务可能会造成十分严重的社会后果。所以，在此将之规定为工程设计单位的一种强制义务，体现出了国家权力对司法领域的适当干预。

第三个方面是设计人员。设计人员应当具备国家规定的执业资格条件，如2005年人事部、建设部、水利部联合颁布了《注册土木工程师（水利水电工程）制度暂行规定》（国人部发〔2005〕58号）等文件，从事水利水电工程除单位具备资质外，设计人员也将实行执业资格等管理制度。

5. 监理单位的安全责任

自1988年我国工程建设开展建设监理工作以来，工程监理也在工程建设中发挥了它对工程的投资、进度、质量控制，合同、信息管理及组织协调不可替代的作用。但是，特别应该指出的是，在以往已经实施工程建设监理的建设项目中，相当一些监理单位只注重对施工质量、进度和投资的监控，本身工程建设监理规定的主要内容中，并没有把安全监理作为一项重要内容加以监控，只是把安全监理作为质量控制中的一小部分，而且监理单位也没有配备安全工程技术人员。这样，在施工安全卫生上监控的效果未能充分发挥出来，使得施工现场因违章指挥、违章作业而发生的伤亡事故局面未能得到有效的控制。要想扭转工程建设项目事故多发的被动局面就应当加强安全监理工作，使安全监理作为工程建设监理的一项单独监控项目，配备这方面的人才，加强这方面的工作。因此，近年来，一些专家行业人员把原来的监理业务“三控制、二管理、一协调”重新概括为“三控制、三管理，一协调”，即强调把安全管理作为一项重要内容进行监控。

工程建设监理单位安全责任包括技术标准、施工前审查和施工过程中监督检查等三个方面。

第一个方面是监理人员应当严格按照国家的法律法规和技术标准进行工程的监理。

第二个方面是监理单位施工前应当履行有关文件的审查义务。监理单位对施工组织设计和专项施工方案的安全审查责任，从履行形式上看，是一种书面审查，其对象是施工组织的设计文件或专项施工方案。从内容上看，它是监理单位和监理人员运用自己的专业知识，以法律、法规和监理合同及施工合同中约定的强制性标准为依据，对施工组织设计中的安全技术措施和专项施工方案进行安全性审查。

第三个方面是监理单位应当履行代表项目法人对施工过程中的安全生产情况进行监督检查的义务。有关义务可以分两个层次：一是在发现施工过程中存在安全事故隐患时，应当要求施工单位整改。“安全事故隐患”是指施工单位的劳动安全设施和劳动卫生条件不符合国家规定，对劳动者和其他人群的健康安全及公私财产构成威胁的状态。这里的“发现”既包括事实上的“发现”，也包括根据监理合同规定的监理单位职责及监理人员应当具备的基本技能“应当发现”生产安全事故隐患等。只有这样才能杜绝监理单位因玩忽职守而逃脱安全责任。二是在施工单位拒不整改或者不停止施工等情况下的救急责任，监理单位应当履行及时报告的义务。

第三节　监理机构在安全生产控制中的主要工作

一、建设前期的安全控制

1. 安全生产控制体系

搞好安全生产的控制，首先要建立安全生产的控制体系。

2. 安全事故防范措施

在施工开始前，项目监理部应组织有关单位分析本工程的特点及一般的安全事故类型和安全事故的影响，有针对性地采取措施，做好安全事故的事前预控。

（1）坚持“安全第一、预防为主、综合治理”的方针。建立健全生产安全责任制；完善安全控制机构、组织制度和报告制度；保证施工环境，树立文明施工意识；安全经费及时到位，专款专用；做好安全事故救助预案并进行演练。

（2）建立完善的安全检查验收制度。生产部门应该在安全制度的基础上，设专人定期或者不定期地对生产过程中的安全状况进行检查，发现隐患及时纠正。存在隐患不能施工的，改正合格后，向监理工程师报验，监理工程师应及时检查验收，对不符合安全要求的部位提出整改要求，经整改验收合格后签字，方可继续施工。

二、安全生产控制的审查

1. 对施工承包单位安全生产管理体系的检查

（1）施工承包单位应具备国家规定的安全生产资质证书并在其等级许可范围内承揽工程。

（2）施工承包单位应成立以企业法人代表为首的安全生产管理机构，依法对本单位的安全生产工作全面负责。

（3）施工承包单位的项目负责人应当由取得安全生产相应资质的人员担任，在施工现场应建立以项目经理为首的安全生产管理体系，对项目的安全施工负责。

（4）施工承包单位应当在施工现场配备专职安全生产管理人员，负责对施工现场的安全施工进行监督检查。

（5）工程实行总承包的应由总承包单位对施工现场的安全生产负总责，总承包单位和分包单位应对分包工程的施工安全承担连带责任，分包单位应当服从总承包单位的安全生产管理。

2. 对施工承包单位安全生产管理制度的检查

（1）安全生产责任制。这是企业安全生产管理制度的核心，是上至总经理下至每个生产工人对安全生产所应负的职责。

（2）安全技术交底制度。施工前由项目的技术人员将有关安全施工的技术要求向施工作业班组作业人员做出详细说明，并由双方签字落实。

（3）安全生产教育培训制度。施工承包单位应当对管理人员、作业人员，每年至少进行一次安全教育培训，并把教育培训情况记入个人工作档案。

（4）施工现场文明管理制度。

（5）施工现场安全防火、防爆制度。

（6）施工现场机械设备安全管理制度。

（7）施工现场安全用电管理制度。

（8）班组安全生产管理制度。

（9）特种作业人员安全管理制度。

（10）施工现场门卫管理制度

3. 对工程项目施工安全监督机制的检查

（1）施工承包单位应当制定切实可行的安全生产规章制度和安全生产操作规程。

（2）施工承包单位的项目负责人应当落实安全生产的责任制及有关安全生产的规章制度和操作规程。

（3）施工承包单位的项目负责人应根据工程特点，组织制定安全施工措施，消除安全隐患，及时如实报告施工安全事故。

（4）施工承包单位应对工程项目进行定期与不定期的安全检查，并做好安全检查记录。

（5）在施工现场应采用专检和自检相结合的安全检查、班组间相互安全监督检查的方法。

（6）专职安全生产管理人员在施工现场发现安全事故隐患时，应当及时向项目负责人和安全生产管理机构报告。对违章指挥、违章操作的应当立即制止。

4. 对施工承包单位安全教育培训制度落实情况的检查

（1）施工承包单位主要负责人、项目负责人、专职安全管理人员应当接受建设行政主管部门组织的安全教育培训，并经考核合格后方可上岗。

（2）作业人员进入新的岗位或新的施工现场前应当接受安全生产教育培训，未经培训或培训考核不合格的不得上岗。

（3）施工承包单位在采用新技术、新工艺、新设备、新材料时应当对作业人员进行相应的安全生产教育培训。

（4）施工承包单位应当向作业人员以书面形式，告知危险岗位的操作规程和违章操作的危害，制定出保障施工作业人员安全和预防安全事故的措施。

（5）对垂直运输机械作业人员，安装拆卸、爆破作业人员，起重信号作业人员，登高架设作业人员等特种作业人员，必须按照国家有关规定，经过专门的安全作业培训，并取得特种作业操作资格证书后，方可上岗作业。

5. 文明施工的检查

（1）施工承包单位应当在施工现场入口处、起重机械、临时用电设施脚手架、出入通道口、电梯井口、楼梯口、孔洞口、基坑边沿、爆破物及有害气体和液体存放处等危险部位，设置明显的安全警示标志。在市区内施工时，应当对施工现场实行封闭围挡。

（2）施工承包单位应当在施工现场建立消防安全责任制度，确定消防安全责任人，制定用火用电，使用易燃、易爆材料等各项消防安全管理制度和操作规程，设置消防通道、消防水源，配备消防设施和灭火器材，并在施工现场入口处设置明显防火标志。

（3）施工承包单位应当根据不同施工阶段和周围环境及季节气候的变化，在施工现场采取相应的安全施工措施。

（4）施工承包单位对施工可能造成损害的毗邻建筑物、构筑物和地下管线，应当采取专项防护措施。

（5）施工承包单位应当遵守环保法律、法规，在施工现场采取措施，防止或减少粉尘、废水、废气、固体废物、噪声、振动及施工照明对人和环境的危害与污染。

6. 对其他方面安全隐患的检查

（1）施工现场的安全防护用具、机械设备、施工机具及配件必须有专人保管，定期进行检查、维护和保养，建立相应的资料档案，并按国家有关规定及时报废。

（2）施工承包单位应当向作业人员提供安全防护用具和安全防护服装。

（3）作业人员有权对施工现场的作业条件、作业程序与作业方式中存在的安全问题提出批评、检举和控告，有权拒绝违章指挥和强令冒险作业。

（4）施工中发生危及人身安全的紧急情况时，作业人员有权立即停止作业或者采取必要的紧急措施后撤离危险区域。

（5）作业人员应当遵守安全施工的强制性标准、规章制度和操作规程，正确使用安全防护用具、机械设备。

（6）施工现场临时搭建的建筑物应当符合安全使用要求，施工现场使用的装配式活动房应有产品合格证。

三、安全生产技术措施的审查

安全生产技术措施的审查主要检查施工组织设计中有无安全措施，对下列达到一定规模的危险性较大的分部分项工程编制专项施工方案，并附具安全验算结果，经施工承包单位技术负责人、总监理工程师签字后实施，由专项安全生产管理人员进行现场监督。

1. 基坑支护与降水工程专项措施；

2. 土方开挖工程专项措施；

3. 模板工程专项措施；

4. 起重吊装工程专项措施；

5. 脚手架工程专项措施；

6. 拆除、爆破工程专项措施；

7. 高处作业专项措施；

8. 施工现场临时用电安全专项措施；

9. 施工现场的防火、防爆安全专项措施；

10. 国务院建设行政主管部门或者其他有关部门规定的其他危险性较大的工程。对上述所列工程中涉及深基坑、地下暗挖工程、高大模板工程的专项施工方案，施工承包单位还应当组织专家进行论证、审查。

四、施工过程的安全生产控制

1. 安全生产的巡视检查

巡视检查是监理工程师在施工过程中进行安全与质量控制的重要手段。在巡视检查中应该加强对施工安全的检测，防止安全事故的发生。

（1）安全用电情况

为防止触电事故的发生，监理工程师应该对用电情况予以重视，不合格的要求整改。

（2）脚手架、模板情况

为防止脚手架坍塌事故的发生，监理工程师对脚手架的安全应该引起足够重视，对脚手架的施工工序应该进行验收。

（3）机械使用情况

使用过程中的违规操作、机械故障等，会造成人员的伤亡。因此，对于机械使用情况，监理工程师应该进行验收。对不合格的机械设备，应令施工承包单位清出施工现场，不得使用；对没有资质的操作人员，应停止其操作行为。

（4）安全防护情况

有了必要的防护措施就可以大大减少安全事故，监理工程师对安全防护情况的检查验收主要有：防护是否到位，不同的工种应该有不同的防护装置，如安全帽、安全带、安全网、防护罩、绝缘服等；自身安全防护是否合格，如头发、衣服、身体状况等；施工现场周围环境的防护措施是否健全，如高压线、地下电缆、运输道路以及沟、河、洞等对建设工程的影响；安全管理费用是否到位，能否保证安全防护的设置需求。

第四节　水利工程生产安全事故的应急救援和调查处理

1. 水利工程建设安全生产应急救援的要求

根据上述规定，结合水利工程建设特点以及水利工程建设管理体系的实际情况，《水利工程建设安全生产管理规定》中，有关水利工程建设安全生产应急救援的要求主要有以下几点：

（1）各级地方人民政府水行政主管部门应当根据本级人民政府的要求，制订本行政区域内水利工程建设特大生产安全事故应急救援预案，并报上一级人民政府水行政主管部门备案。流域管理机构应当编制所管辖的水利工程建设特大生产安全事故应急救援预案，并报水利部备案。

（2）项目法人应当组织制订本建设项目的生产安全事故应急救援预案并定期组织演练。应急救援预案应当包括紧急救援的组织机构、人员配备、物资准备、人员财产救援措施、事故分析与报告等方面的方案。

（3）施工单位应当根据水利工程施工的特点和范围，对施工现场易发生重大事故的部位、环节进行监控，制订施工现场生产安全事故应急救援预案。实行施工总承包的，总承包单位应统一组织编制水利工程建设生产安全事故应急救援预案，工程总承包单位和分包单位按照应急救援预案，各自建立应急救援组织或者配备应急救援人员，配备救援器材、设备，并定期组织演练。

2. 生产安全事故的调查处理

关于生产安全事故的调查处理，《水利工程建设安全生产管理规定》根据《安全生产法》及《建设工程安全生产管理条例》的有关规定，结合水利工程的建设特点，提出以下主要要求：

（1）施工单位发生生产安全事故，应当按照国家有关伤亡事故报告和调查处理的规定，及时、如实地向负责安全生产监督管理的部门及水行政主管部门或者流域管理机构报告；特种设备发生事故的，还应当同时向特种设备安全监督管理部门报告。接到报告的部门应当按照国家有关规定如实上报。

实行施工总承包的建设工程，由总承包单位负责上报事故。发生生产安全事故，项目法人及其他有关单位应当及时、如实地向负责安全生产监督管理的部门和水行政主管部门或者流域管理机构报告。

（2）发生生产安全事故后，有关单位应当采取措施防止事故扩大，保护事故现场。

需要移动现场物品时，应当做出标记和书面记录，妥善保管有关证物。

（3）水利工程建设生产安全事故的调查，对事故责任单位和责任人的处罚与处理，按照有关法律、法规的规定执行。

（4）事故处理报告应逐级上报。事故处理报告的内容包括：事故的基本情况，事故调查及检查情况，事故原因分析，事故处理依据，安全、质量缺陷处理方案及技术措施，实施安全、质量缺陷处理中的有关数据、记录、资料，对处理结果的检查、鉴定和验收，结论意见。

第五节　水利工程文明工地建设要求

为深入贯彻落实科学发展观，大力加强水利建设的工程管理水平，进一步规范水利工程建设文明工地创建工作，大力倡导文明施工、安全施工，营造和谐建设环境，更好地发挥水利工程在国民经济和社会发展中的重要支撑作用，水利部制定发布了《水利建设工程文明工地创建管理暂行办法》（水精〔2012〕1号），该办法共20条。

1. 文明工地创建标准

（1）质量管理：质量保证体系健全；工程质量得到有效控制，工程内在/外观质量优良；质量事故、质量缺陷处理及时；质量档案管理规范、真实、归档及时等。

（2）综合管理：文明工地创建工作计划周密，组织到位，制度完善，措施落实；参建各方信守合同，严格执行基本建设程序；全体参建人员遵纪守法、爱岗敬业；学习气氛浓厚，职工文体活动丰富；信息管理规范；参建单位之间关系融洽，能正确协调处理与周边群众的关系，营造良好的施工环境。

（3）安全管理：安全生产责任制及规章制度完善；制定针对性及操作性强的事故应急预案；实行定期安全生产检查制度，无生产安全事故发生。

（4）施工区环境：现场材料堆放，施工机械停放有序、整齐；施工道路布置合理，路面平整、通畅；施工现场做到工完场清；施工现场安全设施及警示标识规范；办公室、宿舍、食堂等场所整洁、卫生；生态环境保护及职业健康条件符合国家标准要求，防止或减少施工引起的粉尘、废水，固体废弃物、噪声、振动、照明对人和环境的危害，防范污染措施得当。

有下列情形之一的，不得申报“文明工地”：

（1）干部职工中发生刑事案件或经济案件被判处刑法主刑的，干部职工中发生违纪、违法行为，受到党纪政纪处分或被刑事处罚的；

（2）发生较大及以上质量事故或一般以上生产安全事故、环保事件；

（3）被水行政主管部门或有关部门通报批评或进行处罚的；

（4）拖欠工程款，民工工资或与当地群众发生重大冲突等事件，并造成严重社会影响的；

（5）项目建设单位未严格执行项目法人负责制、招标投标制和建设监理制的；

（6）项目建设单位未按照国家现行基本建设程序要求办理相关事宜的；

（7）项目建设过程中，发生重大合同纠纷，造成不良影响的。

2. 文明工地创建与管理

文明工地创建在项目法人党组织的统一领导下进行，主要领导为第一责任人，形成主要领导亲自抓，分管领导具体抓，各部门和相关单位齐抓共管，各参建单位积极配合，广大干部职工广泛参与的工作格局。

项目法人应将文明工地创建工作纳入工程建设管理的总体规划，根据文明工地的创建标准，结合工程建设实际，制订创建工作实施计划，采取切实可行的措施，确保各项创建工作落到实处。

开展文明工地创建的单位，应做到：组织机构健全，规章制度完善，岗位职责明确，档案资料齐全。

文明工地创建应有扎实的群众基础，加强舆论宣传，及时总结宣传先进典型，广泛开展技能比武、文明班组、青年文明号、岗位能手等多种形式的创建活动。

文明工地创建要加强自身管理，根据新形势、新任务的要求，创新内容、创新手段、创新载体。要搞好日常的检查考核，建立健全激励机制，不断巩固提高创建水平。

3. 文明工地申报

文明工地实行届期制，每两年命名一次。按照自愿申报、逐级推荐、考核评审、公示评议、审定命名的程序进行。在上一届期已被命名为文明工地的，如符合条件，可继续申报下一届。

（1）自愿申报。凡符合文明工地标准且满足下列申报条件的水利建设工地，即可自愿进行申报；开展文明工地创建活动半年以上；工程项目已完成的工程量，应达全部建筑安装工程量的20%及以上，或在主体工程完工一年以内；工程进度满足总体进度计划要求。

申报文明工地的项目，原则上是以项目建设管理单位所管辖的一个工程项目或其中的一个或几个标段为单位的工程项目（或标段）为一个文明建设工地。

（2）逐级推荐。县级及以上水行政主管部门负责对申报单位进行现场考核并逐级向上推荐。省、自治区、直辖市水利（水务）厅（局）文明办会同建管部门进行考核，本着优中选优的原则，向本单位文明委提出推荐（申报）名单。

流域机构所属的工程项目，由流域机构文明办会同建管部门进行考核，向本单位文明委提出推荐（申报）名单。

中央和水利部直属工程项目，由项目法人直接向水利部文明办申报。

（3）考核评审。水利部文明办会同建设与管理司负责组织文明工地的审核、评定，按照考核标准赋分，提出文明工地建议名单，报水利部精神文明建设指导委员会（以下简称“水利部文明委”）审定。

（4）公示评议。水利部文明委审议通过后，在水利部相关媒体上进行为期一周的公示，接受公众监督。公示期间有异议的，由水利部文明办会同建设与管理司组织复核。

（5）审定命名。对符合条件的“文明工地”工程项目，由水利部文明办授予“文明工地”称号。

第九章　水利工程建设合同管理

合同管理，是指工程建设参与单位（如建设单位、施工单位、监理单位等）依据相关法律法规和规章制度，采取法律的、行政的手段，对合同关系进行组织、指导协调及监督，保护合同当事人的合法权益、处理合同纠纷，防止和制裁违法行为。保证合同得到贯彻实施的一系列活动。

合同管理包括两个阶段的内容：一是合同签订之前，合同的相关方围绕签订合同所进行的一系列管理活动，比如建设单位的招标活动，施工单位、监理单位、设计单位的投标活动；二是合同签订之后，以合同为基础来规范相关的方建设行为，保证合同得到贯彻实施的一系列活动，比如工程实施过程中对建筑施工合同的管理活动。

第一节　工程建设合同的基本知识

一、合同的概念及内容

《合同法》第 2 条规定："合同是平等主体的自然人、法人、其他组织之间设立、变更、终止民事权利义务关系的协议。"合同作为一种协议，必须是当事人双方意思表示一致的民事法律行为。合同是当事人行为合法性的依据。合同中所确定的当事人的权利、义务和责任，必须是当事人依法可以享有的权利和能够承担的义务与责任，这是合同具有法律效力的前提。当事人依法享有自愿订立合同的权利，任何单位和个人不得非法干预。

任何合同都应具有三大要素，即合同的主体、客体和合同内容。

1. 合同主体，即签约双方的当事人。合同的当事人可以是自然人、法人或其他组织，且合同当事人的法律地位平等，一方不得将自己的意志强加于另一方。依法签订的合同具有法律效力。当事人应按合同约定履行各自的义务，不得擅自变更或解除合同。

2. 合同客体，指合同主体的权利与义务共同指向的对象，如建设工程项目、货物、劳务、智力成果等。客体应规定明确，切忌含混不清。

3. 合同内容。合同双方的权利、义务和责任。

根据《合同法》第 12 条的规定，合同的内容由当事人约定，一般包含以下几个方面：

当事人的名称或者姓名和住所、标的、数量、质量、价款或者报酬，履行期限、地点和方式，违约责任，解决争议的方法。

二、工程建设合同的概念及特征

1. 工程建设合同的概念

工程建设合同是承包商进行工程建设，发包人支付工程价款的合同。工程建设合同是一种诺成合同，合同订立生效后双方均应严格履行。同时，建设工程合同也是一种有偿合同，合同双方当事人在执行合同时，都享有各自的权利，也必须履行自己应尽的义务，并承担相应的责任。

2. 工程建设合同的特征

（1）合同主体的严格性

工程建设合同主体一般只能是法人。发包人一般只能是经过批准进行工程项目建设的法人，必须有国家批准的建设项目、落实投资计划，并且应当具备相应的协调能力；承包人则必须具备法人资格，而且必须具备相应的从事勘察、设计、施工、监理等业务的资质。

（2）合同客体的特殊性

工程建设合同的客体是各类建筑产品。建筑产品的形态往往是多种多样的。建筑产品的单件性及固定性等其自身的特点，决定了工程建设合同客体的特殊性。

（3）合同履行期限的长期性

由于建设工程结构复杂、体积大、工作量大、建筑材料类型多、投资巨大，使得其生产周期一般较长，从而导致工程建设合同的履行期限较长。同时，由于投资额巨大，工程建设合同的订立和履行一般都需要较长的准备期。而且，在合同的履行过程中，还可能因为不可抗力、工程变更、材料供应不及时等原因而导致合同期限的延长，这就决定了工程建设合同履行的长期性。

（4）投资和建设程序的严格性

由于工程建设对国家的经济发展和广大人民群众的工作与生活都有重大的影响，因此国家对工程项目在投资和建设程序上有严格的管理制度。订立工程建设合同也必须以国家批准的投资计划为前提。即使是以非国家投资方式筹集的其他资金，也要受到当年的贷款规模和批准限额的限制，该投资也要纳入当年投资规模，进行投资平衡，并要经过严格的审批程序。工程建设合同的订立和履行还必须遵守国家关于基本建设程序的有关规定。

三、工程建设合同的作用

1. 合同确定了工程建设和管理的目标

工程建设地点和施工场地、工程开工和完工的日期、工程中主要活动的延续时间等，是由合同协议书、工程进度计划所决定的；工程规模、范围和质量，包括工程的类型和尺寸、工程要达到的功能和能力，设计、施工、材料等方面的质量标准和规范等，是由合同条款、规范、图纸、工程量清单、供应单等决定的；价格和报酬，包括工程总造价，各分项工程的单价和合价，设计、服务费用和报酬等，是由合同协议书、中标、工程量清单等决定的。

2. 合同是工程建设过程中双方解决纠纷的依据

在建设过程中，由于合同实施环境的变化、合同条款本身的模糊性、不确定等因素，引起纠纷是难免的，重要的是如何正确解决这些纠纷。在这方面合同有两个决定性作用：一是判定纠纷责任要以合同条款为依据，即根据合同判定应由谁对纠纷负责，以及应负什么样的责任；二是纠纷的解决必须按照合同所规定的方式和程序进行。

3. 合同是工程建设过程中双方活动的准则

工程建设中双方的一切活动都是为了履行合同，必须按合同办事，全面履行合同所规定的权利和义务，并承担所分配风险的责任。双方的行为都要受合同约束，一旦违约，就要承担法律责任。

4. 合同是协调并统一参加建设者行为的重要手段

一个工程项目的建设，往往有相当多的参与单位，有业主、勘察设计、施工、咨询监理单位，也有设备和物资供应、运输、加工单位，还有银行、保险公司等金融单位，并有政府有关部门、群众组织等。每一个参与者均有自身的目标和利益追求，并为之努力。要使各参与者的活动协调统一，为工程总目标服务，就必须依靠为本工程顺利建设而签订的各个合同。项目管理者要通过与各单位签订的合同，将各合同和合同规定的活动在内容上、技术上、组织上、时间上协调统一，形成一个完整、周密、有序的体系，以保证工程有序地按计划进行，顺利地实现工程总目标。

四、工程建设合同的类别

工程建设合同根据管理角度的不同有多种分类方式。

（一）按承、发包的范围和数量分类

按承、发包的范围和数量，可以将工程建设合同分为建设工程总承包合同、建设工程承包合同、分包合同三类。

建设工程总承包合同是指发包人将工程建设的全过程发包给一个承包人的合同。

建设工程承包合同是指发包人将建设工程的勘察、设计、施工等的每一项发包给一个或多个承包人的合同。

分包合同是指经合同约定和发包人认可，分包商从工程承包人的工程中承包部分工程而订立的合同。

（二）按工程承包的内容分类

按工程承包的内容来划分，工程建设合同可以分为建设工程勘察合同、建设工程设计合同、建设工程监理合同和建设工程施工合同等类型。

（三）按计价方式分类

按计价方式不同，业主与承包商所签订的合同可以划分为总价合同、单价合同和成本加酬金合同三大类。

建设工程勘察、设计合同和设备加工采购合同，一般为总价合同；建设工程委托监理合同大多数为成本加酬金合同。

建设工程施工合同根据招标准备情况和工程项目特点的不同，可选择其适用的一种合同。

1. 总价合同

总价合同又分为固定总价合同、固定工程量总价合同和可调整总价合同。

（1）固定总价合同。合同当事人双方以招标时的图纸和工程量等招标文件为依据，承包商按投标时业主接受的合同价格承包并实施。在合同履行过程中，如果业主没有要求变更原定的承包内容，承包商实施并圆满完成所承包工程的工作内容，不论承包商的实际成本是多少，业主都应当按合同价支付项目价款。

（2）固定工程量总价合同。在工程量报价单中，业主按单位工程及分项工程内容列出实施工程量，承包商分别填报各项内容的直接费单价，然后再汇总出总价，并据此总价签订合同。合同内原定工作内容全部完成后，业主按总价支付给承包商全部费用。如果中途发生设计变更或增加新的工作内容，则用合同内已确定的单价来计算新增工程量而对总价进行调整。

（3）可调整总价合同。这种合同与固定总价合同基本相同，但合同期较长（一般一年以上），只是在固定总价合同的基础上，增加了合同执行过程中因市场价格浮动等因素对承包价格调整的条款。常见的调价方式有票据价格调整法、文件证明法、公式调价法等。

2. 单价合同

单价合同是指承包商按工程量报价单内分项工作内容填报单价以实际完成工程量乘以所报单价计算结算款的合同。承包商所填报的单价应为计入各种摊销费以后的综合单价，而非直接费单价。合同执行过程中如无特殊情况，一般不得变更单价。单价合同的执行原则是，工程量清单中分项开列的工程量，在合同实施过程中允许有上下浮动变化，但该项工作内容的单价不变，结算支付时以实际完成的工程量为依据。因此，按投标书报价单中预计工程量乘以所报单价计算的合同价格，并不一定就是承包商保质保量完成合同中规定的任务后所获得的全部款项，可能比它多，也可能比它少。

单价合同大多用于工期长、技术复杂、实施过程中发生各种不可预见因素较多的大型复杂工程的施工，以及业主为了缩短项目建设周期，初步设计完成后就进行施工招标的工程。单价合同的工程量清单内所列出的工程量一般为估算工程量，而非准确工程量。

常用的单价合同有估计工程量单价合同、纯单价合同、单价与包干混合合同三种。

（1）估计工程量单价合同。承包商在投标时，以工程量报价单中列出的工作内容和估计工程量填报相应的单价后，累计计算合同价。此时的单价应为计入各种摊销费后的综合单价，即成品价，不再包括其他费用项目。合同履行过程中应以实际完成工程量乘以单价作为结算和支付的依据。这种合同方式较为合理地分担了合同履行过程中的风险。估计工程量单价合同按照合同工期长短也可以分为固定单价合同和可调单价合同两类。

（2）纯单价合同。招标文件中仅给出各项工程的分部分项工程项目一览表、工程范围和必要的说明，而不提供工程量。投标人只要报出各分部分项工程项目的单价即可，实施过程中按实际完成工程量结算。由于同一工程在不同的施工部位和外部环境条件下，承包商的实际成本投入不尽相同。因此，仅以工作内容填报单价不易准确，而且对于间接费用分摊在许多工种中的复杂情况，以及有些不易计算工程量的项目内容，采用纯单价合同往往会引起结算过程中的麻烦，甚至导致合同争议。

（3）单价与包干混合合同。这种合同是总价合同与单价合同结合的一种形式。对内容简单的工程量采用总价合同承包，对技术复杂、工程量为估算值部分采用单价合同方式承包。

3. 成本加酬金合同

成本加酬金合同是将工程项目的实际投资划分为直接成本费和承包商完成工作后应得酬金两部分。实施过程中发生的直接成本费由业主实报实销，另按合同约定的方式付给承包商相应的报酬。成本加酬金合同大多使用于边设计边施工的紧急工程或灾后修复工程，以议标方式与承包商签订合同。由于在签订合同时，业主还提供不出可供承包商准确报价的详细资料，因此在合同中只能商定酬金的计算办法。按照酬金计算方式的不同，成本加酬金合同又可分为成本加固定百分比酬金合同、成本加固定酬金合同、成本加浮动酬金合同及目标成本加奖惩合同四种类型。

五、水利工程建设监理合同管理

监理单位受项目法人委托承担监理业务，应与项目法人签订工程建设监理合同，这是国际惯例，也是《水利工程建设监理规定》中明确的。工程建设监理合同的标的，是监理单位为项目法人提供的监理服务，依法成立的监理委托合同对双方都具有法律约束力。

1. 建设监理合同的组成文件

在 GF-2000-021《水利工程建设监理合同示范文本》中，建设监理合同的组成文件及优先解释顺序如下：

监理委托函或中标函，监理合同书，监理实施过程中双方共同签署的补充文件，专用合同条款，通用合同条款，监理招标书（或委托书），监理投标书（或监理大纲）。

上述合同文件为一整体，代替了合同书签署前双方签署的所有协议、会谈记录及有关相互承诺的一切文件。

凡列入中央和地方建设计划的大中型水利工程建设项目应使用监理合同示范文本，小型水利工程可参照使用。

2.《水利工程建设监理合同示范文本》的组成

工程建设监理合同是履行合同过程中双方当事人的行为准则。《水利工程建设监理合同示范文本》包括监理合同书、通用合同条款、专用合同条款和合同附件四个部分。

（1）监理合同书

监理合同书是发包人与监理人在平等的基础上协商一致后签署的，其主要内容是当事人双方确认的委托监理工程的概况，包括工程名称、工程地点、工程规模及特性、总投资总工期，监理范围、监理内容、监理期限、监理报酬，合同签订、生效、完成时间。明确监理合同文件的组成及解释顺序。

（2）通用合同条款

通用合同条款适用于各个工程项目建设监理委托，是所有签约工程都应遵守的基本条件，通用合同条款应全文引用，条款内容不得更改。

通用合同条款内容涵盖了合同中所涉及的词语含义、适用语言，适用法律、法规、规章和监理依据、通知和联系方式，签约双方的权利、义务和责任，合同生效、变更与终止，违约行为处理，监理报酬，争议的解决及其他一些情况。

（3）专用合同条款

由于通用合同条款适用于所有的工程建设监理委托，因此其中的某些条款规定得比较笼统。专用合同条款是各个工程项目根据自己的个性和所处的自然、社会环境，由项目法人和监理单位协调一致后填写的，专用合同条款应当对应通用合同条款的顺序进行填写。

（4）合同附件

合同附件是供发包人和监理人签订合同时参考用的，明确监理服务工作内容、工作深度的文件。它包括监理内容、监理机构应向发包人提供的信息和文件。监理内容应根据发包人的需要，参照合同附件，双方协商确定。

第二节　工程建设各方的权利、义务和责任

一、发包人的权利、义务和责任

（一）发包人的权利

1. 对总设计、总承包单位的选定权

发包人是工程建设投资行为的主体，要对投资效益全面负责，因此有选定工程总设计和总承包单位，以及与其订立合同的权力。

2. 授予监理权限的权力

发包人委托监理人承担监理业务，监理人在发包人授权范围内，对其与第三方签订的各种承包合同的履行实施监理，因此在监理委托合同中需明确委托的监理任务及监理人权限，监理人行使的权力不得超过合同规定范围。

3. 重大事项的决定权

（1）承包分配权。发包人一般是通过竞争方式选择监理人，并对其监理人员的素质和水平监理规划、监理经验和监理业绩进行了全面审查。因此，监理人不得转让、分包监理业务。

（2）对监理人员的控制监督权。监理人更换总监理工程师须提前经发包人同意，发包人有权要求监理人更换不称职的监理人员，直到终止合同。

（3）对合同履行的监督权。发包人有权对监理机构和监理人员的监理工作进行检查，有权要求监理人提交监理月报及监理工作范围内的专题报告。

（4）工程重大事项的决定权。发包人有对工程设计变更的审批权，有对工程建设中质量、进度、投资方面的重大问题的最终决定权，有对工程款支付、结算的最终决定权。

（二）发包人的一般义务和责任

遵守有关的法律、法规和规章；委托监理人按合同规定的日期向承包人发布开工通知；在开工通知发出前安排监理人及时进点实施监理；按时向承包人提供施工用地、施工准备工程等；按有关规定，委托监理人向承包人提供现场测量基准点、基准线和水准点及其有关资料；按合同规定负责办理由发包人投保的保险；提供已有的与合同工程有关的水文和地质勘探资料；委托监理人在合同规定的期限内向承包人提供应由发包人负责提供的图纸；按规定支付合同价款；为承包人实现文明施工目标创造必要的条件；按有关规定履行其治安保卫和施工安全职责；按有关规定采取环境保护措施；按有关规定主持和组织工程的完工验收；应承担专用合同条款中规定的其他一般义务和责任。

二、监理机构的权利、义务和责任

1. 监理机构的权利

（1）建议权

监理机构有选择工程施工、设备和材料供应等单位的建议权；对工程实施中的重大技术问题，有向设计单位提出建议的权力；协助发包人签订工程建设合同；有权要求承包人撤换不称职的现场施工和管理人员，必要时有权要求承包人增加和更换施工设备。

（2）确认权与否认权

监理机构对承包人选择的分包项目和分包人有确认权与否认权；有对工程实际竣工日期提前或延误期限的签认权；在工程承包合同约定的工程价格范围内，有工程款支付的审核和签认权，以及结算工程款的复核确认权与否认权；有审核承包人索赔的权力。

（3）主持权

监理机构有组织协调工程建设有关各方关系的主持权；经事先征得发包人同意，发布开工令、停工令、返工令和复工令。

（4）审批权

监理机构有对工程建设实施设计文件的审核确认权，只有经监理机构审核确认并加盖公章的工程师图纸和设计文件，才能成为有效的施工依据；监理人有对工程施工组织设计、施工措施、施工计划和施工技术方案的审批权。

（5）检验确认权

监理机构有对全部工程的施工质量和工程上使用的材料、设备的检验权和确认权；有对全部工程的所有部位及其任何一项工艺、材料、构件和工程设备的检查、检验权。

（6）检查、监督权

监理机构有对工程施工进度的检查、监督权，对安全生产和文明施工的监督权；有对承包人设计和施工的临时工程的审查和监督权。

2. 监理机构的义务和责任

（1）在专用合同条款约定的时间内，向发包人提交监理规划、监理机构组成以及委派的总监理工程师和主要监理人员名单、简历。

（2）按照专用合同条款约定的监理范围和内容，派出监理人员进驻施工现场，组建监理机构，编制监理细则，并正常有序地开展监理工作。

（3）更换总监理工程师须经发包人同意。

（4）按照国家的有关规定，建立监理岗位责任制和工程质量终身负责制。

（5）在履行合同的义务期间，运用合理的技能提供优质服务，帮助发包人实现合同预定的目标，公正地维护各方的合法权益。

（6）现场监理人员应按照施工工作程序及时到位，对工程建设进行动态跟踪监理，工程的关键部位、关键工序应进行旁站监理。

（7）监理人员必须采取有效的手段，做好工程实施阶段各种信息的收集、整理和归档，并保证现场记录、试验、检验以及质量检查等资料的完整性和准确性。

（8）监理机构应认真做好《监理日记》，保持其及时性、完整性和连续性；应向发包人提交监理工作月度报告及监理业务范围内的专题报告。

（9）监理机构使用发包人提供的设施和物品属于发包人的财产。在监理工作完成或中止时，应按照专用合同条款的规定移交发包人。

（10）在合同期内或合同终止后，未经发包人同意，不得泄露与该工程、合同业务活动有关的保密资料。

（11）如因监理机构和监理人员违约或自身的过失造成工程质量问题或发包人的直接经济损失，监理机构应按专用合同条款的规定承担相应的经济责任。

（12）监理机构因不可抗力导致不履行或不能全部履行合同时，不承担责任。

（13）监理机构对承包人因违约而造成的质量事故和完工（交图、交货、交工）时限的延期不承担责任。

第三节 工程变更

一、变更的概念

变更是指对合同所做的修改、改变等。从理论上来说，变更就是施工合同状态的改变，施工合同状态包括合同内容、合同结构、合同表现形式等，合同状态的任何改变均是变更。对于具体的工程施工合同来说，为了便于约定合同双方的权利义务关系，便于处理合同状态的变化，对于变更的范围和内容一般均要做出具体的规定。水利水电土建工程受自然条件等外界的影响较大，工程情况比较复杂，且在招标阶段未完成施工图纸，因此在施工合同签订后的实施过程中不可避免地会发生变更。

变更涉及的工程参建方很多，但主要是发包人、监理机构和承包人三方，或者说均通过该三方来处理，如涉及设计单位的设计变更时，由发包人提出变更；涉及分包人的分包工程变更时由承包人提出。但监理机构是变更管理的中枢和纽带，无论是何方要求的变更，均需通过监理机构发布变更令来实施。《水利水电土建工程施工合同条件》明确规定：没有监理机构的指示，承包人不得擅自变更；监理机构发布的合同范围内的变更，承包人必须实施；发包人要求的变更，也要通过监理机构来实施。

二、变更的范围和内容

在履行合同过程中，监理机构可根据工程的需要并按发包人的授权指示承包人进行各种类型的变更，变更的范围和内容如下：

1. 增加或减少合同中的任何一项工作内容。

2. 增加或减少合同中关键项目的工程量超过专用合同条款规定的百分比。当合同中任何项目的工程量增加或减少在规定的百分比以下时，不属于变更项目，不做变更处理；超过规定的百分比时，一般应视为变更，按变更处理。

3. 取消合同中任何一项工作。此规定主要是为了防止发包人在签订合同后擅自取消合同价格偏高的项目，而使合同承包人蒙受损失。

4. 改变合同中任何一项工作的标准或性质。对于合同中任何一项工作的标准或性质，合同技术条款都有明确的规定，在施工合同实施过程中，如果根据工程的实际情况，需要提高标准或改变工作性质，同样需监理人按变更处理。

5. 改变工程建筑物的形式、基线、标高、位置或尺寸。如果施工图纸与招标图纸不一致，包括建筑物的结构形式、基线、高程、位置及规格尺寸等发生任何变化，均属于变更，应按变更处理。

6. 改变合同中任何一项工程的完工日期或改变已批准的施工顺序。对合同中的任何一项工程，都规定了其开工日期和完工日期，而且施工总进度计划、施工组织设计、施工顺序已经监理人批准，要改变就应由监理人批准，按变更处理。

7. 追加为完成工程所需的任何额外工作。额外工作是指合同中未包括而为了完成合同工程所需增加的新项目，如临时增加的防护工程或施工场地内发生边坡塌滑时的治理工程等额外工作项目。这些额外的工作均应按变更项目处理。若工程建筑物的局部尺寸稍有修改，虽将引起工程量的相应增减，但对施工组织设计进度计划无实质性影响时，不需按变更处理。

三、变更的处理原则

由于工程变更有可能影响工期和合同价格，一旦发生此类情况，应遵循以下原则进行处理。

1. 变更需要延长工期

变更需要延长工期时，应按合同的有关规定办理；若变更使合同工作量减少，监理人认为应予提前的，由监理人和承包人协商确定。

2. 变更需要增加费用

当工程变更时，可按以下四种不同情况确定其单价或合价：

（1）若施工合同工程量清单中有适用于变更工作内容的子目，采用该子目的单价。

（2）若施工合同工程量清单中无适用于变更工作内容的子目，但有类似子目的，可采用合理范围内参照类似子目单价编制的单价。

（3）若施工合同工程量清单中无适用或类似子目的单价，可采用按照成本加利润原则编制的单价。

（4）当发包人与承包人就变更价格和工期协商一致时，监理机构应见证合同当事人签订变更项目确认单。当发包人与承包人就变更价格不能协商一致时，监理机构应认真研究后审慎确定合适的暂定价格，通知合同当事人执行；当发包人与承包人就工期不能协商一致时，按合同约定处理。

按合同规定的变更范围进行任何一项变更可能会引起合同工程或部分工程原定的施工组织和进度计划发生实质性变动，不仅会影响变更项目的单价或合价，而且会影响其他有关项目的单价或合价。例如，《工程量清单》中一般包括多个混凝土工程项目，而这些项目的混凝土常由一座或几座混凝土工厂统一供应，若一个混凝土工程项目的变更引起原定的混凝土工厂的变动，不仅会改变该项目单价中的机械使用费，还可能影响其他由该工厂供应的所有混凝土工程项目的单价。若发生此类变更，发包人和承包人均有权要求调整变更项目和其他项目的单价或合价，监理机构应在进行评估后与发包人和承包人协商确定其单价或合价。

第四节　施工索赔

一、施工索赔概述

1. 索赔的含义

由于工程建设项目规模大、工期长、结构复杂，实施过程中必然存在着许多不确定因素及风险。加之由于主、客观原因，双方在履行合同、行使权利和义务的过程中会发生与合同规定的不一致之处。在这种情况下，索赔是不可避免的。

所谓索赔是指根据合同的规定，合同的一方要求对方补偿在工程实施中所付出的额外费用及工期损失。

目前工程界一般都将承包商向业主提出的索赔称为“索赔”，而将业主向承包商提出的索赔称为“反索赔”。

综上所述，理解索赔应从以下几方面进行：

（1）索赔是一种合法的正当的权利要求，它是依据合同的规定，向承担责任方索回不应该由自己承担的损失是合理合法的。

（2）索赔是双向的，合同的双方都可向对方提出索赔要求。

（3）被索赔方可以对索赔方提出异议，阻止对方不合理的索赔要求。

（4）索赔的依据是签订的合同。索赔的成功主要是依据合同及有关的证据。没有合同依据，没有各种证据，索赔不能成立。

（5）在工程实施中，索赔的目的是补偿索赔方在工期和经济上的损失。

2. 索赔和变更的关系

对索赔和变更的处理都是由于承包商完成了工程量表中没有规定的工作，或在施工过程中发生了意外事件，监理工程师按照合同的有关规定给予承包商一定费用补偿或批准延长工期。索赔和变更的区别在于：变更是监理工程师发布变更指令后，主动与业主和承包商协商确定一个补偿额付给承包商；而索赔是指承包商根据法律和合同对认为他有权得到的权益主动向业主索要的过程，其中可能包括他应得的利益未予支付情况，也可能是虽已支付但他认为仍不足以补偿他的损失情况，如他认为所完成的变更工作与批准给他的补偿不相称。由此可以看出，索赔和变更是既有联系又有区别的两类处理权益的方式，因此处理的程序也完全不同。

3. 索赔的作用

（1）合理分担风险

项目实施过程中，可能会面临各种各样的风险，其中有些风险是可以防范避免的，有些风险虽不可避免却可以降至最低限度。因此，在工程实施和合同执行过程中，就有风险合理分摊问题。一般来说，施工合同中双方对应承担的责任都做出了合理的分摊，但即使一个编制得十分完善的合同文件，也不可能对工程实施过程中可能遇到的风险都做出正确的预测和合理的规定，当这种风险在实际上给一方带来损失时，遭受损失的一方就可以向另一方提出索赔要求。

承包商的目的是获取利润，如果合同中不允许索赔，承包商将会在投标时普遍抬高标价，以应付可能发生的风险，允许索赔对双方都是有益的。严格来说，索赔是项目实施阶段承包商和业主之间承担工程风险比例的合理再分配。FIDIC合同条件把索赔视为正常的、公正的、合理的，并写明了索赔的程序，制定了涉及索赔事项的具体条款与规定，使索赔成为承包商与业主双方维护自身权益，解决不可预见的分歧和风险的途径，体现了合理分担风险的原则。

（2）约束双方的经济行为

在工程建设项目实施过程中，任何一方遇到损失，提出索赔都是合情合理的。索赔对保证合同的实施，落实和调整合同双方的经济责任和权利关系十分有利。在合同规定下，索赔能约束双方的经济行为。首先，业主的随意性受到约束，业主不能认为钱是自己的，想怎么给就怎么给；对自己的工程，想怎么改就怎么改；对应给承包商的条件，想怎么变就怎么变。工程变更一次，就给承包商一次索赔的借口，变更越多，索赔量越大。其次，承包商的随意性也同样受到约束，拖延工期、偷工减料及由此而造成的损失，业主都可以向承包商提出索赔。任何一方违约都要被索赔，他们的经济行为在索赔的“压力”下都要受到约束。因此，要求双方在项目建设中，从条款谈判、合同签订、具体实施直至最后工程决算，各个环节都严格约束自己，因为任何索赔都会使工程投资增加，或承包商利润减少甚至亏本。

二、施工索赔的类型

1. 按涉及当事各方分类

（1）业主与承包商之间的索赔

这类索赔大都是有关工程变更、工期、质量、工程量和价格方面的索赔，也有关于国家政策、法规、外界不利因素、对方违约、暂停施工和终止合同等的索赔。

例如，小浪底水利枢纽工程三个国际标投标截止后，按FIDIC合同条件规定，从1993年8月31日及以后开始正式实施的新的法规或对法规的变更所产生的额外费用，业主都应加以补偿。1995年国家颁布了新的劳动法，自1995年5月1日起实行一周5天（40

小时）工作制，劳动工作制发生了很大的变化，一方面是对劳动者的工作时间进行了限制，另一方面是加班工资报酬标准的改变。承包商在总工作时间不改变的情况下，加班工作时间的比重加大了。据此，承包商向业主提出了巨额的费用索赔。

（2）承包商同分包商之间的索赔

其内容范围与前一种大致相似形式为分包商向总包商索要付款和赔偿，而总包商则向分包商罚款或扣留支付款等。例如小浪底水利枢纽工程，某工作面上分包方一名中国工人在施工中掉了 4 颗钉子，外方管理人员马上派人拍照。不久，分包人收到承包商索赔意向通知，因浪费材料被索赔 28 万元。28 万元能买多少钉子？外方是这样计算的：一个工作面掉 4 颗钉子，1 万个工作面就是 4 万颗钉子，钉子从买回到投放于施工中，经历了运输、储存、管理等 11 个环节，成本便增加了 32 倍。

（3）业主或总包商与供货商之间的索赔

实施项目的供货若系独立于土建合同或安装合同之外，由业主与招标选定的供货商签订供货合同，涉及当事各方为业主与供货商。若项目施工中所需材料或设备较少，一般由土建总包商物色选定供货商，议定供货价格，签订供货合同，则所涉及当事各方为总包商与供货商。这类索赔的内容多为货品质量问题、数量短缺、交货拖延、运输损坏等。

（4）承包商向保险公司提出的损害赔偿索赔

风险是客观存在的，再好的合同也不可能把未来风险都事先划分、规定好，有的风险即使预测到了，但由于种种原因，双方承担此风险的责任也不好确定。因此，采用保险是一种可靠的选择。例如，有一栋高层建筑地下基坑施工时，由于软基层比原勘探结果严重，造成开挖后地下淤泥塑性流动，致使邻近楼房开裂和不均匀沉陷。受损楼房业主提出索赔要求。因承包商事先向保险公司投保了第三方责任险，保险公司赔偿受损楼房业主损失费用 80 多万元，为该承包商按时、按质量地完成工程奠定了基础。

2. 按索赔依据划分

（1）合同内索赔

索赔所涉及的内容可以在合同内找到依据。例如，工程量的计量、变更工程的计量和价格、不同原因引起的拖期等都属于此类。

（2）合同外索赔

索赔内容或权利：虽然难以在合同条款中找到依据，但可能来自民法、经济法或政府有关部门颁布的法规等中。通常这种合同外索赔表现为违约造成的损害或违反担保造成的损失，有时可以在民事侵权行为中找到依据。例如，由于业主原因终止合同，虽然根据合同规定已支付给承包商全部已完成工程款和人员设备撤离工地所需费用，但承包商却认为补偿过少，还要求偿付利润损失和失去其他工程承包机会所造成的损失等。

（3）额外支付（或称道义索赔）

有些情况下，并不是因业主违约或触犯民法事件，承包商受到的经济损失在合同中找不到明文规定，也难以从合同含义中找到依据，因此从法律角度讲没有要求索赔的基础。

但是承包商确实赔了钱，他在满足业主要求方面也确实尽了最大努力，因而他认为自己有要求业主予以一定补偿的道义基础，而对其损失寻求某种优惠性质的付款。

例如，承包商在投标时对标价估计不足，实施过程中发现工程比他原来预计的困难要大得多，致使投入成本远远大于他的工程收入。尽管承包商在合同和法律中找不到依据，但某些工程业主可能察觉实际情况，为了使工程获得良好进展，出于同情和对承包商的信任而慷慨地予以补偿。但如果是承包商在施工过程中由于管理不善或质量事故等本身失误造成成本超支或工期延误，则不会得到业主同情。

3. 按索赔目的分类

按索赔目的分类，索赔可分为工期索赔和经济索赔。

（1）工期索赔

由于非承包商责任，要求业主和监理工程师批准延长施工期限，这种索赔称为延长工期索赔。例如，遇到特殊风险、变更工程量或工程内容等，使得承包商不可能按照合同预定工期完成施工任务，为了避免到期不能完工而追究承包商的违约责任，承包商在事件发生后提出延长工期的要求。在一般的合同条件中，都列有延长工期的条款，并具体指出在哪些情况下承包商有权获得工期延长。

由于承包商的责任，导致工期拖延，业主也会向承包商进行误期索赔，要求承包商自费加速施工，误期时承包商应向业主支付误期损害赔偿费。

（2）经济索赔

经济索赔是指要求补偿经济损失或额外费用。如承包商由于实施中遇到不可预见的施工条件，产生了额外费用，向业主要求补偿。或者由于业主违约，业主应承担的风险而使承包商产生了经济损失，承包商可以向业主提出索赔。同样，由于承包商的质量缺陷、误期、违约，业主也可以向承包商索取赔偿。

4. 按索赔的方式分类

（1）单项索赔

单项索赔是采用一事一索的方式，即在单一的索赔事件发生后，马上进行索赔，要求单项解决补偿。单项索赔涉及的事件较为单一，责任分析及合同依据都较为明确，索赔额也不大，较易获得成功。

（2）综合索赔

综合索赔又称总索赔，或一揽子索赔，指对整个工程（或某项工程）中所发生的数起索赔事项，综合在一起进行索赔。发生综合索赔，是因为施工过程中出现了较多的变更，以致难以区分变更前后的情况，不得不采用总索赔的方式，即对实施工程的实际总成本与原预算成本的差额提出索赔。在总索赔中，由于许多事件交织在一起影响因素复杂，责任难以划清，加之索赔额度较大，索赔难以获得成功。

第五节　争议及争议的解决

水利工程施工合同实施过程中，监理机构根据业主的授权负责现场合同管理、监理机构在客观上处于第三方的地位，按业主和承包商签订的合同，处理双方的争议，但由于监理工程师受聘于业主，其行为常常受制于业主。虽然在合同条件中以专门的条款规定了监理工程师必须公正地履行职责，但在实际运作中，监理工程师的公正性常受到承包商的质疑，而削弱了监理工程师在处理合同争议中的权威性。为此，水利工程施工合同示范文本吸取国际工程经验，引入了合同争议的调解机制，通过一个完全独立于合同双方的专家组对合同争议的评审和调解，求得争议的公正解决。争议调解组由3名（或5名）有合同管理和工程实践经验的专家组成，专家的聘请方法可由业主和承包商协商确定，亦可由政府主管部门推荐或通过行业合同争议调解机构聘请，并经双方认同，争议调解组成员应与合同双方均无利害关系。

争议的解决可通过和解、调解仲裁或诉讼进行。

1. 和解

和解是指双方当事人通过直接谈判，在双方均可接受的基础上消除争议，达到和解。这是一种最好的解决争议的方式，既节省费用和时间，又有利于双方合作关系的发展。

2. 调解

所谓调解，是指当事人双方在第三者即调解人的主持下在查明事实、分清是非、明确责任的基础上，对纠纷双方进行调解、劝说，促使他们相互谅解，进行协商以自愿达成协议，消除纷争的活动。

它有三个特征：

（1）有第三方（国家机关、社会组织、个人等）主持协商，与无人从中主持，完全是当事人双方自行协商的和解不同；

（2）第三方即调解人只是斡旋、劝说，而不做裁决，与仲裁不同；

（3）纠纷当事人共同以国家法律、法规为依据，自愿达成协议，消除纷争，不是行使仲裁、司法权力进行强制解决。

实践证明，用调解方式解决纠纷，程序简便，当事人易于接受，解决纠纷迅速及时，不至于久拖不决，从而避免经济损失的扩大；也有利于消除当事人双方之间的隔阂和对立，调整和改善当事人之间的关系，促进了解，加强协作。还由于调解协议是在分清是非、明确责任、当事人双方共同提高认识的基础上自愿达成的，所以可以使纠纷得到比较彻底的解决，协议的内容也比较容易全面履行。

合同纠纷的调解，可以分为社会调解、行政调解、仲裁调解和司法调解，本书讲的调解主要是社会调解、行政调解。

（1）社会调解。社会调解是指根据当事人的请求，由社会组织或个人主持进行的调解。

（2）行政调解。行政调解是指根据一方或双方当事人的申请，当事人双方在其上级机关或业务主管部门的主持下，通过说服教育、相互协商、自愿达成协议，从而解决合同纠纷的一种方式。

无论采用何种调解方法，都应遵守自愿和合法两项原则。

自愿原则具体包括两个方面的内容：

一是纠纷的调解必须出于当事人双方自愿。合同纠纷发生后能否进行调解，完全取决于当事人双方的意愿。如果纠纷当事人双方或一方根本不愿用调解方式解决纠纷，就不能进行调解。

二是调解协议的达成也必须出于当事人双方的自愿。达成协议、平息纠纷是进行调解的目的。因此，调解人在调解过程中要竭尽全力，促使当事人双方互谅互让，达成协议。其中包括对当事人双方进行说服教育，耐心疏导，晓之以理，动之以情，还包括向当事人双方提出建议方案等。但是，进行这些工作不能带有强制性。调解人既不能代替当事人达成协议，也不能把自己的意志强加于人。纠纷当事人不论是对协议的全部内容有意见，还是对协议部分内容有意见而坚持不下的协议均不能成立。

合法原则是合同纠纷调解活动的主要原则。国家现行的法律、法规是调解纠纷的唯一依据，当事人双方达成的协议内容，不得同法律和法规相违背。

调解成功，制作调解书，由双方当事人和参加调解的人员签字盖章。重要纠纷的调解书，要加盖参加调解单位的公章。调解书具有法律效力。但是，社会调解和行政调解达成的调解协议或制作的调解书没有强制执行的法律效力，如果当事人一方或双方反悔，不能申请法院予以强制执行，而只能再通过其他方式解决纠纷。

3. 仲裁

仲裁是指纠纷当事人在自愿基础上达成协议，将纠纷提交非司法机构的第三者审理，由第三者做出对争议各方均有约束力的裁决的一种解决纠纷的制度和方式。仲裁是兼具契约性、自治性、民间性和准司法性的一种争议解决方式。仲裁裁决是终局性的，对双方都有约束力，双方必须执行。

仲裁协议是指当事人把合同纠纷提交仲裁解决的书面形式意思表示，包括共同商定仲裁机构及仲裁地点。当事人申请仲裁应向仲裁委员会递交仲裁协议。仲裁协议有两种形式：一种是在争议发生之前订立的，它通常作为合同中的一项仲裁条款出现；另一种是在争议之后订立的，它是把已经发生的争议提交给仲裁的协议。这两种形式的仲裁协议的法律效力是相同的。《仲裁法》第2条规定：平等主体的公民、法人和其他组织之间发生的合同纠纷和其他财产权益纠纷，可以仲裁。这里明确了三条原则：一是发生纠纷的双方当事人必须是民事主体包括国内外法人、自然人和其他合法的具有独立主体资格的组织；二是仲裁的争议事项应当是当事人有权处分的；三是仲裁范围必须是合同纠纷和其他财产权益纠纷。

根据《仲裁法》的规定，有两类纠纷不能仲裁：

（1）婚姻收养、监护、扶养、继承纠纷不能仲裁。这类纠纷虽然属于民事纠纷，也不同程度地涉及财产权益争议，但这类纠纷往往涉及当事人本人不能自由处分的身份关系，需要由法院做出判决或由政府机关做出决定，不属于仲裁机构的管辖范围。

（2）行政争议不能仲裁。行政争议，亦称行政纠纷，是指国家行政机关之间，或者国家行政机关与企事业单位、社会团体及公民之间，由于行政管理而引起的争议。外国法律规定这类纠纷应当依法通过行政复议或行政诉讼解决。

4. 诉讼

诉讼是指当事人对双方之间发生的争议交由法院做出判决。诉讼所遵循的是司法程序较之仲裁有很大的不同。诉讼有如下特点：

（1）人民法院受理案件，任何一方当事人都有权起诉，而无须征得对方当事人的同意。

（2）向人民法院提起诉讼，应当遵循地域管辖级别管辖和专属管辖的原则。

（3）当事人在不违反级别管辖和专属管辖原则的前提下，可以选择管辖法院。当事人协议选择由法院管辖的，仲裁机构不予受理。

（4）人民法院审理案件，实行两审终审制度。当事人对人民法院做出的一审判决，裁定不服的，有权上诉。对生效判决、裁定不服的，可向人民法院申请再审。诉讼时效有如下一般规定：

（1）一般民事诉讼时效：期限为 2 年。

（2）特别诉讼时效：短时时效为 1 年，如身体受到伤害要求赔偿，出售质量不合格商品未声明，延付或拒付租金，寄存财物被丢失或者损毁；长时时效：环境污染损害赔偿为 3 年，国际货物买卖、技术进口为 4 年；最长诉讼时效为 20 年，超过 20 年的人民法院不予保护。

第十章　水利工程信息文档管理

第一节　水利工程信息管理概述

随着科学技术的发展，信息化已成为一种世界性的大趋势。信息技术已在工程建设活动中展露其无限的生机，工程的建设管理模式也随之发生了重大变化，很多传统的方式已被信息技术所代替。信息技术的高速发展和相互融合，正在改变着我们周围的一切。结合监理工作，我们认为：信息是对数据的解释，并反映了事物的客观状态和规律。从广义上讲，数据包括文字、数值语言、图表、图像等表达形式。数据有原始数据和加工整理以后的数据之分。无论是原始数据还是加工整理以后的数据，经人们解释并赋予一定的意义后，才能成为信息。这就说明，数据与信息既有联系又有区别，信息虽然用数据表现，信息的载体是数据，但并非任何数据都是信息。

信息管理就是信息的收集、整理、处理、存储、传递和使用等一系列工作的总称。信息管理的目的就是通过有组织的信息流通，使决策者能及时、准确地获得有用的信息。水利工程信息管理系统，就是充分利用“3S”（GIS，CPS，RS）技术，开发和利用水利信息资源，包括对水利信息进行采集、传输、存储、处理和利用，提高水利信息资源的应用水平和共享程度，从而全面提高水利工程管理的效能、效益和规范化程度的信息系统。

建设工程监理的主要方法是控制，控制的基础是信息，信息管理是工程监理任务的一项重要内容。及时掌握准确、完整、有用的信息，可以使监理工程师耳聪目明，卓有成效地完成监理任务。因此，监理工程师应重视信息管理工作，掌握信息管理方法。

一、信息在工程建设监理中的重要作用

监理工程师在工作中会生产、使用和处理大量的信息，信息是监理工作的成果，也是监理工程师进行决策的依据。

1. 信息是监理机构实施控制的基础

在工程建设监理过程中，为了进行比较分析和采取措施来控制工程项目投资目标、质量目标及进度目标，监理机构首先应掌握有关项目三大目标的计划值，作为控制的标准；

其次，还应了解三大目标的执行情况，作为纠偏的依据。把计划执行情况与目标进行比较，找出差异，分析原因，采取措施，使总体目标得以实现。从控制的角度来讲，离开了信息，控制就无法进行。因此，信息是实施控制的基础。

2. 信息是监理机构进行决策的依据

建设监理决策的正确与否，直接影响了项目建设总目标的实现及监理单位、监理工程师的声誉。监理决策正确与否，取决于多种因素，其中最重要的因素之一就是信息。因此，监理机构必须及时地收集、加工、整理信息，并充分利用信息做出科学、合理的监理决策。

3. 信息是监理机构妥善协调项目建设各方关系的重要媒介

工程项目建设涉及众多单位，如政府部门、项目法人、设计单位、施工单位，材料设备供应单位，毗邻、运输、保险、税收单位等，这些单位都会给项目目标的实现带来一定的影响，为了加强各单位之间的有机联系，需要加强信息管理，妥善处理各单位之间的关系。由此可见，工程建设监理信息管理在监理工作中起着十分重要的作用，它是监理人员控制建设项目三大目标的基础。

二、建设监理信息分类

建设监理过程中，涉及大量的信息，为便于管理和使用，可依据不同标准划分如下。

1. 按建设工程监理的目标划分

（1）投资控制信息

投资控制信息是指与投资控制直接有关的信息，如各种投资估算指标、类似工程造价、物价指数、概算定额、预算定额、建设项目投资估算、设计概预算、合同价、施工阶段的支付账单、竣工结算与决算、原材料价格、机械设备台班费、人工费运杂费、投资控制的风险分析等。

（2）质量控制信息

质量控制信息是指与质量控制直接有关的信息，如国家有关的质量政策及质量标准、工程项目建设标准、质量目标体系和质量目标的分解、质量控制工作制度、工作流程、风险分析、质量抽样检查的数据等。

（3）进度控制信息

进度控制信息是指与进度控制直接有关的信息，如施工定额工程项目总进度计划、进度目标分解、进度控制的工作制度、进度控制工作流程、风险分析等。

（4）安全生产控制信息

安全生产控制信息是指与安全生产控制有关的信息。法律法规方面，如国家法律、法规、条例；制度措施方面，如安全生产管理体系、安全生产保证措施等；项目进展中产生的信息，如安全生产检查巡视记录，安全隐患记录等。另外，还有文明施工及环境保护有关的信息。

（5）合同管理信息

合同管理信息，如国家法律、法规，勘测设计合同工程建设承包合同、分包合同、监理合同物资供应合同、运输合同等，工程变更、工程索赔、违约事项等。

2. 按建设监理信息的来源划分

（1）工程项目内部信息

内部信息来自建设项目本身，如工程概况、可行性研究报告、设计文件、施工方案、施工组织设计、合同管理制度、信息资料的编码系统、会议制度、工程项目的投资目标、进度目标、质量目标等。

（2）工程项目外部信息

外部信息来自建设项目的外部环境，如国家有关的政策及法规、国内及国际市场上原材料和设备价格、物价指数、类似工程造价及进度、投标单位的实力与信誉、毗邻单位有关情况等。

3. 按建设监理信息的稳定程度划分

（1）静态信息

静态信息是指在一定时间内相对稳定不变的信息，包括标准信息、计划信息和查询信息。标准信息主要指各种定额和标准，如施工定额、原材料消耗定额设备及工具的耗损程度等。计划信息可反映在计划期内已经确定的各项任务指标情况。查询信息是指在一个较长时期内不发生变更的信息，如政府及有关部门颁发的技术标准、不变价格、监理工作制度等。

（2）动态信息

动态信息是指不断地变化着的信息，如项目实施阶段的质量、投资及进度的统计信息，就是反映在某一时刻项目建设的实际进程及计划完成情况。

4. 按建设项目监理信息的层次划分

（1）决策层信息

决策层信息是指有关工程项目建设过程中进行战略决策所需的信息，如工程项目规模、投资额建设总工期、承包单位的选定、合同价的确定等信息。

（2）管理层信息

管理层信息是指提供给业主单位中层及部门负责人做短期决策用的信息，如工程项目年度施行计划、财务计划、物资供应计划等。

（3）实务层信息

实务层信息是指各业务部门的日常信息，如日进度、月支付额等。这类信息较具体、精度较高。

三、建设监理信息系统的基本内容

建设监理信息系统应由四个子系统组成，即进度控制子系统、质量控制子系统、投资控制子系统和合同管理子系统。各子系统之间既相互独立，各有其自身目标控制的内容和方法；又相互联系，互为其他子系统提供信息。

1. 工程建设进度控制子系统

工程建设进度控制子系统不仅要辅助监理工程师编制和优化工程建设进度计划，更要对建设项目的实际进展情况进行跟踪检查，并采取有效措施调整进度计划以纠正偏差，从而实现工程建设进度的动态控制。为此，本系统应具有以下功能：

（1）进行进度计划的优化，包括工期优化、费用优化和资源优化。

（2）工程实际进度的统计分析。即随着工程的实际进展，对输入系统的实际进度数据进行必要的统计分析，形成与计划进度数据有可比性的数据。

（3）实际进度与计划进度的动态比较。即定期将实际进度数据同计划进度数据进行比较，形成进度比较报告，从中发现偏差，以便于及时采取有效措施加以纠正。

（4）进度计划的调整。当实际进度出现偏差时，为了实现预定的工期目标，就必须在分析偏差产生原因的基础上，采取有效措施对进度计划加以调整。

（5）各种图形及报表的输出。图形包括网络图、横道图、实际进度与计划进度比较图等，报表包括各类计划进度报表、进度预测报表及各种进度比较报表等。

2. 工程建设质量控制子系统

监理工程师为了实施对工程建设质量的动态控制，需要工程建设质量控制子系统提供必要的信息支持。为此，本系统应具有以下功能：

（1）存储有关设计文件及设计修改、变更文件，进行设计文件的档案管理，并能进行设计质量的评定。

（2）存储有关工程质量标准，为监理工程师实施质量控制提供依据。

（3）运用数理统计方法对重点工序进行统计分析，并绘制直方图、控制图等管理图表。

（4）处理分项工程、分部工程、隐蔽工程及单位工程的质量检查评定数据，为最终进行工程建设质量评定提供可靠依据。

（5）建立计算机台账，对主要建筑材料、设备、成品、半成品及构件进行跟踪管理。

（6）对工程质量事故和工程安全事故进行统计分析，并能提供多种工程事故统计分析报告。

3. 工程建设投资控制子系统

工程建设投资控制子系统用于收集、存储和分析工程建设投资信息，在项目实施的各个阶段制订投资计划，收集实际投资信息，并进行计划投资与实际投资的比较分析，从而实现工程建设投资的动态控制。为此本系统应具有以下功能：

（1）输入计划投资数据，从而明确投资控制的目标。

（2）根据实际情况，调整有关价格和费用，以反映投资控制目标的变动情况。

（3）输入实际投资数据，并进行投资数据的动态比较。

（4）进行投资偏差分析。

（5）未完工程投资预测。

（6）输出有关报表。

4. 工程建设合同管理子系统

（1）合同管理子系统的功能

工程建设合同管理子系统主要是通过公文处理及合同信息统计等方法辅助监理工程师进行合同的起草、签订，以及合同执行过程中的跟踪管理。为此，本系统应具有以下功能：

①提供常规合同模式，以便于监理工程师进行合同模式的选用；

②编辑和打印有关合同文件；

③进行合同信息的登录、查询及统计；

④进行合同变更分析；

⑤索赔报告的审查分析与计算；

⑥反索赔报告的建立与分析；

⑦各类经济法规的查询等。

（2）合同管理子系统的组成

①合同文件编辑

合同文件编辑，就是提供和选用合同结构模式，并在此基础上进行合同文件的补充、修改和打印输出。

A. 合同模式的选用

系统中存有《水利水电工程施工合同条件》及普通合同文本等多种合同模式，它们各有其适用对象和范围，可以根据建设项目的性质和特点选用合适的合同模式。

B. 合同文件的补充修改

当选定合同模式后，可根据具体工程的特点对有关合同条款进行修改或补充。

C. 合同文件的打印输出

合同文件必须打印输出，经双方协商一致，签字盖章后才能生效。

D. 合同模式的编辑

合同模式的编辑主要是进行合同模式的增加、删除和修改等操作。

②合同信息管理

合同信息管理，就是对合同信息进行登录、查询及统计，以便于监理工程师随时掌握合同的执行情况。

③索赔管理

索赔管理是合同管理中一项极其重要的工作，该模块应能辅助监理工程师进行索赔报告的审查、分析与计算，从而为监理工程师的科学决策提供可靠支持。

第二节 水利工程信息管理的手段

信息流程反映了监理工作中各参加部门、单位之间的关系。为了保证监理工作的顺利完成，必须使监理信息在上下级之间、内部组织与外部环境之间流动，称为“信息流”。

1. 监理工作信息流程

建设监理组织内部存在着三种信息流，监理工作中的信息流常有以下几种。

（1）自上而下的信息流

自上而下的信息流是指自主管单位、主管部门、业主及总监开始，流向项目监理工程师、检查员，乃至工人班组的信息，或在分级管理中，每一个中间层次的机构向其下级逐级流动的信息，即信息源在上，接收信息者是其下属。这些信息主要指监理目标、工作条例、命令、办法及规定、业务指导意见等。

（2）自下而上的信息流

自下而上的信息流是指由下级向上级（一般是逐级向上）流动的信息。信息源在下，接受信息者在上。其主要指项目实施和监理工作中有关目标的完成量、进度、成本、质量、安全、消耗、效率，监理人员的工作情况等。此外，其还包括上级部门所关注的意见和建议等。

（3）横向间的信息流

横向流动的信息指项目监理工作中，同一层次的工作部门或工作人员之间相互提供和接收的信息。这种信息一般是由于分工不同而各自产生的，但为了共同的目标又需要相互协作、互通有无或相互补充，以及在特殊、紧急情况下，为了节省信息流动时间而需要横向提供的信息。

（4）以咨询机构为集散中心的信息流

咨询机构为项目决策做准备，因此既需要大量信息，又可以作为有关信息的提供者。它是汇总信息、分析信息、分散信息的部门，帮助工作部门进行规划、任务检查，对有关的专业技术等问题提供咨询。因此，各工作部门不仅要向上级汇报，而且应当将信息传递给咨询机构，以利于咨询机构为决策做好充分准备。

（5）工程项目内部与外部环境之间的信息流

项目监理机构与项目法人、施工单位、设计单位银行、质量监督主管部门、有关国家管理部门和业务部门，都不同程度地需要信息交流，既要满足自身监理的需要，又要满足与环境的协作要求，或按国家规定的要求相互提供信息。

上述几种信息流都应有明晰的流线，且都要畅通。实际工作中，自下而上的信息比较畅通，自上而下的信息一般情况下渠道不畅或流量不够。因此，工程项目主管应当采取措施解决信息流通的障碍，发挥信息流应有的作用，特别是对横向间的信息流动及自上而下的信息流动，应给予足够的重视，增加流量，以利于合理决策，提高工作效率和经济效益。

2. 监理信息收集

监理工程师主要通过各种方式的记录来收集监理信息，这些记录统称为监理记录。它是与工程项目建设监理相关的各种记录中资料的集合，通常可分为以下几类。

（1）现场记录

现场监理人员必须每天利用特定的方式或以日志的形式记录工地上所发生的事情。所有记录应始终保存在工地办公室内，供监理工程师及其他监理人员查阅。这类记录每月由专业监理工程师整理成书面资料上报监理工程师办公室。监理人员在现场遇到工程施工中不得不采取紧急措施而对承包商所发出的书面指令，应尽快报上一级监理组织，以征得其确认或修改指令。现场记录通常记录以下内容：

①现场监理人员对所监理工程范围内的机械、劳力的配备和使用情况应做详细记录。如承包人现场人员和设备的配备是否同计划所列的一致；工程质量和进度是否因某些职员或某种设备不足而受到影响，受到影响的程度如何；是否缺乏专业施工人员或专业施工设备，承包商有无替代方案；承包商施工机械完好率和使用率是否令人满意；维修车间及设施情况如何，是否存储有足够的备件等。

②记录气候及水文情况。如记录每天的最高最低气温、降雨和降雪量、风力、河流水位；记录有预报的雨、雪、台风及洪水到来之前对永久性或临时性工程所采取的保护措施；记录气候、水文的变化影响施工及造成损失的细节，如停工时间、救灾的措施和财产的损失等。

③记录承包商每天的工作范围完成工程数量，以及开始和完成工作的时间，记录出现的技术问题，采取了怎样的措施进行处理，效果如何，能否达到技术规范的要求等。

④对工程施工中每步工序完成后的情况做简单描述，如此工序是否已被认可，对缺陷的补救措施或变更情况等做详细记录。监理人员在现场对隐蔽工程应特别注意记录。

⑤记录现场材料供应和储备情况。如每一批材料的到达时间、来源、数量、质量存储方式和材料的抽样检查情况等。

⑥对于一些必须在现场进行的试验现场监理人员进行记录并分类保存。

（2）会议记录

由监理人员所主持的会议应由专人记录，并且要形成纪要，由与会者签字确认，这些纪要将成为今后解决问题的重要依据。会议纪要应包括以下内容：会议地点及时间，出席者姓名、职务及他们所代表的单位、会议中发言者的姓名及主要内容，形成的决议，决议由何人及何时执行等，未解决的问题及其原因。

（3）计量与支付记录

计量与支付记录包括所有计量及付款资料。应清楚地记录哪些工程进行过计量，哪些工程没有进行计量，哪些工程已经进行了支付，已同意或确定的费率和价格变更等。

（4）试验记录

除正常的试验报告外，试验室应由专人每天以日志形式记录试验室工作情况，包括对承包商的试验监督、数据分析等。记录内容包括：

①上述内容的简单叙述。如做了哪些试验，监督承包商做了哪些试验、结果如何等。

②承包人试验人员配备情况。试验人员配备与承包商计划所列是否一致，数量和素质是否满足上述需要，增减或更换试验人员的建议。

③对承包商试验仪器设备配备、使用和调动情况的记录，需增加新设备的建议。

④监理试验室与承包商试验室所做同一试验，其结果有无重大差异、原因如何。

（5）工程照片和录像

以下情况可辅以工程照片和录像进行记录：

①科学试验：重大试验，如桩的承载试验，板、梁的试验及科学研究试验等；新工艺、新材料的原形及为新工艺、新材料的采用所做的试验等。

②工程质量：能体现高水平的建筑物的总体或分部，能体现出建筑物的宏伟、精致、美观等特色的部位；工程质量较差的项目，指令承包商返工或需补强的工程的前后对比；体现不同施工阶段的建筑物照片；不合格原材料的现场和清除出现场的照片。

③能证明或反映未来会引起索赔或工程延期的特征照片或录像，用来向上级反映即将引起影响工程进展的照片。

④工程试验、试验室操作及设备情况。

⑤隐蔽工程：被覆盖前的基础工程，重要项目钢筋绑扎、管道渗开的典型照片、混凝土桩的桩头开花及桩顶混凝土的表面特征情况。

⑥工程事故：工程事故处理现场及处理事故的状况；工程事故及其处理和补强工艺，能证实保证了工程质量的照片。

⑦监理工作：重要工序的旁站监督和验收；现场监理工作实况；参与的工地会议及参与承包商的业务讨论会；班前、工后会议；被承包商采纳的建议，证明确有经济效益及提高了施工质量的实物。

拍照时要采用专门登记本标明序号、拍摄时间、拍摄内容、拍摄人员等。

（6）项目法人提供的信息

项目法人作为工程项目建设的出资者，在施工中要按照合同文件规定提供相应的条件，并要不时表达对工程各方面的意见和看法，通过项目管理者下达某些指令。因此，应及时收集项目法人提供的信息。如一些项目，甲方对钢材、水泥砂石等材料在施工过程中以某一价格提供给施工单位使用，项目法人应及时将这些材料在各个阶段提供的数量，材质证明、试验资料运输距离等情况告诉有关单位，监理机构应及时收集这些信息。又如，项目法人在建设过程中对进度、质量、投资、合同等方面的意见和看法，监理机构也应及时收集。

（7）施工单位提供的信息

施工单位在施工过程中，现场所发生的各种情况均包含了大量内容，施工单位自身必须掌握和收集这些信息，监理机构在现场监理中也必须掌握和收集。施工单位在施工中必须经常向有关单位，包括上级部门、项目法人、设计单位、监理机构及其他方面发出某些文件，传达一定的内容。如向监理机构报送施工组织设计、报道各种计划、单项工程施工措施、月支付申请表、各种工程项目自检报告、质量问题报告、有关问题的意见等。监理机构应全面系统地收集这些资料。

3. 监理信息的处理

要使监理信息能有效地发挥作用，就必须按照及时、准确、适用、经济的要求进行处理，就是要使收集到的信息传递速度快，要如实反映实际情况，要符合实际需要，处理成本要低。水利工程建设监理信息的处理主要有以下几个程序。

（1）监理信息的加工

监理信息的加工是信息处理的基本内容，其中包括对信息进行分类、排序、计算、比较、选择等方面的工作，这些工作均需按监理任务的要求，通过加工，为监理工程师提供有用的信息。

（2）监理信息的储存

监理信息储存是将信息保存起来以备将来使用。对有价值的原始资料、数据及经过加工整理的信息，要长期积累以备查阅。信息储存的方式主要有纸、胶卷和计算机存储器（或磁盘）。

（3）监理信息的检索

无论是存入档案库还是存入计算机存储器的信息、资料，为了查找方便，在入库前都要拟定一套科学的查找方法和途径，这就是信息的检索。做好编目分类工作，健全检索系统可以使报表、文件、资料、档案等既保存完好，又查找方便。

（4）监理信息的传递

信息的传递是借助一定的载体（如纸张、软盘、磁带等），使信息在监理工作的各部门、各单位之间传递。通过传递，形成各种信息流。畅通的信息流，将利用报表、图表、文字、记录、电讯、各种收发、会议、审批及电子计算机等传递手段，不断地将监理信息输送到监理工程师手中，成为监理工作的重要依据。

（5）监理信息的输出

信息管理的目的是更好地使用信息，为科学管理、决策提供服务。处理好的信息，就是按照需要和要求编印成的各类报表和文件，以供监理工作使用。

第三节　水利工程监理文档资料管理

档案是珍贵的文献，是重要的信息载体，是历史的印记。水利工程监理文件档案资料管理，是水利工程信息管理的一项重要工作，它是监理工程师实施工程建设监理，进行目标控制的基础性工作。工程建设监理组织中必须配备专门的人员负责监理文件资料的管理和保存工作。

1. 水利工程建设监理文档管理的意义

所谓工程建设监理文档的管理，是指监理工程师受项目法人的委托，在进行工程建设监理工作期间，对工程建设实施过程中形成的文件资料进行收集积累、加工整理、立卷归档和检索利用等一系列工作。工程建设监理文档管理的对象是监理文件资料，它们是工程建设监理信息的载体。配备专门人员对监理文件资料进行系统、科学的管理，对于工程建设监理工作具有重要意义。

（1）对监理文件资料进行科学管理，可以为监理工作的顺利开展创造良好的前提条件。建设监理的主要任务是进行工程项目的目标控制，而控制的基础是信息。如果没有信息，监理工程师就无法实施控制。在工程建设实施过程中产生的各种信息，经过收集、加工和传递，以监理文件资料的形式进行管理和保存，就会成为有价值的监理信息资源，它是监理工程师进行工程建设目标控制的客观依据。

（2）对监理文件资料进行科学管理，可以极大地提高监理工作的效率。监理文件资料经过系统、科学的整理归类，形成监理文件档案库，当监理工程师需要时，就能及时、有针对性地提供完整的资料，从而迅速地解决监理工作中的问题。如果文件资料分散处理，就会导致混乱，甚至散失，最终影响监理工程师的正确决策。

（3）对监理文件资料进行科学管理，可以为工程建设监理档案的建立提供可靠保证，对监理文件资料的管理，是把在工程建设监理的各项工作中形成的全部文字声像、图纸及报表等文件资料进行统一管理和保存，从而确保文档资料的完整性。一方面，在项目建成竣工以后，监理工程师可将完整的监理文档资料移交业主，作为建设项目的档案资料；另一方面完整的监理文档资料是建设监理单位具有重要历史价值的资料，监理工程师可以从中获得宝贵的监理经验，有利于不断提高工程建设监理工作水平。

2. 监理文档管理的主要内容

水利工程档案的归档工作，一般是由产生文件材料的单位或部门负责的。总包单位对各分包单位提交的归档材料负有汇总责任，各参建单位技术负责人应对其提供档案的内容及质量负责。监理工程师对施工单位提交的归档材料应履行审核签字手续，监理单位应向项目法人提交对工程档案内容与整编质量情况的专题审核报告。监理文档管理的主要内容包括监理文件资料传递流程的确定、监理文件资料的登录与分类存放，以及监理文件资料的立卷归档等。

（1）监理文件资料的传递流程

监理组织中的信息管理部门是专门负责工程建设信息管理工作的，其中包括监理文件资料的管理。因此，在工程建设全过程中形成的所有文件资料都应统一归口传递到信息管理部门，进行集中收发和管理。

首先，在监理组织内部，所有文件资料都必须先送交信息管理部门，进行统一整理分类，归档保存，然后由信息管理部门根据总监理工程师的指令和监理工作的需要，分别将文件资料传递给有关的监理工程师。当然，任何监理人员都可以随时自行查阅经整理分类后的文件资料。

其次，在监理组织外部在发送或接收业主、设计单位、承包商、材料供应单位及其他单位的文件资料时，也应由信息管理部门负责进行，这样使所有的文件资料只有一个进出口通道，从而在组织上保证了监理文件资料的有效管理。监理文件资料的管理和保存，主要由信息管理部门中的资料管理人员负责。作为文件资料管理的监理人员必须熟悉各项监理业务，通过分析研究监理文件资料的特点和规律，对其进行系统、科学的管理，使其在监理工作中得到充分利用。

除此之外，监理资料管理人员还应全面了解和掌握工程建设进展和监理工作开展的实际情况，结合对文件资料的整理分析，编写有关专题材料，对重要文件资料进行摘要综述，包括编写监理工作月报、工程建设周报等。

（2）监理文件资料的登录与分类存放

监理信息管理部门在获得各种文件资料之后，首先要对这些资料进行登录，建立监理文件资料的完整记录。登录一般应包括文件资料的编号、名称和内容收发单位、收发日期等内容。对文件资料进行登录，就是将其列为监理单位的正式财产。这样做不仅有据可查，也便于分类、加工和整理。此外，监理资料管理人员还可以通过登录掌握文档资料及其变化情况，有利于文件资料的清点和补缺等。随着工程建设的进展，所积累的文件资料会越来越多，如果随意存放，不仅查找困难，而且极易丢失。因此，为了在建设监理过程中有效地利用和传递这些文件资料，必须按照科学的方法将它们分类存放。监理文件资料可以分为以下几类：

①监理日常工作文件。包括监理工作计划、监理工作月报、工程施工周报及工程信函等。

②监理工程师函件。包括监理工程师主送项目法人、设计单位、承包人等有关单位的函件。

③会议纪要。包括监理工作会议、工程协调会议、设计工作会议、施工工作会议及工程施工例会等会议的纪要。

④勘察、设计文件。包括勘察、方案设计、初步设计、施工图设计及设计变更等文件资料。

⑤工程收函。包括业主、勘察设计单位、承包商等单位送交的函文。

⑥合同文件。包括监理委托合同、勘察设计合同、施工总包合同和分包合同、设备供应合同及材料供应合同等文件。

⑦工程施工文件资料。包括施工方案、施工组织设计、签证和核定单、联系备忘录、隐蔽工程验收记录及技术管理和施工管理文件资料等。

⑧主管部门函文。包括省、市计委、建委、公用市政及有关部门的函文。

⑨政府文件。包括有关监理文件、勘察设计和施工管理办法、定额取费标准及文明、

安全、市政等方面的规定。

⑩技术参考资料。包括监理、工程管理、勘察设计、工程施工及设备、材料等方面的技术参考资料。

上述文件资料应集中保管，对零散的文件资料应分门别类地存放于文件夹中，每个文件夹的标签上要标明资料的类别和内容。为了便于文件资料的分类存放，并利用计算机进行管理，应按上述分类方法建立监理文件资料的编码系统。这样，所有的文件资料都可按编码结构排列在书架上，不仅易于查找，也为监理文件资料的立卷归档提供了方便。

（3）监理文件资料的立卷归档

为了做好工程建设档案资料的管理工作，充分发挥档案资料在工程建设及建成后维护中的作用，应将监理文件资料整理归档，即进行监理文件资料的编目、整理及移交等工作。

①编制案卷类目

案卷类目是为了便于立卷而事先拟定的分类提纲。案卷类目也叫“立卷类目”或“归卷类目”。监理文件资料可以按照工程建设的实施阶段及工程内容的不同进行分类。根据监理文件资料的数量及存档要求，每一卷文档还可再分为若干分册，文档的分册可以按照工程建设内容及围绕工程建设进度控制、质量控制、投资控制和合同管理等内容进行划分。

②案卷的整理

案卷的整理一般包括清理、拟题、编排、登录、书封、装订、编目等工作。

A. 清理。即对所有的监理文件资料进行彻底的整理。它包括收集所有的文件资料，并根据工程技术档案的有关规定，剔除不归档的文件资料。同时，要对归档范围内的文件资料再进行一次全面的分类整理，通过修正、补充，乃至重新组合，使立卷的文件资料符合实际需要。

B. 拟题。文件归入案卷后，应在案卷封面上写上卷名，以备检索。

C. 编排。即编排文件的页码。卷内文件的排列要符合事物的发展过程，保持文件的相互关系。

D. 登录。每个案卷都应该有自己的目录，简介文件的概况，以便于查找。目录的项目一般包括顺序号、发文字号、发文机关、发文日期、文件内容、页号等。

E. 书封。即按照案卷封皮上印好的项目填写，一般包括机关名称，立卷单位名称、标题（卷名）、类目条款号起止日期、文件总页数、保管期限，以及由档案室写的卷宗号、目录号、案卷号。

F. 装订。立成的案卷应当装订，装订要用棉线，每卷的厚度一般不得超过 2cm。卷内金属物均应清除，以免锈污。

G. 编目。案卷装订成册后，就要进行案卷目录的编制，以便统计、查考和移交。目录项目一般包括案卷顺序号、案卷类目号、案卷标题卷内文件起止日期、卷内页数，保管期限、备注等。

③案卷的移交

案卷目录编成，立卷工作即宣告结束，然后按照有关规定准备案卷的移交。建设项目监理文档案卷应一式两份，一份移交业主，一份由监理单位归档保存。

3. 计算机辅助监理文档管理

为了对监理文件资料进行有效的管理，应充分利用电子计算机存储潜力大和信息处理速度快等特点，建立计算机辅助监理文档管理系统。

（1）计算机辅助监理文档管理系统功能概述

计算机辅助监理文档管理系统是一个相对独立的系统，既可以作为监理信息系统中的一个子系统而存在，也可以单独存在，因为它与工程建设监理信息系统中其他子系统之间没有数据传递关系，更没有功能调用关系。

计算机辅助监理文档管理系统的主要功能是对工程建设实施过程中与监理工程师有关的各种往来文件、图纸、资料及各种重要会议和重大事件等信息进行管理。

（2）计算机辅助监理文档管理系统的组成

①监理文件格式

监理文件格式。

②收文管理

收文管理就是输入、修改、查询、统计、打印收文的各种信息。

A. 输入、修改收文信息

输入、修改收文的各种信息，内容包括收文日期、来文名称来文单位、主题词、文件分类、文件字号、收文份数、发文日期、存档编号、文件内容（利用扫描输入设备录入）。

此外，对于要求回复的文件，还要输入应回复日期。当文件已经回复，则输入实际回复日期。

B. 查询收文信息

根据设定的各种查询条件查询收文信息，其中包括对应回复而尚未回复的文件的查询，以便提醒有关人员及时回复。

C. 打印收文信息

按不同的要求打印不同的收文信息表。

D. 统计收文信息

统计有关收文情况，并打印输出有关统计结果。

③发文管理

发文管理就是输入、修改、查询、统计有关发文信息，并可打印有关文件。

A. 输入、修改发文信息

输入修改发文的各种信息，内容包括发文日期、发文名称、文件字号、主题词、文件分类、发文份数、签发人、主送单位、抄送单位、文件内容。此外，如果文件需要收文单位回复，还应输入回复期限及实际回复日期。

B. 查询发文信息

根据设定的各种查询条件进行发文信息的查询，其中包括对应回复而尚未回复的文件的查询，以便于监理工程师督促对方回复。

C. 打印发文信息

按不同的要求打印不同的发文信息表。

D. 发文打印

系统提供标准的文件打印格式，以便于打印监理通知等文件资料。

E. 发文信息统计

统计有关发文情况，并打印输出有关统计结果。

④图纸管理

图纸管理就是对图纸收发信息的输入、修改、查询统计及打印。

输入、修改图纸收发信息：输入、修改收发图纸的各种信息，内容包括收图日期，图纸编号、图纸名称、图纸分类、收图份数、协议供图日期、发图日期、发送承包商名称、发图份数、设计修改通知号；查询图纸收发信息；根据设定的各种查询条件进行图纸收发信息的查询。统计图纸收发信息：统计图纸收发的有关情况，并打印输出统计结果。打印图纸收发信息：按不同的要求打印不同的图纸收发信息表。

⑤会议信息管理

会议信息管理就是输入、修改、查询、统计及打印工程会议的有关信息，并能打印会议纪要。

输入、修改会议信息：输入、修改工程会议的各种信息，内容包括会议召开日期、会议名称、会议议题、会议召开地点、会议主持人，会议参加人数及主要参加人员、会议结论、会议类别（施工措施、设计变更、经济问题、合同纠纷、事故处理等）、会议主题词、备注；查询会议信息：根据设定的各种查询条件进行会议信息的查询；打印会议信息：按不同的要求打印不同的会议信息表；打印会议纪要：输入会议纪要并打印输出；会议信息统计：统计会议有关情况，并打印输出统计结果。

⑥重大事件信息管理

重大事件信息管理就是输入、修改、查询、统计及打印重大事件的有关信息，并能打印事件报告。

输入、修改事件信息：输入、修改重大事件的各种信息，内容包括事件发生日期、事件发生时间、事件发生地点、事件主题词、事件属性、事件发生工程部位、事件发生原因事件处理概要、备注；查询事件信息：根据设定的各种查询条件进行事件信息的查询。打印事件信息：输入事件报告内容并打印输出；事件信息统计：统计事件有关情况，并打印输出统计结果。

结　语

一直以来，水利工程都是国家重点的建设工程，与国民经济和我国人民的生活息息相关，因此，水利工程的质量好坏关系人民的生命财产安全，其重要性受社会各界的广泛关注。近年来我国水利工程建设取得了很大的成就，随着水利工程应用范围的进一步扩大，对水利工程施工技术也提出了更高的要求。在充分掌握水利工程施工特点的基础上，更好地应用新工艺、推广新技术，才能更好地服务于水利工程的建设施工。

水利工程施工建设有其自身的特点，施工任务重、强度大、时间紧，而且周期长。特别是在施工技术的把握上，必须严格遵照水利工程建设的基本规律，以严谨的态度、科学的方法，全力保证工程施工的有序进行。现阶段，我国经济飞速发展，水利工程建设也随之越加繁荣。高超的水利施工技术是保障水利工程质量的关键，能够确保水利工程如期完成。当前我国的水利工程施工技术已经得到了一定的发展，施工技术也得到了创新，本书围绕水利工程的施工特点和施工技术进行了深入的分析。

具体地说，水利工程是用于控制和调配自然界的地表水和地下水，达到除害兴利目的而修建的工程。国家明确提出“水利是国民经济的基础产业”，兴办水利工程能获得包括经济、社会和环境等多方面的效益，可见水利工程建设的必要性和重要性，因此，在水利工程建设施工方面，施工企业和主管部门要给予足够的重视，推进工程建设发展。

参考文献

[1] 文卫阳 . 浅析水利工程施工中边坡开挖支护技术的应用 [J]. 绿色环保建材，2021（5）：151-152.

[2] 聂春风 . 水利工程施工中导流施工技术探究 [J]. 绿色环保建材，2021（5）：155-156.

[3] 王磊 . 水利施工技术的现状及改进措施分析 [J]. 中小企业管理与科技（下旬刊），2021（5）：177-178.

[4] 陈保翠 . 浅论水利建设工程项目的质量管理与控制 [J]. 新农业，2021（9）：68-69.

[5] 李萍 . 水利工程建设中的浆砌石护坡施工技术研究 [J]. 四川水泥，2021（5）：238-239.

[6] 张英 . 衬砌混凝土技术在水利工程渠道工程施工中的应用研究 [J]. 建筑与预算，2021（4）：68-70.

[7] 丘峥嵘 . 新时期水利施工技术创新管理的有效措施 [J]. 居舍，2021（11）：136-137.

[8] 黄所清 . 乡镇农田水利工程建设中存在的问题及对策研究 [J]. 农村经济与科技，2021，32（6）：37-38.

[9] 隋永安 . 水利工程堤防防渗施工技术的应用 [J]. 居业，2021（3）：99+101.

[10] 赵本玉 . 水利工程防渗处理中的灌浆施工技术分析 [J]. 居舍，2021（8）：58-59.

[11] 陈云祯 . 探析水利工程质量监督与管理技术 [J]. 珠江水运，2021（5）：34-35.

[12] 李鑫 . 加强水利施工技术的相关措施 [J]. 河北农机，2021（3）：58-59.

[13] 黄玉红，周泽军 . 水利水电工程施工中的新技术应用模式 [J]. 工程建设与设计，2021（5）：129-130+136.

[14] 董风齐 . 水利水电工程建设的施工技术及管理 [J]. 工程技术研究，2021，6（5）：107-108.

[15] 庄桂亮 . 水利水电工程边坡开挖支护施工技术研究 [J]. 科技创新与应用，2021（10）：164-166.

[16] 梁素娟 . 试析水利工程施工中防渗技术的运用 [J]. 居舍，2021（7）：72-73.

[17] 于成科 . 农田水利工程施工中防渗技术要点分析 [J]. 农业开发与装备，2021（2）：72-73.

[18] 郝治邦 . 基层水利工程施工技术分析 [J]. 河南水利与南水北调，2021，50（2）：62-63.

[19] 赵文成 . 水利工程不良地基施工加固技术探讨 [J]. 工程技术研究，2021，6（4）：124-125.

[20] 李树林 . 水利工程施工技术措施及水利工程施工技术管理 [J]. 长江技术经济，2021，5（S1）：67-69.

[21] 独敏 . 水利工程的灌浆施工技术 [J]. 上海建材，2021（1）：28-30.

[22] 毛拉尼亚孜·司马义 . 农田水利工程施工中渗水原因及防渗技术 [J]. 现代农业科技，2021（3）：160-161.

[23] 丰泽平 . 农田水利工程中给排水施工技术的相关研究 [J]. 农机使用与维修，2021（2）：129-130.

[24] 吴宇 . 水利工程施工中的堤坝防渗加固技术研究 [J]. 四川建材，2021，47（2）：96+99.

[25] 刘振路，李臻 . 水利工程施工中帷幕灌浆技术研究 [J]. 中国新技术新产品，2021（3）：110-112.

[26] 李秀远 . 水利工程堤防防渗施工技术研究 [J]. 工程技术研究，2021，6（3）：96-97.

[27] 李二山 . 导流施工技术在水利工程施工中的应用 [J]. 绿色环保建材，2021（2）：173-174.

[28] 吴彬，秦开文 . 堤防工程施工技术在水利工程建设中的应用研究 [J]. 四川水泥，2021（2）：202-203.

[29] 孙隽骁 . 水利建设工程施工的质量管理工作分析 [J]. 智能城市，2021，7（2）：91-92.

[30] 马浩 . 农田水利建设施工管理的探讨 [J]. 智能城市，2021，7（2）：159-160.

[31] 蔡圣兵 . 水利建设工程中的灌浆施工技术 [J]. 河南水利与南水北调，2021，50（1）：51-52.

[32] 周德敏 . 小型水利工程建设管理存在的问题及对策 [J]. 住宅与房地产，2021（3）：188-189.

[33] 肖林栋 . 信息化技术在水利工程施工管理中的应用 [J]. 中国设备工程，2021（2）：182-184.

[34] 周泽军，黄玉红 . 水利工程施工中软基基础处理技术分析 [J]. 珠江水运，2021（1）：

110-111.

[35] 荆立祥．农田水利工程施工技术管理分析 [J]. 农村实用技术，2021（1）：179-180.

[36] 杨志波．浅谈水利水电工程的施工技术及管理 [J]. 水电站机电技术，2020，43（11）：217-218.